江西省研究生优质课程系列教材

生态环境建设与管理

陈伏生 主编

中国农业科学技术出版社

图书在版编目(CIP)数据

生态环境建设与管理/陈伏生主编. --北京：中国农业科学技术出版社，2023.12

ISBN 978-7-5116-6677-2

Ⅰ.①生… Ⅱ.①陈… Ⅲ.①生态环境建设-研究生-教材 ②生态环境-环境管理-研究生-教材 Ⅳ.①X171

中国国家版本馆 CIP 数据核字(2023)第 246895 号

责任编辑　朱　绯
责任校对　马广洋
责任印制　姜义伟　王思文

出 版 者	中国农业科学技术出版社
	北京市中关村南大街 12 号　邮编：100081
电　　话	(010) 82109707 (编辑室)　(010) 82109702 (发行部)
	(010) 82109709 (读者服务部)
网　　址	https://castp.caas.cn
经 销 者	各地新华书店
印 刷 者	北京建宏印刷有限公司
开　　本	170 mm×240 mm　1/16
印　　张	19.5
字　　数	310 千字
版　　次	2023 年 12 月第 1 版　2023 年 12 月第 1 次印刷
定　　价	75.00 元

◆ 版权所有·翻印必究 ▶

《生态环境建设与管理》编委会

主　编　陈伏生
副主编　石福习　方向民
编　委　王方超　王晟楠　胡小飞　卜文圣
　　　　　邓文平　祖奎玲　李建军　张学玲
　　　　　张　芸　郭利平　黄　超　张　令
　　　　　刘苑秋

内容简介

生态环境建设与管理是指生态环境保护与建设、生态环境建设项目管理等。案例教学已广泛应用于研究生教学，本书课程思政典型案例有习近平生态文明思想、总体国家安全观、爱国主义、科学家精神、林业情怀5个方面；课程内容案例库有生态环境要素监测技术和方法5个、山水林田湖草沙系统治理技术体系10个、生态环境建设与管理典型模式5个，共计20个典型案例。

本书是林业专业学位硕士研究生课程教材，也可作为林学学术学位硕士研究生、环境生态类研究生的选修教材，还可作为从事林学类、自然保护与环境生态类、城乡规划类等工作的科研教学人员、规划设计人员、工程技术人员及行政管理人员的参考及培训材料。

前　言

研究生教育肩负着高层次人才培养和创新创造的重要使命，支撑着"教育、科技、人才""三位一体"协同推进中国式现代化发展的重任。课程建设是研究生人才培养的重要抓手，而教材是课程资源的核心部分，是教学活动的媒介和载体，也是教师开展教学活动的主要依据。课程教材质量是学位点合格评估、学科发展水平、教师绩效考核和人才培养质量评价的重要内容。

"生态环境建设与管理"是林业硕士专业学位核心课。本课程于2020年获批第九批江西省研究生优质课程和案例建设项目。近年来，全体授课教师根据专业学位研究生课程案例库建设项目的要求，围绕生态环境建设与管理的教学内容，确定水土气生等生态环境要素监测技术和方法、山水林田湖草沙系统治理技术体系和生态环境建设与管理典型模式案例等作为案例库建设项目，通过素材收集、案例编写、教学模拟、教学反馈、总结提炼等环节，筛选出了5个课程思政教学改革典型案例和20个专业课程教学案例，经整理编辑形成本教材。

教材编写总体思路和基本框架由陈伏生负责设计。课程思政案例践行习近平生态文明思想、打通"两山"转化通道和贯彻总体国家安全观，实施生态保护修复工程由陈伏生编写，弘扬爱国主义精神、服务中华民族伟大复兴和发扬科学家精神，勇于探索未知世界由李建军编写，坚守立德树人初心、担当铸魂育人使命由石福习编写，水环境质量要素监测技术与规范、塔里木沙漠公路防护林生态工程建设技术由郭利平编写，森林土壤温室气体减排增汇关键技术由张令编写，北京大气污染治理技术、三江平原湿地保护工程及技术由石福习编写，生物多样性监测与评估技术、自然保护地建设及其保护成效评估由祖奎玲编写，生态保护修复中的遥感监测技术由黄超编写，赣南离子型稀土矿的生态修复技术由张芸编写，黄土高原水土流失治理模式及关键技术、红树林蓝碳减排增汇技术由王方超编写，三江源生态保护和修复工程技术、丘陵红壤区人工林碳库测定与增汇技术由方向民编写，长江经济带农业面源污染治理技术由王晟楠编写，土壤污染修复技术由卜文圣编写，亚热带山地草甸生态修复关键技术由张学玲编写，国家退耕还林工程与红壤坡耕地退耕还林生态经济模式由刘苑秋编写，赣南山水林田湖草沙系统治理模式及关键技术由胡小飞编写，中国"三北"防护林生态保护修复工程由邓文平编写，南方丘陵山区生态安全屏障构筑的关键技术由陈伏生编写。案例审校由石福习和方向民共同完成。

  本教材作为江西农业大学研究生系列教材之一，凝结了学校研究生教育的相关领导和主管部门的大量心血，也得到了林学一流高峰特色学科教师和研究生的大力支持，在此一并表示感谢。由于本教材涉及的案例内容十分广泛，编者主要通过查阅相关文献及网站收集了典型案例材料，并进行了一定程度的编纂和加工，部分案例为保留原材料真实性，直接引用了部分内容，请见谅。由于编者水平有限，加之时间紧迫，引用疏漏之处在所难免，恳请引文作者和读者批评指正。

编 者
2023.8

目　　录

第一部分　课程思政案例

案例一　践行习近平生态文明思想　打通"两山"转化通道 …………… 3
案例二　贯彻总体国家安全观　实施生态保护修复工程 ………………… 9
案例三　弘扬爱国主义精神　服务中华民族伟大复兴 …………………… 16
案例四　发扬科学家精神　勇于探索未知世界 …………………………… 22
案例五　坚守立德树人初心　担当铸魂育人使命 ………………………… 28

第二部分　生态环境要素监测技术与方法案例

案例一　水环境质量监测技术与规范 ……………………………………… 41
案例二　森林土壤温室气体减排增汇关键技术 …………………………… 53
案例三　北京大气污染治理技术 …………………………………………… 62
案例四　生物多样性监测与评估技术 ……………………………………… 73
案例五　生态保护修复中的遥感监测技术 ………………………………… 83

第三部分　山水林田湖草沙系统治理技术体系案例

案例一　赣南离子型稀土矿的生态修复技术 ……………………………… 113
案例二　黄土高原水土流失治理模式及关键技术 ………………………… 133
案例三　三江源生态保护和修复工程技术 ………………………………… 146
案例四　丘陵红壤区人工林碳库测定与增汇技术 ………………………… 156
案例五　长江经济带农业面源污染治理技术 ……………………………… 166
案例六　土壤污染修复技术 ………………………………………………… 177
案例七　三江平原湿地保护工程及技术 …………………………………… 187
案例八　红树林蓝碳减排增汇技术 ………………………………………… 199
案例九　亚热带山地草甸生态修复关键技术 ……………………………… 210

案例十　塔里木沙漠公路防护林生态工程建设技术 ·················· 222

第四部分　生态环境建设与管理典型模式案例

案例一　国家退耕还林工程与红壤坡耕地退耕还林生态经济模式 ········ 235
案例二　自然保护地建设及其保护成效评估 ·························· 246
案例三　赣南山水林田湖草沙系统治理模式及关键技术 ················ 256
案例四　南方丘陵山区生态安全屏障构筑的关键技术 ·················· 267
案例五　中国"三北"防护林生态保护修复工程 ······················ 280

第一部分
课程思政案例

案例一 践行习近平生态文明思想
打通"两山"转化通道

本案例旨在使学生全面了解习近平生态文明思想的总体概况,分析"绿水青山就是金山银山"的时代背景,介绍我国践行"两山"理念取得的重要成就,展示中国生态文明建设在全球环境治理和地球生命共同体构建中的大国担当,本案例适用于生态环境建设与管理、森林生态系统理论与应用等课程案例教学。

1 习近平生态文明思想的主要内容

习近平生态文明思想是习近平总书记关于生态经济建设、生态政治建设、生态文化建设、生态社会治理等重要论述为主要内容的结构严谨、逻辑严密的思想体系。在2018年5月全国生态环境保护大会上,中央正式确立了"习近平生态文明思想"的概念。习近平生态文明思想是习近平新时代中国特色社会主义思想重要组成部分,是统筹推进"五位一体"总体布局和协调推进"四个全面"战略布局的重要内容,也是新时代我国生态文明建设的根本遵循和思想指南(乔清举,2022)。在党的二十大报告中,习近平强调"推动绿色发展,促进人与自然和谐共生""必须牢固树立和践行绿水青山就是金山银山"的理念(习近平,2022)。深入学习贯彻习近平生态文明思想,对于认识我国生态文明建设规律和推进美丽中国建设具有重要意义。

2 绿水青山就是金山银山的理论

"绿水青山就是金山银山"理念深刻阐释了经济发展与生态环境保护的科学关系,揭示了保护生态环境就是保护生产力、改善生态环境就是发展生产力的道理,同时也指明了实现发展和保护协同共生的路径(乔清举,

2022)。

"绿水青山就是金山银山"的实质是正确处理经济发展与环境保护的关系。"绿水青山"和"金山银山"相互依存。一方面，经济发展离不开良好生态环境的支撑，倘若生态环境遭到破坏，必然阻碍经济发展；另一方面，保护好生态环境就是发展经济，就是为经济建设提供坚实的物质基础，从而创造更多财富，保护生态环境与发展经济二者相互促进。金山银山固然重要，但绿水青山是人民幸福生活的内容，是金钱无法代替的；所以，当经济建设与环境保护发生矛盾时，"宁要绿水青山，不要金山银山"。生态价值不仅具有自然价值和经济价值的特征，而且是一种体现社会价值属性的立体价值，还是一种蕴涵政治价值属性的战略价值（乔清举，2022）。

"绿水青山就是金山银山"理论，其本身蕴含了保护自然环境的"生态美"、发展经济创造物质财富的"人为美"、将优质生态环境转化为物质文明的"转型美"三层要素，可为生态文明建设、可持续发展提供理论指导。该理论不仅从价值取向阐明了经济发展与环境保护的关系，而且提出了生态优势转化为经济优势的基本途径，通过建立绿色低碳循环发展的经济体系，让良好生态环境成为经济持续健康发展的支撑点，实现在保护环境中发展经济，在发展经济中保护环境（陈俊，2023）。在生态文明建设中，坚持以经济建设为中心的同时，"必须牢固树立和践行绿水青山就是金山银山的理念，站在人与自然和谐共生的高度谋划发展"，保护好森林、草原、河流、湖泊、湿地等自然生态环境，有计划地将其转化为金山银山，创造可持续发展的美好生活。

3 践行"两山"理论取得的重要成就

践行"绿水青山就是金山银山"理念，在大力推进生态文明建设中取得了巨大成就。2020年"践行'绿水青山就是金山银山'理念十五周年成就展"，全面展示了我国在"绿水青山就是金山银山"理念引领下，全力打造全域美丽环境样板、绿色高效经济样板、低碳环保生活样板、改革创新制度样板"四个样板"的实践历程。浙江湖州的画展包括"全域美丽的生态蝶变""绿色智造的经济产业""城乡协调的宜居生活""先行先试的创新制度"4个部分，画展反映15年来湖州深入践行"绿水青山就是金山银山"理念、坚持一张蓝图绘到底、一任接着一任干、擘画湖州"全域之美"

"精致之美""制度之美"绿色画卷实践;精心打造"绿水青山就是金山银山"理论学习、成就展示、科普教育、互动体验于一体的综合型生态展馆,使之成为开展习近平生态文明思想宣传教育的综合场馆(黄丹华,2020)。

《共和国发展成就巡礼》《美丽中国》等纪录片收录了"绿水青山就是金山银山"的生动样本。截至2020年,全国森林覆盖率达22.96%,森林面积33亿亩,其中人工林面积12亿亩,居世界首位(国家林业和草原局,2022)。林业旅游与休闲服务收入16 096亿元。2021年,生态环境部公布了针对国内"绿水青山就是金山银山"实践创新基地培育打造的典型案例,综合考虑地域资源禀赋与特色、经验模式代表性、建设进展与成效等方面因素,总结了"守绿换金""点绿成金""添绿增金""绿色资本"等4种转化路径和生态修复、生态农业、生态旅游、生态工业、"生态+"复合产业、生态市场、生态金融、生态补偿等8种可推广性较强的转化模式(赖启福 等,2022)。习近平总书记在党的二十大报告中,把"坚持绿水青山就是金山银山"的理念列为十年来党和国家事业取得历史性成就、发生历史性变革的重要内容之一。

4 "两山"双向转化的典型事例

全国各地区在"两山"转化实践过程中尝试并探索出了一批有代表性的可行模式,通过对案例的研究,总结出了成功经验。截至2022年,生态环境部共命名了六批467个国家生态文明建设示范市县、187个"绿水青山就是金山银山"实践创新基地。我国目前有生态修复、生态农业、生态旅游、生态工业、"生态+"复合产业、生态市场、生态金融、生态补偿等多种可推广性较强的转化模式。

事例1:盘活特色资源,发展"美丽经济"——生态经济模式

以靠山吃山、靠水吃水为主导的"山歌水经型"。该模式是指立足特色资源优势,在保护好生态环境的前提下,围绕自身生态环境特点和生态资源优势,因地制宜发展生态农业、生态工业、生态旅游等特色产业,探索生态优势向发展优势转变的路径,生动践行习近平总书记提出的"靠山吃山唱山歌,靠海吃海念海经"理念。"山歌水经型"的特点是因地制宜、因势利导。该模式是"两山"转化最主要的模式。乐山市沐川县位于四川盆地西南边缘,乌蒙山西北部,森林覆盖率达77.34%,是国家重点生态功能

区、全国生态文明示范工程试点县、全国首批全省唯一"中国天然氧吧"、全市唯一国家级生态示范区、全省首批省级生态县、中国最佳绿色生态旅游县、全国绿化模范县。2017年以来,沐川县深入推进污染防治攻坚战,切实做好环境污染"减法";立足生态资源禀赋,探索竹产业转型,发展魔芋、茶叶等优势特色产业发展,实现了从粗放式发展向绿色生态的转型(肖雪琳和顾城天,2021)。

事例2:延伸产业链条,促进业态融合——"生态+"复合产业模式

"江西省崇义县立足特色果业资源引领三产互促并进"被选入"生态+"复合产业模式。2021年,崇义县空气质量优良率99.7%,县级集中式饮用水水源地水质达标率100%,森林覆盖率提高到88.3%;建成江西省首个绿色金融改革试点县,率先成立"两山银行""湿地资源运营中心",生态产品价值实现经验做法在全国示范推广。依托得天独厚的生态资源优势,崇义县秉持习近平生态文明思想,坚定不移地实施三产融合发展战略,紧密结合优越的生态优势、独特的环境资源,推进生态产业化、产业生态化,确立了"以三产融合发展为切入点和总抓手,坚持问题导向,最终打通绿水青山与金山银山之间的双向转换通道,实现生态产品价值最大化"的基本思路。目前崇义县三产融合受惠农民达6万余人,约占全县农村人口的36%,人均年增收近2 000元,生态产业对经济的贡献率超过了60%,生态产业真正成为了"富民产业""富县产业",实现了绿水青山转化为金山银山(雷欣钰,2021)。

事例3:推进农业生态化,激发乡村振兴活力——生态农业模式

青海省海南藏族自治州贵德县在2019年被生态环境部命名为第三批国家生态文明建设示范县后,始终践行"两山"理念,创新推动生态优势转化为经济发展优势,突出生态农牧业、绿色清洁工业、高原文化旅游业三大特色优势产业,持续推进产业生态化、生态产业化,又于2021年被评为第五批"两山"实践创新基地。贵德强化自然生态空间管控,守护黄河安澜;突出高原绿色产业发展,推进生态惠民富民;注重人居环境改善提升,建设生态宜居家园;成功探索出"两山"转化的"贵德路径"和"贵德模式",为全国"两山"双向转化实践提供了极具特色的"贵德案例"。2020年贵德县域空气优良率达99.6%,黄河断面水质稳定达到Ⅱ类标准,集中

式饮用水水源达标率100%，农村垃圾无害化处理率达95.5%，人民群众从"盼温饱"到"盼环保"，从"求生存"到"求生态"，生态环境在人民群众生活幸福指数中的地位不断凸显（雷欣钰，2021）。

5 中国生态文明建设的使命与担当

"两山"理念深刻揭示了人类与自然关系的客观规律，科学阐明了绿水青山与金山银山的辩证关系，实现了马克思主义生态文明思想的重大创新，为世界生态文明建设提供了理论指导。"两山"理念对经济发展与环境保护的关系作了科学阐释，指明了当代人类对发展道路的选择指向。在"两山"理念指导下，我国社会主义生态文明建设取得了显著成效，积累了丰富经验，"我国已成为全球生态文明建设的重要参与者、贡献者和引领者"，我国践行"两山"理念取得的成效和经验为解决全球生态问题、推进全球生态文明建设提供了中国方案和重要借鉴（罗瑜，2021）。

我国在践行"两山"理念中取得了显著成效，污染治理成效突出，环境质量明显改善；不断完善制度体系，治理能力显著提升；践行绿色发展理念，经济高质量发展取得新进展。我国坚持生态为民的价值取向，坚持以建设美丽中国和美丽世界为目标指向，坚持以绿色发展为主要内容，坚持以体制和机制建设为制度保障。中国践行"两山"理念的做法、技术和经验已得到国际社会的广泛分享和认真借鉴。中国的菌草技术已在全球得到广泛传播、中国的治沙经验惠及丝绸之路沿线国家、中国的荒漠化防治技术助建"非洲绿色长城"、中国科技助力中亚"点荒变绿"。

构建人类命运共同体的倡议反映了世界人民追求幸福美好生活的共同愿望，建设清洁美丽的世界是构建人类命运共同体的重要组成部分，树立和践行"两山"理念，对全球生态文明建设的推进、美丽世界的建设和人类命运共同体的构建具有重大意义。"两山"理论深刻关切当代世界生态环境方面的突出问题，强调要确保人民生命安全和身体健康，提出要建设清洁美丽的世界，为推动构建人类命运共同体指明了重要路径。

参考文献

陈俊，2023. 现实·理论·实践：深刻把握习近平生态文明思想的三个维度——基于对党的二十大精神的学习与研究［J］. 重庆大学学报（社会科学版）.

国家林业和草原局，2022. 中国林业和草原统计年鉴（2021）［M］. 北京：中国林业出版社.

黄丹华，2020-11-17. 讲好绿色发展故事 传播生态文明理念［N］. 中国档案报.

赖启福，李虎峰，苏慧娟，等，2022. "两山"转化实现路径：从生态价值激活到共建共治共享［J］. 林业经济问题，42（4）：345-353.

雷欣钰，马振龙，2021-11-21. 生态宜居享美好［N］. 青海日报.

罗瑜，2021. 生态财富与绿色发展方式研究［M］. 北京：人民出版社.

乔清举，2022. 习近平生态文明思想的主要内涵及理论价值［J］. 甘肃社会科学，6：1-9.

习近平，2022-10-26. 高举中国特色社会主义伟大旗帜 为全面建设社会主义现代化国家而团结奋斗——在中国共产党第二十次全国代表大会上的报告［N］. 人民日报.

肖雪琳，顾城天，2022-11-23. "两山"转化十种模式，四川如何适用？——四川省"两山"转化路径与典型模式探究［N］. 中国生态文明.

案例二　贯彻总体国家安全观 实施生态保护修复工程

本案例旨在使学生全面了解总体国家安全观的内容，分析全国重要生态系统保护和修复重大工程的时代背景，介绍我国实施生态保护和修复取得的重要成效，展示我国统筹山水林田湖草沙一体化保护和修复在国家生态安全及人与自然和谐共生现代化建设中的地位和作用，本案例适用于生态环境建设与管理、森林生态系统理论与应用等课程案例教学。

1　总体国家安全观的主要内容

国家安全领域主要包括政治安全、国土安全、军事安全、经济安全、文化安全、社会安全、科技安全、网络安全、生态安全、资源安全、核安全、海外利益安全、生物安全、太空安全、极地安全和深海安全等领域。贯彻落实总体国家安全观，必须既重视外部安全，又重视内部安全，对内求发展、求变革、求稳定、建设平安中国，对外求和平、求合作、求共赢、建设和谐世界；既重视国土安全，又重视国民安全，坚持以民为本、以人为本，坚持国家安全一切为了人民、一切依靠人民，真正夯实国家安全的群众基础；既重视传统安全，又重视非传统安全，构建集政治安全、国土安全、军事安全、经济安全、文化安全、社会安全、科技安全、信息安全、生态安全、资源安全、核安全等于一体的国家安全体系；既重视发展问题，又重视安全问题，发展是安全的基础，安全是发展的条件，富国才能强兵，强兵才能卫国；既重视自身安全，又重视共同安全，打造命运共同体，推动各方朝着互利互惠、共同安全的目标相向而行（张巨成，2016；董新良等，2023）。

总体国家安全观是一个内容丰富、开放包容、不断发展的思想体系，其核心要义可以概括为五大要素和五对关系。五大要素是指要以人民安全为宗旨，以政治安全为根本，以经济安全为基础，以军事、科技、文化、社会安全为保障，以促进国际安全为依托。五对关系是指既重视发展问题，又重视安全问题；既重视外部安全，又重视内部安全；既重视国土安全，又重视国民安全；既重视传统安全，又重视非传统安全；既重视自身安全，又重视共同安全。理解总体国家安全观的关键所在就是厘清以上五大要素、把握以上五对关系（曹晓飞，2018）。

2　生态系统保护和修复重大工程

我国幅员辽阔、海陆兼备，地貌类型和海域特征繁多，形成了森林、草原、荒漠、湿地与河湖、海洋等复杂多样的自然生态系统，孕育了丰富的生物多样性。在习近平生态文明思想指引下，积极探索统筹山水林田湖草沙一体化保护和修复，持续推进各项重点生态工程建设。我国生态环境质量呈现稳中向好趋势，各类自然生态系统恶化趋势基本得到遏制，稳定性逐步增强，重点生态工程区生态质量持续改善，国家重点生态功能区生态服务功能稳步提升，国家生态安全屏障骨架基本构筑。但是我国自然生态系统总体仍较为脆弱，生态承载力和环境容量不足，经济发展带来的生态保护压力依然较大，部分地区重发展、轻保护所积累的矛盾愈加凸显。当前，正在全面贯彻落实主体功能区战略，以国家生态安全战略格局为基础，以国土空间规划确定的国家重点生态功能区、生态保护红线、国家级自然保护地等为重点，在统筹考虑生态系统的完整性、地理单元的连续性和经济社会发展的可持续性的基础上，在青藏高原生态屏障区、黄河重点生态区（含黄土高原生态屏障）、长江重点生态区（含川滇生态屏障）、东北森林带、北方防沙带、南方丘陵山地带、海岸带等重点区域开展重要生态系统保护和修复重大工程（谭柏平，2022）。

具体主要包括青藏高原生态屏障区生态保护和修复重大工程、黄河重点生态区（含黄土高原生态屏障）生态保护和修复重大工程、长江重点生态区（含川滇生态屏障）生态保护和修复重大工程、东北森林带生态保护和修复重大工程、北方防沙带生态保护和修复重大工程、南方丘陵山地带生态保护和修复重大工程、海岸带生态保护和修复重大工程、自然保护地建设及野生动植物保护重大工程、生态保护和修复支撑体系重大工程等

(陈伏生 等，2020）。

3 生态保护和修复取得的重要成效

在全面加强生态保护的基础上，不断加大生态修复力度，持续推进了大规模国土绿化、湿地与河湖保护修复、防沙治沙、水土保持、生物多样性保护、土地综合整治、海洋生态修复等重点生态工程，取得了显著成效。我国生态恶化趋势基本得到遏制，自然生态系统总体稳定向好，服务功能逐步增强，国家生态安全屏障骨架基本构筑（关凤峻，2021）。

森林资源总量得到持续快速增长。通过"三北"、长江等重点防护林体系建设、天然林资源保护、退耕还林等重大生态工程建设，深入开展全民义务植树，森林资源总量实现快速增长。全国森林面积居世界第五位，森林蓄积量居世界第六位，人工林面积长期居世界首位。草原生态系统恶化趋势得到明显遏制。通过实施退牧还草、退耕还草、草原生态保护和修复等工程，以及草原生态保护补助奖励等政策，草原生态系统质量有所改善，草原生态功能逐步恢复。河湖、湿地保护恢复初见成效。大力推行河长制湖长制、湿地保护修复制度，着力实施湿地保护、退耕还湿、退田（圩）还湖、生态补水等保护和修复工程，积极保障河湖生态流量，初步形成了湿地自然保护区、湿地公园等多种形式的保护体系，改善了河湖、湿地生态状况。海洋生态保护和修复取得积极成效。陆续开展了沿海防护林、滨海湿地修复、红树林保护、岸线整治修复、海岛保护、海湾综合整治等工作，局部海域生态环境得到改善，红树林、珊瑚礁、海草床、盐沼等典型生境退化趋势初步遏制，近岸海域生态状况总体呈现趋稳向好态势（关凤峻，2021）。

水土流失及荒漠化防治效果显著。积极实施京津风沙源治理、石漠化综合治理等防沙治沙工程和国家水土保持重点工程，启动了沙化土地封禁保护区等试点工作，全国荒漠化和沙化面积、石漠化面积持续减少，区域水土资源条件得到明显改善。生物多样性保护步伐加快。通过稳步推进国家公园体制试点，持续实施自然保护区建设、濒危野生动植物抢救性保护等工程，生物多样性保护取得积极成效。大熊猫、朱鹮、东北虎、东北豹、藏羚羊、苏铁等濒危野生动植物种群数量呈稳中有升的态势。

4 生态安全屏障构建的典型事例

中国通过实施生态系统保护和修复重大工程，开展生态安全屏障构建的典型事例很多，为生态环境保护和生态文明建设以及我国可持续发展奠定了坚实的基础。

事例1："三北"防护林体系工程

该工程是指在中国"三北"（西北、华北和东北）地区建设的大型人工林业生态工程。为改善生态环境，中国政府于1979年决定把这项工程列为国家经济建设的重要项目。工程规划期限为73年，分八期工程进行。1978—2000年为第一阶段，分三期工程：1978—1985年为一期工程，1986—1995年为二期工程，1996—2000年为三期工程；2001—2020年为第二阶段，分两期工程：2001—2010年为四期工程，2011—2020年为五期工程；2021—2050年为第三阶段，分三期工程：2021—2030年为六期工程，2031—2040年为七期工程，2041—2050年为八期工程。工程建设范围囊括了"三北"地区13个省（区、市）的725个县（旗、区），总面积435.8万km^2，占我国国土总面积的45%，在国内外享有"绿色长城"之美誉（陈尔学 等，2012）。

事例2：天然林资源保护工程

该工程以从根本上遏制生态环境恶化，保护生物多样性，促进社会、经济的可持续发展为宗旨；以对天然林的重新分类和区划，调整森林资源经营方向，促进天然林资源的保护、培育和发展为措施，以维护和改善生态环境，满足社会和国民经济发展对林产品的需求为根本目的的社会性系统工程。对划入生态公益林的森林实行严格管护，坚决停止采伐，对划入一般生态公益林的森林，大幅度调减森林采伐量；加大森林资源保护力度，大力开展营造林建设；加强多资源综合开发利用，调整和优化林区经济结构；进一步发挥森林的生态屏障作用，保障国民经济和社会的可持续发展。工程重点是分布于东北、西北和西南的黑龙江省、吉林省、内蒙古自治区、陕西省、甘肃省、新疆维吾尔自治区、青海省、四川省、重庆市和云南省10个省（区、市）归国家所有的成片天然林林区，同时还涉及云南省、四川省、贵州省、湖南省、湖北省、江西省、山西省、甘肃省、宁夏回族自治区、海南省、河南省等省（区、市）的重点国有森工企业及长江、黄河中上游等地区生态地位重要的地方森工企业、采育场和以采伐天然林为经济支柱的国有林业局（场）、集体林场（欧阳志云和郑华，2014）。

事例 3：退耕还林还草工程

该工程从保护生态环境出发，将水土流失严重的耕地，沙化、盐碱化、石漠化严重的耕地以及粮食产量低而不稳的耕地，有计划、有步骤地停止耕种，因地制宜地造林种草，恢复植被。建设范围包括北京、天津、河北、山西、内蒙古、辽宁、吉林、黑龙江、安徽、江西、河南、湖北、湖南、广西、海南、重庆、四川、贵州、云南、西藏、陕西、甘肃、青海、宁夏、新疆 25 个省（区、市）和新疆生产建设兵团，共 1 897 个县（含市、区、旗）。工程实施中根据水土流失和风蚀沙化危害程度、水热条件和地形地貌特征，区划分为 10 个类型区，即西南高山峡谷区、川渝鄂湘山地丘陵区、长江中下游低山丘陵区、云贵高原区、琼桂丘陵山地区、长江黄河源头高寒草原草甸区、新疆干旱荒漠区、黄土丘陵沟壑区、华北干旱半干旱区、东北山地及沙地区（环境保护部和中国科学院，2014）。

5 人与自然和谐共生的现代化

中国式现代化是人与自然和谐共生的现代化。中国式现代化的本质要求之一是促进人与自然和谐共生。深刻理解和切实把握人与自然和谐共生的现代化，对于牢固树立和践行"绿水青山就是金山银山"理念，站在人与自然和谐共生的高度谋划发展，具有重要意义。

人与自然和谐共生的现代化，是马克思主义普遍原理同中国现代化建设面临的国情和世情创造性结合的产物。马克思主义认为，人靠自然界生活，人类在同自然的互动中生产、生活、发展。习近平生态文明思想丰富和发展了马克思主义人与自然关系理论，为正确认识人与自然关系，努力建设人与自然和谐共生的现代化提供了科学指引。

中国式现代化是着眼中华民族和人类社会的永续发展，促进人与自然和谐共生。中国人多地少、生态脆弱、灾害频繁，必须把生态文明建设放在突出位置，走人与自然和谐共生的现代化道路。中国自古以来就形成了丰富的生态智慧和文化传统，倡导天人合一，主张对自然要取之以时、取之有度，对推进人与自然和谐共生的现代化产生积极影响。在中国式现代化深入推进的今天，人类活动已经逼近资源环境承载力极限，生态环境问题日益突出，建设人与自然和谐共生的现代化是应对时代挑战的必然选择（习近平，2022）。

习近平总书记强调，"人与自然是生命共同体"。建设人与自然和谐共生的现代化，追求人类整体利益和长远利益，既要创造更多物质财富和精神财富以满足人民日益增长的美好生活需要，也要提供更多优质生态产品以满足人民日益增长的优美生态环境需要。同时，人类必须尊重自然、顺应自然、保护自然。人类只有遵循自然规律才能有效防止在开发利用自然上走弯路，人类对大自然的伤害最终会伤及人类自身，这是无法抗拒的规律。

生态兴则文明兴，生态衰则文明衰。生态文明是人类社会进步的重大成果，是工业文明发展到一定阶段的产物，是实现人与自然和谐发展的新要求。习近平总书记指出，加快解决历史交汇期的生态环境问题，必须加快建立健全以生态价值观念为准则的生态文化体系，以产业生态化和生态产业化为主体的生态经济体系，以改善生态环境质量为核心的目标责任体系，以治理体系和治理能力现代化为保障的生态文明制度体系，以生态系统良性循环和环境风险有效防控为重点的生态安全体系。加快构建生态文明体系，可使我国经济发展质量和效益显著提升，确保绿色发展方式和生活方式全面形成，人与自然和谐共生，生态环境领域国家治理体系和治理能力现代化全面实现，建成美丽中国（习近平，2022）。

人与自然和谐共生的现代化坚持可持续发展，坚持节约优先、保护优先、自然恢复为主的方针，坚定不移走生产发展、生活富裕、生态良好的文明发展道路，促进经济社会发展全面绿色转型，促进人口、经济、资源环境的空间均衡，坚持用改革的办法破解体制机制障碍，坚持用最严格制度最严密法治保护生态环境。同时，践行真正的多边主义，倡导共同建设美丽地球家园。

参考文献

曹晓飞，2018. 大学生总体国家安全观教育的战略意义及实现路径［J］. 思想理论教育导刊，230（2）：125-129.

陈尔学，刘建，王晓慧，等，2012. 重点防护林工程监测技术［M］. 北京：中国林业出版社.

陈伏生，张绿水，刘兵，2020. 江西绿色屏障研究与实践［M］. 南昌：江西人民出版社.

董新良，李丹妮，刘宇，2023. 新时代国家安全教育：基本遵循与实现路径［J］. 中国教育学刊，3：1-5.

关凤峻，刘连和，刘建伟，等，2021. 系统推进自然生态保护和治理能力建设——《全国重要生态系统保护和修复重大工程总体规划（2021—2035年）》专家笔谈［J］. 自然资源学报，36（2）：290-299.

环境保护部，中国科学院，2014. 全国生态环境十年变化（2000—2010年）遥感调查与评估［M］. 北京：科学出版社.

欧阳志云，郑华，2014. 生态安全战略［M］. 北京：学习出版社.

谭柏平，2022. 生态环境与资源法学［M］. 北京：法律出版社.

习近平，2022-10-26. 高举中国特色社会主义伟大旗帜 为全面建设社会主义现代化国家而团结奋斗——在中国共产党第二十次全国代表大会上的报告［N］. 人民日报.

张巨成，2016. 中国近现代史与马克思主义中国化研究［M］. 北京：中国社会科学出版社.

案例三 弘扬爱国主义精神
服务中华民族伟大复兴

本案例旨在使学生全面了解新时代爱国主义的主要内容，认识新时代我国高校教书育人的使命和艰巨任务，介绍我国高等院校践行新时代爱国主义精神的典型事例，从而激励新时代青年大力弘扬爱国主义精神，服务中华民族伟大复兴，本案例适用于生态环境建设与管理、森林生态系统理论与应用等课程案例教学。

1 新时代爱国主义的主要内容

爱国主义体现了"人们对自己祖国的深厚感情，反映了个人与祖国的依存关系，是人们对自己故土家园以及民族和文化的归属感、认同感、尊严感与荣誉感的统一"（安新丽，2009）。在生活和学习中，我们要践行爱国主义，树立远大的理想志向，积极参加社会实践活动，在为人民服务的过程中提升自己的政治认同核心素养（马义米，2022）。高校是爱国主义教育的主阵地，青年学生是爱国主义教育的重要目标群体，他们是建设社会主义国家中国的中坚力量，在《生态环境建设与管理》课程思政这一重要领域，教师应善用这个主要阵地，全力弘扬爱国主义精神，宣扬我国爱国主义的重要理论，培养培育林学研究生的爱国情怀，引导他们自觉践行爱国主义。爱国主义是我们民族精神的核心，因此，在高校开展爱国主义教育，于学生、学校、国家而言都是必然选择。由于通信方式日新月异的变化，当前有少部分研究生颇受历史虚无主义的危害，深受西方国家舆论的影响，部分学生存在崇洋媚外的情况，并形成错误的思想观念和价值取向，因此对学生进行爱国主义教育的重要性不言而喻。在专业课的课程思政中要积极弘扬爱国主义，作为学生的首要认识是，爱国是一种最为真挚的情感（何佳怡，2022）。只有心怀爱国之情，才会关注国家的荣与辱，才会投身伟大祖国的建设之中。同时，应该坚定地坚持中国共产党的领导，紧随党的指引，全心全意贯彻地执行党的路线、方针和政策。更要坚定地相信中国特色社会主义道路的正确性。

2 新时代爱国主义的高校实践

高校肩负着为党育才，为国育人的历史使命。当今世界，人才是一个国家核心竞争力的重要标识，人才被誉为第一资源。我国高校是人才高地，每年为党和国家培养大量的社会主义建设者和接班人，在社会需要时，能将自己所学转化为社会所需。通过引导学生进行讨论，我们可以探讨家国情怀的内涵，举例说明家国情怀的具体表现，以及如何培养和践行爱国主义。这样的讨论能够加深学生对家国情怀的认同，培养他们建设美丽祖国和可爱家乡的情感。

家国情怀是一种崇高的情感，同时也是一种强大的精神动力。我们应该明白，没有国，就没有家。爱国和爱家是密不可分的。我们要像关心自己家庭一样热爱祖国，关心家人的幸福与健康，也要关心乡亲们的生活水平。我们时刻思考如何为家乡作出应有的贡献。家国情怀也是一种朴素的情感，我们既要关心祖国大家庭，也要关注自己的小家庭。小家庭温馨和谐有助于国家蓬勃发展；而祖国的繁荣富强和人民群众的幸福安康则相互促进。只有当人们真正感受到作为国家主人的优越感时，国家的发展才能得到真正的保障，人民的幸福才能得以实现（马义米，2022）。

中国共产党带领人民完成了各个历史时期的阶段目标，这些成就的取得既离不开党的领导，也离不开爱国主义精神的指引。因此，要实现中华民族伟大复兴的中国梦是我们共同的目标，需要全体中华儿女共同努力才能实现，研究生是社会中最有生机活力的一部分力量，祖国的未来寄托在我们身上，在专业课的课程思政教学中开展爱国主义教育，可以帮助青年学生更好地理解个人梦与中国梦的关系，帮助青年学生树立正确的价值观、家国观，鼓励研究生在学成之后，努力实现把个人价值与报效祖国、传承和发扬爱国主义精神紧密结合，最终要加强年轻的研究生对国家政治制度和经济制度的认同，积极践行社会主义核心价值观，将国家的利益置于至高无上的位置，使爱国主义精神在他们的内心深处扎根（秋石，2011；杨雯瑞，2021）。

事例1：马世骏（1915—1991），山东省兖州人，生态学家。历任中国科学院环境科学委员会主任、动物研究所研究员、生态学研究中心筹备组组长，1980年，当选为中国科学院学部委员（院士）。在1951年获得哲学博士学位后，他曾提出回国的申请，但遭到了美国当局的拒绝。于是，在同年秋天，他乘飞机参加荷兰阿姆斯特丹举行的第8届国际昆虫学大会，并借此机会告别了在美国结识的师友们，横渡大西洋来到荷兰。大会结束后，他途经比利时、奥地利、法国等国，最终抵达了英国剑桥大学。作为访问学者，他与知名生态学家查理斯·埃尔顿博士和蝗虫学家鲍里斯·乌瓦洛夫博士等会面。他在沿途经过许多新近独立或尚未独立的国家，感受到了各国民族主义情绪的高涨，人民渴望独立、解放与民主的呼声，这坚定了他为祖国科学事业奉献的决心。因此，他立即乘火车北上，到达中国科学院上海实验生物研究所，担任副研究员一职。马世骏于1952年1月奉调奔赴北京，参与了中国科学院昆虫研究所的筹建，并创建了国内第一个昆虫生态学研究室。1952年3月，他积极参加了反细菌战专家调查团的工作，在与科学家钟惠澜、刘崇乐等人一同深入鸭绿江两岸以及沈阳、丹东等地进行实地调查后，搜集了大量科学证据，并鉴定了美军空投的跳蚤标本。在国际调查团会议上，他发表了有力的讲话和论证，因此受到了爱国卫生运动委员会的表彰。他全心全意地投入中国昆虫生态学和近代生态学的建设与发展工作中，成为当之无愧的生态专家。他对祖国满怀热爱，不断努力，并为人民和国家作出了杰出贡献。我们应该以他为楷模，努力学习，勇于奋斗，为祖国和人民作出更多更大的贡献。

中国科学院学部工作局生命地学办公室薛淮副主任表示："马世骏先生为中国的生态学发展作出了不可磨灭的贡献，在推进学科建设发展，制定学科发展战略，为国家发展中的若干重大科学问题提出科学建议等方面作出了重要贡献，对于学习马世骏先生奋斗、协同、求实、创新的治学精神，以及爱国奉献、淡泊名利的高尚品德具有重要意义"。

中国科学院动物研究所：马世骏正如他的名字一样，是一匹不知疲倦的骏马，一生都在赶路、开路和引路。他的一心报国、矢志不渝的爱国精神，面向国家重大需求的担当精神，不断创新、勇于实践的开拓精神，团结协作、甘为人梯的奉献精神将永远激励中国生态学工作者去进取、攀登、继往开来，为生态文明建设，实现人与自然和谐的中国梦作出贡献（贾宝余，2021）。

事例2（胡晓江 等，2023）：胡先骕（1894—1968），男，字步曾，号忏盦，博士，教授，1948年当选中央研究院院士。生于江西南昌，1912年进入美国加利福尼亚大学和哈佛大学，学习农业和植物学，回国后先后受聘为江西省庐山森林局副局长、国立南京高等师范学校农林专修科植物学教授。他是一位植物学家和教育家，也是中国植物分类学的奠基人。他与秉志先生一起创立了中国科学社生物研究所和静生生物调查所，并且创办了庐山森林植物园和云南农林植物研究所。他还提出了组建中国植物学会的倡议。继钟观光先生之后，他在中国展开了大规模的野外采集和调查中国植物资源的工作。在教育上，倡导"科学救国、学以致用；独立创建、不仰外人"的教育思想。他与钱崇澍先生和邹秉文先生合作编写了我国第一部中文《高等植物学》。他首次对一种名为"水杉"的植物进行了鉴定，并与郑万钧先生合作命名了它，并且创立了"水杉科"。此外，他还提出并发表了中国植物分类学家首次创立的"被子植物分类的一个多元系统"以及被子植物亲缘关系系统图。1968年7月16日突发心肌梗死逝世，终年74岁。

为了推动科研机构的扩展，胡先骕于1938年派遣俞德浚和蔡希陶在云南昆明共同创建了"云南省农林植物研究所"。这个研究所是由静生生物调查所与云南省政府教育厅合办，胡先骕担任所长。同时，他还创办了一个规模较大的植物园，即现在的中国科学院昆明植物研究所的前身。

为了建立我国自己的植物园并促进经济植物的发展，胡先骕于1932年提议并亲自指导，在中华教育文化基金会的支持下，与江西省立农学院合作创办了庐山森林植物园。在胡先骕的倡导下，该园最终决定选址于鄱阳湖北麓，占地近万亩，是亚热带山地最理想的园地，也是我国最大的植物园之一。庐山森林植物园不仅设有天然林和经济林，还拥有风景林和生态区，既可用于林木利用和研究，也是进行植物学研究的理想基地。

胡先骕聘请秦仁昌担任了庐山森林植物园的首任主任，并派遣陈封怀赴英国进行为期两年的进修后回国担任园艺技师。经过秦仁昌和陈封怀的辛勤经营，庐山森林植物园几年后已成为我国研究园林植物的重要基地，并同时培养了一批优秀的植物园科技人员。

为了促进我国现代植物科学事业的发展，加强各地植物科研和教学人员之间的交流，以及推广植物学知识，胡先骕等19位植物学家于1933年8月20日在四川重庆北碚中国西部科学院主持召开了中国植物学会的成立大会。在会上，钱崇澍被选为首任会长，陈焕镛为副会长，而胡先骕则被选为《中国植物学杂志》（季刊）的总编辑。

于1934年3月，胡先骕撰写了《中国植物学杂志》创刊辞，首次向国内外全面介绍了中国近年来植物学的进展。同年8月21日至27日，在庐山莲花谷举行了中国植物学会的第一届年会，胡先骕在年会上当选为第二任会长。会上，他提议自己着手编纂《中国植物志》。1935年至1948年，胡先骕担任南京中央研究院的第一、第二届评议员。

除了深入研究现代植物分类和分布外，胡先骕还在古植物学领域有着深厚的造诣。1938年，他与美国古植物学家R. W. 钱耐合作，共同研究了中国山东地区新生代第三纪中新世的古植物化石。他们证明了距今1 200万年前山东的植物与现代长江流域的植物具有相似性。在1940年的《中国古生物志》中，他们联名发表了关于"中国山东中新世植物群"的详细论文和精确的图版，为我国古植物学的研究奠定了基础，并开辟了新的研究领域。

胡先骕自青年时代就怀着科学救国的宏愿，数十年来为发展祖国的科学事业，高瞻远瞩、苦心孤诣。在长期的教学工作中，除亲自传授植物分类学、经济植物学等教学任务外，还为青年编写具有较高水平的教科书、植物学教学法和学习指导等著述。他在授课过程中，虽然稍带口吃，但声音洪亮，精力充沛，内容也极为充实，特别强调实验课和深入实际的重要性。他在旧中国极端困难的环境中奔走呼号，不辞辛苦地开创植物学的新领域，如在北京、江西庐山、云南，发掘祖国各地的植物宝库。在这个过程中，他不仅积累了大量珍贵的标本和资料，还培养了一大批科技人才。

胡先骕的学生们怀念他呕心沥血培养他们的功绩，一致认为他是一位认真负责、诲人不倦、胸怀宽阔、坚持科学真理、和蔼可敬的老师。

参考文献

安新丽，2009. 弘扬爱国主义精神　实现中华民族复兴 [J]. 河北省社会主义学院学报，3：81-82.

何佳怡，2022. 高校爱国主义教育现状及对策研究 [J]. 现代商贸工业，43（S1）：96-98.

胡晓江，马金双，胡宗刚，2023. 胡先骕全集 [M]. 南昌：江西人民出版社.

贾宝余，刘立，2021. 弘扬新时代科学家精神的"十个关系" [J]. 科技中国，10：83-87.

马义米，2022. 弘扬爱国主义三维度 [J]. 思想政治课教学，6：61-62.

秋石，2011. 弘扬爱国主义精神　推进民族伟大复兴——纪念辛亥革命100周年 [J]. 求是，20：9-13.

杨雯瑞，2021. 高校爱国主义教育创新模式探究 [J]. 大学，24：84-86.

案例四 发扬科学家精神 勇于探索未知世界

本案例旨在使学生全面了解新时代我国大力发扬科学家精神的重大意义，并通过介绍典型科学家的先进事迹，让学生深刻认识我国科学家服务人民的爱国精神、敢为人先的创新精神、严谨治学的求实精神、潜心研究的奉献精神以及奖掖后学的育人精神，本案例适用于生态环境建设与管理、森林生态系统理论与应用等课程案例教学。

1 新时代发扬科学家精神的重大意义

百年来，我国科技事业从无到有、从弱到强、从"两弹一星"到"载人航天"、从科学救国到科技强国，科学技术创新已成为驱动经济社会高质量发展的根本动力。科学成就离不开精神支撑（雷小苗，2022），一代又一代科学家怀着深厚的爱国主义情怀，凭借深厚的学术造诣、宽广的科学视角，为祖国和人民作出了彪炳史册的重大贡献（陈静，2021）。在新时代，实现高水平科技自立自强、建设社会主义科技强国的目标，是中国国民经济不断发展、国防实力不断增强的关键所在。除了中国共产党强有力的领导和全国人民的奋斗外，还离不开一批批爱国奉献、守正创新的科学家的默默奉献。正是这些科学家，为国家富强、民族振兴和人民幸福作出了重要贡献。从钱学森、邓稼先、郭永怀等"两弹一星"元勋为代表的老一辈科学家，到以袁隆平、黄大年、南仁东、王小谟等为代表的新时代科学英模，正是有他们以自己的实际行动在践行着。2019年中共中央办公厅、国务院办公厅联合印发的《关于进一步弘扬科学家精神加强作风和学风建设的意见》中，将科学家精神的内核提炼为爱国、创新、求实、奉献、协同、育人等精神实质（习近平，2020）。2020年9月，习近平总书记在科学家座谈会上强调大力弘扬科学家精神的重要性。2021年5月，在中国科学院第二十次院士大会上，习近平总书记再次强调"新时代更需要继承发扬以国家民族命运为己任的爱国主义精神，更需要继续发扬以爱国主义为底色的科学家精神"（习近平，2022a 和 2022b）。

高校是青年人思想政治教育的重要阵地，"课程思政"是一种全新的高校教育理念，它以立德树人为出发点，以德育为目标、以专业课程为载体，充分发挖掘素质拓展课中的思政"资源"，让思政"基因"深植于每门课程当中，真正把高校德育落地落实。与传统"显现"思政教育相比，改革后的课程思政教育凸显其润物细无声的"隐性"特质，最终实现德育的目标，因此将科学家的精神融入高校课程的思政教学是思想政治教育的主要渠道之一，也是发挥科学精神和创新文化在育人过程中的重要途径（雷小苗，2022）。在全社会大力弘扬科学家精神，形成尊重知识、崇尚创新、尊重人才、热爱科学、献身科学的浓厚氛围，对我国建设世界科技强国而言意义重大，影响深远（中共中央办公厅、国务院办公厅，2019）。

2　大力弘扬胸怀祖国、服务人民的爱国精神

我们要继承和弘扬老一辈科学家的艰苦奋斗、科学报国的优秀品质，传承"两弹一星"精神，坚持以国家利益和人民利益为重，以支撑服务社会主义现代化强国建设为己任。我们需要集中精力攻克那些关系到国家安全、经济发展、生态保护、民生改善的基础前沿和关键核心技术难题（中共中央办公厅、国务院办公厅，2019）。

事例1：刘慎谔就是其中的典型代表之一，他是我国著名的植物分类学家、地植物学家和林学家，是我国植物学和森林生态学研究的先驱和奠基人之一。他以动态植物学理论为基础，为我国的植物和森林保护、沙漠治理等方面作出了杰出的贡献。与胡先骕先生一起被誉为"南胡北刘"。于1975年11月23日在沈阳逝世，享年78岁。

刘慎谔先生留学法国十年不曾玩乐，时刻怀念祖国，关心祖国科学事业的发展；为了揭开西北植物的神秘面纱，他不惧艰险，夜宿天山，获得了我国最早一批高原植被科学资料；在国家危难，颠沛流离之时，他依旧勤恳工作，走到哪儿就研究和建设到哪儿；"文革"期间，他受到了严重的迫害，但他始终关心科研，珍视时光，重视人才培养；他艰苦朴素一生却对有困难的同志倾囊相助。

3　大力弘扬勇攀高峰、敢为人先的创新精神

坚定敢为天下先的自信和勇气，面向世界科技前沿、面向经济主战场、面向国家重大需求，抢占科技竞争和未来发展制高点。敢于提出新理论、开辟新领域、探寻新路径，不畏挫折、敢于试错，在独创独有上下功夫，在解决受制于人的重大瓶颈上强化担当作为（中共中央办公厅、国务院办公厅，2019）。

事例2：田大伦，苗族人，1939年出生于湖南凤凰古城，是百年来苗族最杰出的科学家之一。2001年，她带领团队在离学校500多千米以外的崇山峻岭，亲手创建了全国第一个杉木人工林生态系统野外观测站。她的团队率先提出杉木人工林生态系统水文学过程中营养化学动态及平衡模式；率先估算出了杉木人工林采伐后的生态损失；率先用生态系统中生物量和营养元素含量指标取代我国传统的用测树学指标来衡量森林抚育间伐效果，使我国在森林水文学、小集水区水文效益研究，生态系统生物能量、辐射能源和环境能量综合研究等领域达到国际先进水平（戈亘，2004）。

在国内无人开拓的领域，田教授和她的课题组成员长时间地观测、记录原始数据、分析研究，不仅体现了她们"咬定青山不放松"的坚强意志，更体现了她们作为科研人员所具备的刻苦钻研的精神。

4　大力弘扬追求真理、严谨治学的求实精神

把热爱科学、探求真理作为毕生追求，始终保持对科学的好奇心。坚持解放思想、独立思辨、理性质疑，大胆假设、认真求证，不迷信学术权威。坚持立德为先、诚信为本，在践行社会主义核心价值观、引领社会良好风尚中率先垂范（中共中央办公厅、国务院办公厅，2019）。

事例3：陈昌笃教授（1927—2020），湖南省新宁县人，我国著名宏观生态学家。陈昌笃先生是北京大学宏观生态学研究的奠基者，在我国最早提倡并积极从事生态和生物多样性保护工作，是中国生物多样性保护基金会专家委员会副主任，他不仅是我国自然保护事业的先行者，还为我国自然保护事业作出了杰出的贡献。他是我国三个重要纲领性国家文件《中国自然保护纲要》《中国生物多样性保护行动计划》和《中国生物多样性国情研究报告》的主要撰写者和整理者。此外，他还是最早倡导并从事自然遗产保护的生态学家之一，他从生态学的角度综合分析和评估了我国自然遗产地的价值，为我国申报联合国自然遗产作出了突出的贡献。在福建武夷山、四川都江堰和云南三江并流区申报世界遗产的工作中，他的学识和辛勤劳动起到了不可或缺的作用。

2007年，在先生80华诞暨学术研讨会上，来了5名院士，他们都是陈先生的学生。令人不解的是，陈老先生的老师侯学煜是院士，他的学生中有多名院士，而他没有评上，其原因就是个性耿介，坚持真理，敢讲真话，在修建三峡大坝问题上，他始终坚持自己的生态学观点，在指定必须通过的评审意见中，不肯签上自己的名字。

在此之前，他曾随同建设部（2008年改组为住房和城乡建设部）等政府部门的领导或专家团队去过三峡多次，进行调研。在立项阶段，他从自己的考察观察、生态科研、人生阅历等多个角度提出反对三峡筑坝的提议，并最终没有投赞成票。他主要是担心可能出现局部地震、洪水，以及洞庭、鄱阳两湖蓄水不足，动植物迁徙，长江中下游水体污染，卫生及防疫等次生性灾害。

虽然过去了这么多年，关于三峡大坝的争议从未停止过。事实证明，陈先生当年的担心不是多余的，是有一定道理的。陈先生作为一个科学家坚持自己的观点，可谓难能可贵。

在我国，作为一个高级知识分子，在国家建设需要的重要关头，敢于坚持真理、讲真话，使国家在某些方面少走弯路，完全是热爱祖国、敢于担当的表现。在这方面，陈先生犹如他故居后面的将军石，挺起脊梁，铁骨铮铮，忠心不二，为后人敬仰。

5　大力弘扬淡泊名利、潜心研究的奉献精神

静心笃志、心无旁骛、力戒浮躁，甘坐"冷板凳"，肯下"数十年磨一剑"的苦功夫。反对盲目追逐热点，不随意变换研究方向，坚决摒弃拜金主义。从事基础研究，要瞄准世界一流，敢于在世界舞台上与同行对话；从事应用研究，要突出解决实际问题，力争实现关键核心技术自主可控（中共中央办公厅、国务院办公厅，2019）。

事例4：侯学煜（1912—1991），安徽和县人，植物生态学家，地植物学家，中国科学院学部委员（院士），生前是中国科学院植物研究所研究员，长期从事地植物学、植被制图、植物生态学等研究和教学工作。侯学煜先后在北京师范大学、清华大学、北京大学、吉林师范大学、西北大学、兰州大学、南京大学等高校兼课。1954年和1958年，侯学煜两次在中国科学院植物研究所内为全中国各省（区）有关高等院校的教师开办全国性植物生态学讲习班。《人民日报》评价"他（侯学煜）为发展中国科学事业而竭尽全力。他的一生，是为科学事业奋斗的一生，是追求真理、实事求是的一生。他的一生，为中国的国民经济建设和科学事业，乃至世界生态学的发展，作出了杰出的不可磨灭的贡献"。

6　大力弘扬甘为人梯、奖掖后学的育人精神

坚决破除论资排辈的陈旧观念，打破各种利益纽带和裙带关系，善于发现培养青年科技人才，敢于放手、支持其在重大科研任务中"挑大梁"，甘做致力提携后学的"铺路石"和领路人（中共中央办公厅、国务院办公厅，2019）。

事例5：李继侗（1897—1961），江苏兴化人，毕业于耶鲁大学，是我国著名的教育家、植物学家和生态学家，中国科学院院士。他是我国植物生态学与动植物学领域的奠基人之一。他首先发现了光合作用的瞬间效应，并率先在我国展开了植物生态学和地植物学的研究与教学工作，创立了我国第一个专门的植物生态学组。

李继侗曾在金陵大学、南开大学、清华大学和北京大学等高等学府任教，为我国培养了大批植物学、植物生理学、植物生态学和地植物学领域的人才。著名的植物生理学家殷宏章、娄成后，以及著名植物学家吴征镒、植物生态学家李博等，都是他的学生。

老先生一生致力于高等教育，在学识渊博、治学严谨的基础上，以身作则、孜孜不倦地教书育人，是一位极富成效的教育家。数十年来，他生动高超的教学艺术启迪了许多优秀青年从事生物科学的研究和教学工作，培养了许多杰出人才。他不仅在学术界声名显赫，而且以公正无私、正义凛然的品德，以及朴素勤奋、勇挑重担、严谨治学、辛勤耕耘的工作作风，赢得了我国生物学界广泛的爱戴和尊敬。

参考文献

陈静，曾毅，2021. 弘扬科学家精神与加强作风学风建设的思考［J］. 中共杭州市委党校学报，6：81-87.

戈亘，2004. 忠实履行自己的职责——访中南林学院教授、博士生导师田大伦[J]. 湖南林业，1：6-7.

雷小苗，魏茜，杨名，2022. 新时代科学家精神融入高校思政课教学的价值、逻辑与路径[J]. 高教学刊，8（10）：175-179，183.

习近平，2020. 在科学家座谈会上的讲话[M]. 北京：人民出版社.

习近平，2022a. 习近平总书记关于科学家精神的重要论述：淡泊名利、潜心研究的奉献精神[J]. 西安工程大学学报，36（4）：62-62.

习近平，2022b. 习近平总书记关于科学家精神的重要论述：集智攻关、团结协作的协同精神[J]. 西安工程大学学报，36（4）：33-33.

中共中央办公厅，国务院办公厅，2019. 关于进一步弘扬科学家精神加强作风和学风建设的意见[M]. 北京：人民出版社.

案例五　坚守立德树人初心　担当铸魂育人使命

本案例旨在使学生全面了解习近平总书记立德树人思想提出的时代背景，学习新时代立德树人思想的深刻内涵，深刻认识我国高等教育的初心与使命，介绍我国林业工作者践行立德树人思想的先进事例，鼓励新时代的林农学子努力将自己人生价值的实现融入中华民族伟大复兴的征程中来。本案例适用于生态环境建设与管理、森林生态系统理论与应用等课程案例教学。

1　立德树人思想提出的时代背景

培养什么人，如何培养人，历来是党和国家教育的根本问题。党的十八大以来，以习近平同志为核心的党中央，要求全面贯彻党的教育方针，坚持教育为社会主义现代化建设服务、为人民服务，把立德树人作为教育的根本任务，培养德智体美全面发展的社会主义建设者和接班人。习近平总书记着眼全局，把握关键，立意深远，深刻回答了培养什么样的人、为谁培养人以及如何培养人等一系列重大问题，是中国特色社会主义教育理论的精髓，是推进我国教育现代化的指导思想和行动指南（张志勇，2017）。

2　立德树人思想的深刻内涵

党的十七大报告提出，"坚持育人为本、德育为先，实施素质教育，提高教育现代化水平，培养德智体美全面发展的社会主义建设者和接班人，办好人民满意的教育"，首次提出了"育人为本、德育为先"。党的十八大报告则进一步强调把立德树人作为教育的根本任务，培养造就中国特色社会主义事业的建设者和接班人。将"立德树人"的定位置于"全面发展"之上，这是以习近平同志为核心的党中央继承、丰富和发展党的教育方针的集中体现,是对党的全面发展的教育方针的重大发展,是党的教育理论创新的最新成果,具有以下三个层面的深刻含义:一是立德树人揭示了教育的本质,是对教育本质的最新认识。教育的本质是培养人,这是古今中外的共同认识。党的十八大把立德树人作为教育的根本任务,无疑是对教育如何培养人这一本质的新认识;二是立德树人揭示了德育在人的全面发展中的突出地位,强调促进人的德性成长是教育的首要任务;三是立德树人揭示了道德发展与人的全面发展的辩证关系,强调德性成长是人的全面发展的根本保障,体现了党对教育规律的深刻认识。把立德树人作为教育的根本任务,具有鲜明的时代特征。随着经济全球化、信息化和后工业社会的到来,人类面临的德性挑战日趋严峻。提高我国的软实力,实现中华民族伟大复兴,加强德育工作,提高全民族的道德文明素养,已成为我国教育战线面临的一项重大而紧迫的战略任务(张志勇,2017)。

3 高校教育的初心与使命

国无德不兴,人无德不立。习近平总书记指出:"高校立身之本在于立德树人"。我国高校不仅承载着传播知识、传播思想、传播真理的功能,还承载着塑造灵魂、塑造生命、塑造新人的重任,要坚持把立德树人作为根本任务,培养一代又一代拥护中国共产党领导和我国社会主义制度、立志为中国特色社会主义奋斗终身的有用人才;习近平总书记强调:"加强党对教育工作的全面领导,是办好教育的根本保证。"落实立德树人根本任务,回答好培养什么人、怎样培养人、为谁培养人这一根本问题,根本在于坚持党对高校的全面领导,使高校成为坚持党的领导的坚强阵地。当前,多元思想文化交流交融交锋日益激烈。只有毫不动摇坚持党对高校的全面领导,才能把育人与国家发展、民族未来紧密联系在一起,把立德树人落到实处。高校基层党组织必须始终坚持马克思主义指导地位,坚持社会主义办学方向,把党的领导贯穿办学治校、教书育人全过程。强化党建引领,充分发挥基层党组织的战斗堡垒作用和党员的先锋模范作用,推动党建工作和业务工作有机结合,营造风清气正的高校政治生态。抓牢思想政治工作这一学校各项工作的生命线,把思想政治工作贯穿学校教育管理全过程,健全全员育人、全过程育人、全方位育人的体制机制,肩负起培养社会主义建设者和接班人的重大使命;习近平总书记指出:"要把立德树人融入思想道德教育、文化知识教育、社会实践教育各环节。"思政课是落实立德树人根本任务的关键课程，要因事而化、因时而进、因势而新，引导大学生正确认识世界和中国发展大势，正确认识时代责任和历史使命，正确认识远大抱负和脚踏实地的关系；以透彻的学理分析说服人，以高超的教学艺术引导人，不断增强学生对马克思主义的信仰、对中国特色社会主义的信念、对实现中华民族伟大复兴中国梦的信心。深挖其他各门课程蕴含的思政资源，根据不同课程特色，合理嵌入育人要素，进行主流价值引领，让其守好一段渠、种好责任田，着力形成从思政课程到课程思政的圈层效应。注重校园文化建设，以社会主义核心价值观为引领，从精神、制度、行为方式等层面构建特色鲜明的校园文化，以文化人，以文育人。注重实践育人，引导学生在社会大课堂中认识国情、了解社会，树立对人民的感情、对社会的责任、对国家的忠诚；习近平总书记强调："人才培养，关键在教师。"落实立德树人根本任务，离不开一支政治素质过硬、业务能力精湛、育人水平高超的高素质教师队伍。广大教师要以德立身、以德立学、以德施教，坚持教书和育人相统一，坚持言传和身教相统一，坚持潜心问道和关注社会相统一，坚持学术自由和学术规范相统一，立志做有理想信念、有道德情操、有扎实学识、有仁爱之心的好老师，自觉成为先进思想文化的传播者、党执政的坚定支持者、学生健康成长的指导者。师德师风是评价教师队伍素质的第一标准。高校要加强制度体系建设，强化价值引领，把提高教师思想政治素质和职业道德水平摆在首要位置，特别是在教师聘用、评优评先、干部选任等工作中严把政治关和师德关，建立科学的、符合时代要求的教育评价制度和机制，不断激发教师队伍活力。全党全社会要弘扬尊师重教的社会风尚，提高教师政治地位、社会地位、职业地位，使广大教师安心从教、热心从教、舒心从教、静心从教，让教师成为让人羡慕的职业（张剑，2020）。

4 立德树人的先进事例

事例1：杏坛"愚公"老天真

2021年6月19日，江西农业大学举行了一场温暖而庄重的捐赠仪式，82岁的杜天真老师将个人积蓄110万元，捐赠给学校设立"林业教育基金"，以奖励江西省林业类专业师生，激励师生们投身林业事业（图1）。

"110万,对于学校办学微不足道。捐出我一生的积蓄,我不认为这是一件很了不起的事,它是我对学校、对林业教育、对学生们的一份情怀。"朴实的话语让在场的师生无比动容。"现在,我每天在校园里随时随处可以见到一张张阳光稚嫩的脸庞,我虽然不认识他们,但感到特别亲切、可爱,他们会使我联想到已经毕业学生和校友的工作、成长和成就。几年以后,这批可爱的学生将走上社会,也将成为社会各领域的有用之才。"杜天真老师还说"学生是我这辈子最大的财富,很感谢我的每一个学生,是他们促使我成为一名合格的大学教师。"在"基金"成立暨颁奖大会上,杜老亲手将证书颁给首批获得奖励的师生,朴素简洁的证书扉页上,题写着他郑重的亲笔:"我为教育奋斗一生,学生幸福我一辈子!"这是一位师者的拳拳之心(徐光明,2022)。

图1 舍积蓄助学 坚信教育力量(捐资助学)

1959年,19岁的小伙从浙江省东阳县(今东阳市)的一个小山村只身考入江西共产主义劳动大学(江西农业大学前身),从此扎根江西,以赣鄱为家,在梅岭脚下的江农校园度过了人生逾一个甲子的时光,也把一生的学识都倾注到了林业及江西这片红土地上。60年,杜天真老师始终坚守林学战线,灭荒山造绿林,终使漫漫荒丘绘成一片翠岭,耄耋之年依旧初心不改。从青丝到华发,在育人和科研路上,为江西的绿色发展倾注了一生芳华(杨磊和卢鑫,2022)。

从教60年来，杜天真老师始终认为，认真教书是教师的分内之事，也是教师最基本的责任。从1963年开始，到2009年退休，除了20世纪六七十年代下放瑞金农村的四年，他就没有离开过教学一线。他坚持为本科生上课，三尺讲台一站就是43年。为全省林业战线培养了上千名干部，学生遍布包括基层林业工作站在内的全省林业部门，还有不少在全国各地和世界各国的校友。"给学生上课就是老师天大的事。对上课'守时'，就是对学生的'守信'，我上课从来没有迟到过一节课，也没有马虎应付过一节课。"64岁时他还主动承担了城市规划专业"城市林业"这门新课的开设。林学是实践性很强的专业，为增强学生的实践动手能力，他不顾年迈带领学生深入林场、自然保护区开展现场教学，连续工作12小时，经常中午在山上吃干粮、雨天一身泥泞。耄耋之年，他还带领学生到修水县和庐山等地区开展荒山绿化野外调查，和学生们同吃同住同上山作业（图2）。

图2　一辈子树人　坚守以德育人（82岁还深入深山考察庐山植物园大样地）

对待学生百分之百的认真和负责，也让杜天真老师感受到了教师特有的幸福。他积极探索教育教学规律，采用启发式教学，将培养学生的社会责任感和创新精神融入整个教学过程中，在教学模式、教学内容和教学方法上不断进行改革创新。2001年，他主持的"以科研项目为载体，开展实践教学，提高教学质量和大学生综合素质的研究"项目获国家级教学成果奖二等奖。他还针对不同教育对象的特点和身心状况，经常主动与学生谈心谈话，帮助学生解决学习和生活上的难题，结交了一大批"忘年交"，80级学生李晓洁至今还记得杜老师在毕业24年后的同学聚会上，当场叫出了30名同学中24个人的名字。"以生为本，以德育人；厚积薄发，志在必得；得不言歇，失不言退；先予后取，多予少取。"这是杜天真总结自己教书育人的工作经验，也是他人生的写照。他以这种精神不断指引着青年教师勇往直前。他培养的女博士教学科研团队，成为全省教育系统的先进典型；领衔的"亚热带森林资源培育与保护"教学团队，获得"全国教育系统先进集体"荣誉；牵头组建的教学科研团队，荣获国家级教学成果奖二等奖、国家级教学团队、国家科技进步奖二等奖，享受国务院政府特殊津贴。他个人也先后获得"国家级教学名师""江西省第四届十大师德标兵""江西省优秀研究生导师""中国侨界创新人才""中国侨联十杰提名奖"等一系列荣誉。

一手教书育人才，一手科研助发展。他一生倾力于林业科研工作，绿化美化赣鄱大地的绿水青山。从20世纪80年代的鄱阳湖区防护林建设，到90年代的全省消灭荒山植被恢复，再到21世纪的美丽中国"江西样板"建设，林业发展的每一个重要阶段，都留下了他攻坚克难、勇攀高峰、服务社会的奋斗足迹。60年的林业科研工作中，他深入林场、苗圃、山头、地块，开展林业科研、指导生产实践，足迹遍布江西的山山水水。一大批优秀科技成果应运而生。由他主持的"长江中下游山丘区森林植被恢复与重建技术"项目获2007年国家科技进步奖二等奖。另有主持的3个项目获省部级科技进步奖二等奖，3个项目获三等奖。发表学术论文60多篇，主编7部、参编3部著作。凭借在林业科研领域的出色成就，杜天真老师先后获全国林业产业突出贡献奖、国家林业局"十五"优秀科技工作者、"江铃"科技精英奖、全省农业科技先进工作者等荣誉称号。

退休后，杜天真老师仍然站在林业科研最前沿。在《江西日报》上发表《靠山致富才是出路》《山上办绿色银行》等文章；向有关部门积极建言献策，"生态公益林'以效益论补偿'"的建议获得江西省"十三五"规划建言献策一等奖，并被省林业厅采纳实施；"绿水青山更秀美，金山银山更丰厚"获得"十四五"规划建言献策二等奖；2012年6月，国务院下发《关于支持赣南等原中央苏区振兴发展的若干意见》，他在第二个月就撰写了《林业发展与赣南苏区振兴》的长篇建议，赣州市林业局当日就以文件将建议全文下发全市林业系统学习贯彻，这个建议又获得省委老干部局一等奖（图3）。

图3　惜耄耋之年　坚定初心使命（2021年在全省林业会议上作学术报告）

到了耄耋之年，杜天真老师仍然保持着那股为人治学的"天真劲儿"，对于工作仍怀有强烈的紧迫感和学习的韧劲。他接手担任了江西农业大学老科协会长，一干就是15年。这期间，他契合老科技工作者的身体、心理和思想实际，创新性地提出"力所能及、务求实效""把老有所学、所为建立在所乐基础上"等工作理念，带领老科协卓有成效地开展工作。在他的带领下，江西农业大学老科协先后获得省级以上集体和个人荣誉20多项，2015年获全省离退休干部工作先进集体，2017年获全省正能量活动示范点，多次获得省老科协先进集体、全国老科协优秀科普讲师团等称号。2015年时任省委组织部部长赵爱明在全省"双先"表彰大会上特别表扬"先进集体江西农业大学老科协";老同志们"退而不休,创办《三实农技》,为基层群众送去科技之光,插上致富翅膀,描绘出'科技结硕果、夕阳别样红'的美丽画卷。"江西农业大学老科协编辑出版的科普季刊《三实农技》,21年来按时免费"下乡"到全省所有县(市),已累计发放了15.2万份,深受基层干部和农户的喜爱。杜天真主持完成了"江西省新型农业经营主体创新与发展研究"等4项课题;主编了《老有所为的足迹》一书,全国人大常委会原副委员长、中国老科协会长陈至立特别为该书写序。

2017年11月,在校老科协第五次会员大会上,中国老科协副会长、江西省老科协会长朱张才说,他代表省老科协特别感谢为省老科协江西农业大学分会呕心沥血、勤奋工作的三任会长杜天真同志。江西农业大学分会的会员们非常敬重他们的会长,盛赞杜天真会长是德高望重的老人,用他聪敏的智慧、过人的精力和勤奋,还有那高尚的人格使江西农业大学老科协的工作年年出精品,届届上台阶。2016年,他荣获首届"中国老科协技术工作者协会奖",2020年获"江西省新时代赣鄱先锋"荣誉。2020年,他向省林业局提议编著庐山生态文化专著,省林业局党组很重视和支持他的建议,以他为主编,组织了几十位专家参与编写,于2021年出版了《彩云里——庐山生态文化寻迹》,得到了社会各界读者的好评。

从青春正芳华到满鬓霜发,他用一生的使命诠释着爱岗敬业立德树人的初心。如今,已是83岁高龄的他依然全身心地做好每一件事,因为他始终倡导和笃行——"只要有心,就会有好的思路;只要用心,就会有好的起步;只要尽心,就会有好的成效"。

事例2:"中国大熊猫之父"——胡锦矗先生

150多年前,法国博物学家阿尔芒·戴维在中国四川省的宝兴县邓池沟,第一次发现中国特有的珍稀物种——大熊猫,并把它带向全世界,由此引发延续至今的"熊猫热"。但是,真正着眼于生态环境角度,系统研究大熊猫的第一人,是世界著名的大熊猫研究专家、大熊猫生态生物学研究的奠基人、西华师范大学教授胡锦矗先生(图4)。

胡锦矗是中国大熊猫野外研究及保护事业的开拓者,并为中国培养了一大批优秀的动物学科研工作者及保护区一线工作人员,为中国的野生动物保护事业作出了巨大贡献（图5）。

图4 "中国大熊猫之父"——胡锦矗
（西华师范大学供图）

图5 1983年胡锦矗在实验室做研究
（西华师范大学供图）

胡锦矗先生组织和领导了中国第一次大熊猫野外调查研究，发明通过大熊猫粪便确定大熊猫的数量、种群年龄结构、活动范围及规律等的"胡氏方法"，首次调查出中国大熊猫的数量，建立世界上首个大熊猫野外生态观察站"五一棚"，促成中国首次野生动物保护国际合作，出版世界历史上第一部关于野生大熊猫生态研究的学术专著《卧龙的大熊猫》（邓超，2023）。

参考文献

邓超，2023-02-21. "中国大熊猫之父"——胡锦矗. 中央广电总台国际在线［EB/OL］. https：//sc.cri.cn/n/20230221/858872f8-4c19-701a-ac68-f7fbb32b3508.html.

徐光明，2022. 毕生树人 白首不渝——江西农业大学老教师杜天真捐资百万助学［J］. 江西教育，26：1-3.

杨磊，卢鑫，2022-9-13. 第四届感动江西教育年度人物丨杜天真：毕生树人 白首不渝［EB/OL］. 江农研之声，1869.

张剑，2020-09-10. 人民日报有的放矢：高校立身之本在于立德树人［EB/OL］. 人民网—人民日报. http：//opinion. people. com. cn/n1/2020/0910/c1003-31855777. html.

张志勇，2017-08-09. 立德树人是教育的根本任务——深入学习习近平总书记教育思想（三）［EB/OL］. 中国教育报. http：//www. moe. gov. cn/jyb_xwfb/moe_2082/zl_2017n/2017_zl37/201708/t20170809_310862. html.

第二部分

生态环境要素监测技术与方法案例

案例一　水环境质量监测技术与规范

本案例反映了我国水资源与水环境现状、水环境监测技术和水环境保护与管理的相关技术措施，适用于生态环境建设与管理等课程案例教学。

摘要：水是生命之源，生产之要，生态之基。随着我国经济的高速发展和城市化进程的不断加快，水资源短缺、水环境恶化和水灾害频繁等问题已经成为制约社会经济可持续发展的重要因素。因此，必须从水环境监测着手，积极有效地推进我国水环境的保护与管理，才能切实地推进我国的生态文明建设。随着科学技术的发展，水环境监测技术已由早期的手工监测为主，发展出快速溶剂萃取、气象色谱、遥感和生物监测技术以及它们的合成监测技术，这些新的监测方式以其操作简便、指标齐全、数据准确和适用范围广泛等特点，极大地提升了水环境监测的质量和效率。为了贯彻我国水环境保护法和水污染防治法，国家陆续出台了一系列水环境质量标准、水污染物排放标准和水环境监测技术规范，以便更好地保护和改善我国水生态环境，促进"十四五"时期水资源水生态水环境的协同治理。

关键词：生态文明建设；污染源调查；遥感监测技术；水环境保护与规划

Abstract: Water is the source of life, the necessity of production, and the foundation of ecology; With the rapid development of China's economy and the continuous acceleration of urbanization, issues such as water resource shortage, water environment degradation, and frequent water disasters have become important constraints for sustainable social and economic development. Therefore, it is necessary to start from the basic work of environmental protection development-water environment monitoring, and effectively promote the protection and management of China's water environment, so as to effectively promote China's ecological civilization construction. With the development of science and technology, water environment monitoring technology has shifted from early manual monitoring to rapid solvent extraction, meteorological chromatography, remote sensing, and biological monitoring technologies, as well as their synthetic monitoring technologies. These new monitoring methods have greatly improved the quality and efficiency of water environment monitoring due to their simple operation, complete indicators, accurate data, and wide applicability. In order to implement China's Water Environment Protection Law and Water Pollution Prevention and Control Law, the country has successively introduced a series of water environment quality standards, water pollutant discharge standards, and water environment monitoring technical specifications, in order to better protect and improve China's water ecological environment and promote coordinated governance of water resources, water ecology, and water environment during the 14th Five Year Plan period.

Keywords: Construction of ecological civilization, Investigation of pollution source, Remote sensing monitoring technology, Protection and planning of water environment

1 水资源与水环境现状

地球表面71%以上的地区被水覆盖，其中海洋水占地球总水量的96.5%，而仅占地球总水量2.53%的淡水资源，其69%又以冰川或冰帽的固态形式存在于南北极圈中。因此，除去不能开采的深层地下水，可供人类直接利用的只有湖泊淡水、河床水和地下淡水，而这部分淡水资源仅占地球总水量的0.2%左右。并且，世界上的淡水资源存在时空分布不均的特点，又使得有限的淡水资源不能得到充分利用（冯婧微，2016）。由此可见，水已经成为制约一个国家和地区持续发展的非常稀缺资源，事关国计民生的基础性自然资源和支撑经济可持续发展的战略性经济资源，也是农业生产和生态文明建设中的重要控制性要素。我国更是以世界上7%的水储量养活了22%的人口，属于水资源贫乏的国家。目前，世界上约2/3的国家都不同程度地反映出水产依赖于水的供应，水资源短缺会导致作物产量下降和粮食价格上涨，进而威胁到粮食安全和社会稳定。在全球气候变暖的大背景下，旱涝灾害频发、地下水位严重下降和农业缺水量大等问题已成为制约我国农业发展和粮食生产安全的重要问题。

近几十年来，随着经济社会的快速发展、工业化和城镇化步伐的加快，环境污染尤其是水环境的污染日益严重。目前，我国的水环境主要面临水体污染、河湖萎缩退化、地下水超采和水土流失四个方面的问题。水质恶化的不仅破坏了人居环境，也污染了饮用水源和食物，诱发疫病流行，危害人类健康。过去几十年间，由于地表水资源贫乏和水污染加剧，我国一些地区开始对地下水进行掠夺式开发，如华北平原农灌区过量开采地下水导致水位持续下降，引发了地面沉降、塌陷、裂缝和海水入侵等一系列生态环境问题。并且，全球气候变暖导致降水量和蒸发量的急剧变化，在导致河湖萎缩和地下水位下降等问题的同时，也导致地表水体自净能力降低，加速了水生态的恶化（朱洪法，2009）。据生态环境部公布的2022年我国地表水环境质量状况显示，我国西南诸河、黄河流域、海河和松花江流域仍然存在一定比例的劣Ⅴ类水，短时间内消除劣Ⅴ类断面难度很大；白城、石河子和吕梁市等30个城市地表水考核断面水环境质量变化情况相对较差，部分区域城乡面源污染严重，部分重点湖泊蓝藻水华多发频发，生态系统严重失衡等问题亟待解决。水力、风力和地震等自然因素和人类不合理开垦又造成各地区发生不同程度的水土流失，严重的水土流失会导致土地资源破坏、耕地养分流失、农业耕作面积减少；山洪和泥石流等自然灾害加重，会威胁人民生命财产安全；氮磷和农药进入河流湖泊，又会导致水系污染等严重的水环境问题（环境保护部科技标准司和中国环境科学学会，2018）。综上所述，水资源短缺、水污染严重、水环境恶化和水资源管理效率低下等问题，已成为制约社会经济持续发展的主要瓶颈问题。自20世纪80年代以来，随着人们对水环境问题认知水平的提高，在不断提高认识和积累实践经验的基础上，通过吸取环境科学、水利科学、地理学、生态学和化学等其他相关基础科学的理论和方法，发展出自成体系的水环境学。水环境工作主要包括污染源调查、水环境监测、水环境质量评价、水污染治理、水环境保护规划和水环境管理，这是一门应用性很强的学科,需要在实践的基础上不断完善和发展的学科(陈震,2006;窦明和左其亭,2014)。

2 污染源的分类调查与污染物控制

2.1 污染源分类

根据污染物排放的种类,可分为有机、无机、热、放射性、重金属和病原体等组分相对单一的污染源,以及同时排放多种污染物的混合污染源。根据排放或作用时间的长短,又可分为连续性、间歇性和瞬时污染源。根据作用的空间或形态,可分为点源、线源和面源污染源。根据作用的主体,还可分为天然污染源(生物与非生物污染源)和人为污染源(生产性和生活性污染源)。天然污染源是由于自然原因(如火山喷发、森林火灾等)而向自然环境排放有害物质或者造成有害影响的场所,人为污染源是指人类通过社会活动所造成的污染源,是人类开展环境保护和实施污染控制的主要对象。常见人为污染源有:

(1)工业污染源,通过排放废水和废液等方式进入水体,进而引发严重的水环境污染问题。受多种因素的综合影响,不同工矿企业产生的废水所含成分差异很大;工业污染源常具有数量和毒性大、面积广、色泽深、成分复杂和可生化处理性低等特点,是重点治理的污染源。

(2)生活污染源,包括各种洗涤剂和人畜粪便等,如各种氯化物、淀粉酸盐、磷酸盐等无机物,以及纤维素、淀粉、糖类、脂肪、蛋白质和尿素等有机物,还有少量重金属、洗涤剂和病原微生物。生活污水氮、硫、磷含量高,呈弱碱性,容易产生硫化氢、硫醇和粪臭素等恶臭气味的物质,水体浑浊呈黄绿色或黑色等特点。

(3)农业污染源,主要包括农业生产中过量喷洒的农药、施用的化肥以及污水灌溉等;除此之外,牧场、养殖场和农副产品加工厂的有机废物进入水体,也可造成河流、水库、湖泊等水体污染甚至富营养化。总体来说,农业污染源具有面广、分散、难于收集和集中治理,含有机质、农药、化肥、植物营养素和病原微生物浓度高等特点。

(4)交通污染源,是指铁路、公路、航空和航海等国家交通运输部门,除直接排放各种作业污水外,船舶的油类泄漏和汽车尾气中的铅通过大气降水等方式进入水环境造成污染。

2.2 污染物调查

污染物调查是环境评价工作的基础,通过调查,掌握污染源的类型、数量和分布。通过评价,确定一定区域内的主要污染物和主要污染源,提出切合实际的污染控制和治理方案(窦明和左其亭,2014)。污染源调查工作,需要按照科学合理的调查工作程序来进行;一般可分为准备阶段、调查阶段和总结阶段(图1)。

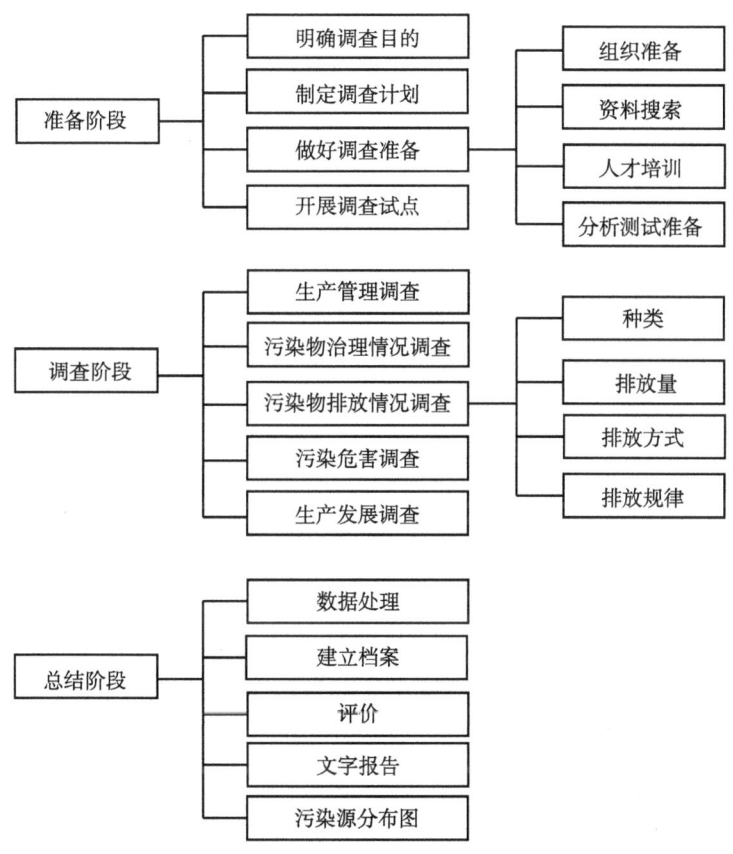

图1 污染源调查程序

2.3 污染物控制

根据污染物调查和水环境监测的结果,积极做好单一污染物浓度和区域污染物排放总量的控制。水污染控制包括:城市生活污水处理、工业废水处理、非点源污染防治及饮用水源保护、水系污染防治、流域或区域水污染综合治理等方面。其中，城市生活污水是点源控制的一个重点，根据城市排污量大小和水供应量大小可分别设置一级处理、二级处理和三级处理系统，常见的污水处理方法见表1（窦明和左其亭，2014）。此外，工业废水也是点源污染控制的一个重点，但由于工业废水的成分和性质相当复杂，因此针对不同类型的工业废水，应分别采取相应的处理措施。

表1 常用的污水处理方法

类别	处理方法	主要去除污染物
一级处理	格栅分离	粗粒悬浮物
	沉砂	固体沉淀物
	均衡	不同的水质冲击
	酸碱中和（pH调节）	酸碱
	油水分离	浮油、粗分散油
	气浮或聚结	细分散油及微细的悬浮物
二级处理	活性污泥法	微生物可降解的有机物
	生物膜法	
	氧化沟	
	氧化塘	
后处理	氨气提法	气体 H_2S、CO_2、NH_3
	凝聚沉淀法	不能沉降的悬浮粒子、胶体粒子和细分散油
	过滤或微絮凝过滤	
	气浮	悬浮固体物、细分散油
	活性炭过滤（生物炭过滤）	
三级处理	活性炭吸附	臭味、颜色、COD、细分散油、溶解油
	灭菌	细菌、病毒
	电渗析	盐类、重金属
	离子交换	
	反渗透	盐类、有机物和细菌
	蒸发	高沸点的有机物和无机盐
	臭氧氧化	难降解的有机物和溶解油

3 水环境监测技术、程序与步骤

2002年，国家环境保护总局（2018年改组为生态环境部）确定了监控

318条河流和28个湖（库）的759个国控断面，262个环境监测站负责国控网点的监测任务；除包含淮河、海河、辽河、太湖、巢湖、滇池、长江、黄河、珠江和松花江十大主要流域外，还囊括了浙闽片流域、西南和西北诸河等内陆河流以及28个重要湖泊和大型水库。全国地表水环境监测网的月、季度和年度监测计划，由此开展了起来。

3.1 水环境监测技术

水环境监测是通过物理、化学和生物技术方法对可能影响水环境质量的代表性指标（如污染物及其相关组成成分）进行定性、定量和系统综合分析，确定水环境质量的变化规律和受污染程度。

我国水环境监测工作开始于20世纪70年代初，早期以手工监测技术为主。近年来，陆续发展出了快速溶剂萃取、气象色谱、遥感和生物等监测技术，这些新的监测方式具有操作简便、指标齐全，数据准确和适用范围广泛等特点，大大提升了水环境监测的质量和效率（蒲慧晓，2022）。

（1）快速溶剂萃取监测技术（Accelerated Solvent Extraction，ASE）：利用溶质在不同溶剂中的溶解度来快速监测、萃取水中污染物。该方法萃取溶剂量使用少，萃取效率高，监测时间短，适用于痕量和超痕量污染物萃取。主要应用于监测水环境中的固体污染物，但若要增强有机污染物监测的准确性和处理易挥发性溶剂，则还需要进一步改进萃取机制，提升萃取效率。

（2）气相色谱监测技术（Gas Chromatography，GC）：利用物质的吸附力、溶解度和亲和力等特性的不同，对混合物中组分进行分离和分析的方法。主要用以挥发性或半挥发性有机物的定性/定量分析，能将单组分从复杂样品中分离出来，也能监测微小含量物质，应用范围广。实践表明，该技术与质谱技术、微萃取技术等新监测技术联用，可进一步优化现有监测技术（中国环境监测总站，2014）。

（3）遥感监测技术：利用清洁水和污染水（如水体富营养化、油渍污染、悬浮固体和热污染等）的卫星遥感影像反射光谱特征差异，对水质环境进行远距离识别、观测和分析得到一种综合性技术系统总称。该技术主要应用于水质水环境监测，具有监测范围广、监测信息量大的特点；可全面、动态监测和跟踪水环境变化情况，通过被监测区域水质的反复拍摄、扫描，获取最新水环境动态资料，建立动态变化模型；因此，具有巨大的应用潜力（李志远，2023）。

（4）生物监测技术：利用水环境中生物个体（如浮游和底栖类指示生物）、种群和群落（如微生物群落和发光细菌）对环境质量及其变化所产生的反应和影响，分析其环境污染性质、范围及程度，从生物学角度评价水环境质量状况。相对于理化监测技术，该技术简化了仪器保养和维修，可大面积连续布点，具有灵敏度高、经济实用和监测功能多样等特点。生物群落法、指示生物法和生物毒性实验等生物监测技术可广泛应用于大规模复杂水环境监测，通过完善监测标准化体系，建立数据库，共享监测指标参数等，可进一步拓展生物监测技术（易燃 等，2016）。

3.2 水环境监测程序与步骤

地表水与地下水监测项目详见表2。

表2 地表水与地下水监测项目

类别		必测项目	选测项目
地表水	河流	水温、pH值、悬浮物、总硬度、电导率、溶解氧、高锰酸钾指数、五日生化需氧量、氨氮、硝酸盐氮、亚硝酸盐氮、挥发酚、氰化物、氟化物、硫酸盐、氯化物、六价铬、总汞、总砷、镉、铅、铜、大肠菌群	硫化物、矿化度、非离子氮、凯氏氮、总磷、化学需氧量、溶解性铁、总锰、总锌、硒、石油类、阴离子表面活性剂、有机氯农药、苯并芘、丙烯醛、苯类、总有机碳
	饮用水源地	河流必测项目+细菌总数	铁、锰、铜、锌、硒、浑浊度、化学需氧量、阴离子表面活性剂、六六六、滴滴涕、苯并芘、总α放射性、总β放射性
	湖泊水库	河流必测项目-大肠菌数+叶绿素a	钾、钠、锌、硫酸盐、氯化物、电导率、溶解性总固体、侵蚀性二氧化碳、游离二氧化碳、总碱度、碳酸盐、重碳酸盐、大肠菌群
地下水		pH值、总硬度、溶解性总固体、氰化物、氟化物、硫酸盐、氨氮、硝酸盐氮、亚硝酸盐氮、高锰酸钾指数、挥发酚、氯化物、砷、汞、六价铬、铅、铁、锰、大肠菌群	色、嗅、味、浑浊度、肉眼可见物、铜、锌、钼、钴、阴离子合成洗涤剂、碘化物、硒、铍、钡、镍、六六六、滴滴涕、细菌总数、总α放射性、总β放射性

4 水环境质量评价

水环境质量评价即水质评价，是根据水体用途找到相应的水质标准、评价指标和方法，对水体质量进行定性或定量评估的一套理论方法体系。其中，地表水环境质量综合评价工作是水环境监测工作中最主要的一个环节，其评价技术流程见图2。水环境质量评价的工作内容主要包括选定评价指标、进行水体监测和监测值处理，选择评价标准和建立评价方法等。常见的评价指标包括：一般评价指标、氧平衡评价指标、重金属指标、有机污染物指标、无机污染物指标和生物指标等。评价步骤包括水环境背景值调查、污染源调查、水质监测、确定评价标准、分析并得出结论。过去常用的评价方法有评分法、水质综合污染指数法、内梅罗水质指数法、罗斯水质指数法、水质质量系数法和有机污染综合评价法等，由于这类方法不能很好地与国家统一的水质功能类别相一致，且没有统一的环境质量分级标准。随着计算机技术的发展，又涌现出了模糊数学评价法、灰色关联评价法、集对分析法、人工神经网络评价法等一批新的评价技术方法，促进了水质定量评价理论与具体实践应用的发展（窦明和左其亭，2014）。其中，水环境数学模型可模拟污染物在水体中的时空变化过程，是分析排污负荷对水质影响的一种数学手段和工具。对污染物在水中的迁移转化过程认识越深刻，建立的模型越合理，预测的精度与可靠程度也越高。

5 水环境保护与规划

水资源短缺、水污染严重和水旱灾害频繁等问题已成为制约国际社会经济和农业生产可持续发展的重大课题，水资源和水环境的合理保护和利用越来越受到人们的重视。因此，1993年第47届联合国大会将每年的3月22日定为"世界水日"，以提高全人类的水资源意识。1988年《中华人民共和国水法》颁布之后，水利部将每年的7月1—7日定为"中国水周"；为了与"世界水日"相匹配，我国自1994年起，将"中国水周"调整为每年的3月22—28日。由此可见，重视立法，依法治水；建立统一的水资源管理体制，通过强化政府职能来加强水环境的管理力度；开源节流，建立节水型社会以及推进水权制度建设等措施是切实保护水环境、有效管理和利用水资源的重要保证。

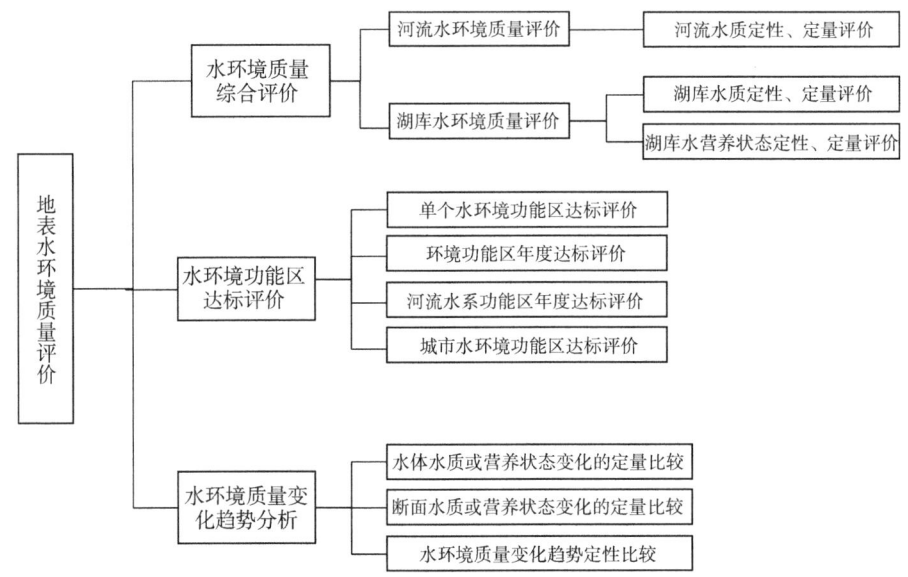

图 2　地表水环境质量评价技术流程

5.1　水环境保护标准与体系

我国的水环境保护标准体系是在总结国内水环境保护多年工作实践经验的基础上，参照国外有关标准体系，制定用于指导水环境行业领域开展具体工作的标准性技术规范。因此，此标准是水环境保护法规的具体化和指标化，是水环境管理的技术标准与规范。大致可分为水环境质量标准、水污染排放标准和水环境监测方法标准等三大类。例如，目前我国已颁布了一系列水环境质量标准（表3），这些标准会随着科学技术的发展被不定期更新修订，新标准自动代替老标准（陈震，2006）。

表 3　我国部分现行的水环境保护技术标准

标准分类	标准名称
水环境质量标准	《地表水环境质量标准》（GB 3828—2002）
	《地下水质量标准》（GB/T 14848-2017）
	《海水水质标准》（GB 3097—1997）
	《农田灌溉水质标准》（GB 5084—2021）
	《渔业水质标准》（GB 11607—89）
	《生活饮用水卫生标准》（GB 5749—2022）

(续表)

标准分类	标准名称
水污染物排放标准	污水综合排放标准（GB 8978—1996）
	合成氨工业水污染物排放标准（GB 13458—2013）
	毛纺工业水污染物排放标准（GB 28937—2012）
	缫丝工业水污染物排放标准（GB 28936—2012）
	钢铁工业水污染物排放标准（GB 13456—2012）
水环境监测技术规范	水质 氨氮的测定 纳氏试剂分光光度法（HJ 535—2009）
	水质 五日生化需氧量（BOD5）的测定 稀释与接种法（HJ 505—2009）
	水质 总有机碳的测定 燃烧氧化—非分散红外吸收法（HJ 501—2009）
	水质采样 样品的保存和管理技术规定（HJ 493—2009）
	多泥沙河流水环境样品采集及预处理技术规程（SL 270—2001）
	地表水环境质量监测技术规范（HJ/T 91—2002）
	污水监测技术规范（HJ/T 91.1—2019）
	地下水环境监测技术规范（HJ 164—2020）

5.2 水环境保护规划与管理

水环境保护规划是指将经济社会与生态环境作为一个有机整体，根据社会经济的发展以及生态环境系统对水环境质量的要求，通过控制水污染物排放总量为主要手段，从行政、法律、经济和技术等方面，对各种污染源和污染物的排放量制定总体安排，协调好经济社会发展与水环境保护的关系，进而达到保护水资源、防治水污染和改善水环境质量的目的。它的基本任务是根据国家或地区的经济社会发展规划、生态文明建设要求，结合区域内或区域间的水环境条件和特点，选定规划目标，拟定水环境治理和保护方案，提出生态系统保护、经济结构调整建议等。主要包括以下内容：水功能区的划分与协调、水污染物预测、水污染物排放总量控制、水环境质量评估、水污染防治工程措施和管理措施拟定等（陈震，2006；窦明和左其亭，2014）。

水环境管理是指运用法律、经济、教育和科技等综合手段，调控人类的各种社会活动，特别是对损害水环境质量的人类行为进行约束和限制，协调经济社会发展与水环境保护之间的关系，进而促进经济社会可持续发展和人水和谐良性局面的形成。因此，管理的对象是与水环境有关的人类活动。主要包括：①水质动态监测与资料汇编；②水质评价、预测与预报；③污染源控制与排污许可管理；④水功能区划与水环境保护规划；⑤水环境影响评价；⑥饮用水源地保护；⑦水污染事故应急管理与调查、仲裁及纠纷调解；⑧水环境管理政策法规建设；⑨水环境管理基础设施建设与维护（陈震，2006；窦明和左其亭，2014）。

思考问题

1. 查阅资料，举例说明水环境问题带来的负面影响以及开展水环境保护工作的重要意义。
2. 学习和了解污染源的分类以及不同污染源的特征。
3. 如何监测和评估我国水环境质量的成效？
4. 如何在"十四五"时期切实推进水资源水生态水环境协同治理？

参考文献

陈震，2006. 水环境科学［M］. 北京：科学出版社.

窦明，左其亭，2014. 水环境学［M］. 北京：中国水利水电出版社.

冯婧微，2016. 环境形势与政策［M］. 北京：中国环境科学出版社.

环境保护部科技标准司，中国环境科学学会，2018. 水环境保护知识问答［M］. 北京：中国环境出版社.

李志远，2023. 水环境监测中遥感技术的作用及应用策略分析［J］. 清洗技术，39（3）：155-157.

蒲慧晓，2022. 水环境监测技术及污染治理研究［J］. 资源节约与环保，8：49-52.

易燃，蔡德所，张永祥，等，2016. 广西龙江底栖硅藻水质生物监测方法［J］. 环境工程学报，10（6）：3345-3353.

中国环境监测总站，2014. 水环境监测技术［M］. 北京：中国环境出版社.

朱洪法，2009. 环境保护辞典［M］. 北京：金盾出版社.

案例二 森林土壤温室气体减排增汇关键技术

本案例反映了森林生态系统土壤温室气体减排固碳增汇的关键技术，适用于生态环境建设与管理、森林生态系统理论与应用等课程案例教学。

摘要：森林土壤是全球碳循环的重要组成部分，具有巨大的碳储量和固碳潜力。通过合理的管理和保护森林土壤，可以实现森林土壤温室气体减排增汇的目标。森林土壤温室气体减排增汇的意义非常重要，可以帮助我们应对全球气候变化的挑战，保护生态系统的健康和稳定，促进生态文明建设，增强国家的环境保护意识和管理能力，是一项具有广泛应用前景和深远意义的重要工作。森林土壤温室气体减排增汇是指通过管理森林土壤，促进土壤碳的固定和减少温室气体的排放，从而减缓全球气候变化的过程。主要技术包含：① 森林土壤碳贮存增加技术。这包括合理管理森林土壤的生态系统过程，如适时伐木、改善土壤质量、增加植被覆盖等。通过增加森林土壤碳贮存，可以减少温室气体的排放。② 森林土壤氧化还原状态调节技术。森林土壤的氧化还原状态对于温室气体的排放和固定有着很大的影响。通过控制土壤的水分、通气、施肥等因素，可以调节森林土壤的氧化还原状态，从而减少温室气体的排放。③ 森林土壤微生物管理技术。森林土壤微生物是影响森林土壤碳循环和气体排放的关键因素。通过适当的土壤管理措施，如添加有机物、调节土壤酸碱度等，可以促进森林土壤微生物的生长和活动，从而增加碳的固定和减少温室气体的排放。④ 森林土壤水管理技术。水是影响森林土壤氧化还原状态的重要因素之一。通过管理森林土壤水分，如增加土壤覆盖、增加水源等，可以调节土壤氧化还原状态，从而减少温室气体的排放。⑤ 森林土壤肥料管理技术。适当的肥料管理可以促进森林生长和土壤碳固定。通过合理施肥、选择适宜的肥料等方法,可以提高森林土壤的肥力和碳固定能力,从而减少温室气体的排放。总之,通过上述关键技术的应用,可以有效地减少森林土壤温室气体的排放和增加碳的固定,从而实现森林土壤温室气体减排增汇的目标,同时也有助于保护生态环境和可持续发展。

关键词:温室气体;森林土壤;减排增汇;可持续发展;土壤改良

Abstract: Forest soil is an important component of the global carbon cycle, with significant carbon storage and sequestration potential. Through proper management and protection of forest soil, the goal of reducing greenhouse gas emissions and increasing carbon sequestration can be achieved. The significance of forest soil greenhouse gas emission reduction and carbon sequestration is extremely important, as it can help us address the challenges of global climate change, protect the health and stability of ecosystems, promote ecological civilization construction, enhance national environmental protection awareness and management capabilities, and is an important work with broad application prospects and profound significance. Forest soil greenhouse gas emission reduction and carbon sequestration refers to the promotion of soil carbon fixation and the reduction of greenhouse gas emissions through the management of forest soil, thereby slowing down the process of global climate change. The main techniques include: 1. Forest soil carbon storage increase technology. This includes the proper management of forest soil ecosystem processes, such as timely logging, improving soil quality, and increasing vegetation coverage. By increasing forest soil carbon storage, greenhouse gas emissions can be reduced. 2. Forest soil redox state regulation technology. The redox state of forest soil has a significant impact on greenhouse gas emissions and sequestration. By controlling soil moisture, ventilation, fertilization, and other factors, the redox state of forest soil can be regulated, thereby reducing greenhouse gas emissions. 3. Forest soil microbiological management technology. Forest soil microorganisms are a key factor affecting forest soil carbon cycling and gas emissions. Through appropriate soil management measures, such as adding organic matter and adjusting soil pH, forest soil microbial growth and activity can be promoted, thereby increasing carbon fixation and reducing greenhouse gas emissions. 4. Forest soil water management technology. Water is one of the important factors affecting the redox state of forest soil. By managing forest soil moisture, such as increasing soil cover and increasing water sources, the redox state of the soil can be regulated, thereby reducing greenhouse gas emissions. 5. Forest soil fertilizer management technology. Proper fertilizer management can promote forest growth and soil carbon fixation. Through reasonable fertilization, selecting appropriate fertilizers, and other methods, the fertility and carbon fixation capacity of forest soil can be improved, thereby reducing greenhouse gas emissions. In summary, by applying the above key technologies, forest soil greenhouse gas emissions can be effectively reduced and carbon sequestration can be increased, thereby achieving the goal of forest soil greenhouse gas emission reduction and carbon sequestration, while also contributing to the protection of the ecological environment and sustainable development.

Keywords: Greenhouse gas, Forest soil, Emissions reduction and carbon sequestration, Sustainable development, Soil improvement

1 土壤温室气体排放及其影响

气候变化是人类社会发展所面临的严峻挑战,其中,大气温室气体浓度增加是其主要诱因之一。森林土壤作为重要的碳储存库,其微小变化将导致大气成分产生巨大变化,进而对全球气候产生巨大影响。因此,通过采用有效的技术手段,减少森林土壤中温室气体排放,增加碳汇,具有重要的意义。土壤是地球生命系统中至关重要的组成部分之一,其中含有大量的有机质、微生物和植物根系。然而,随着人类活动的增加,土壤中的温室气体排放也日益加剧,这对全球气候变化产生了重要的影响。土壤中排放的温室气体主要包括二氧化碳(CO_2)、一氧化氮(NO)、氧化亚氮(N_2O)和甲烷(CH_4)等(Smith et al.,2007)。在诸多温室气体汇总,二氧化碳的排放量占总量的80%以上,而甲烷和氧化亚氮则分别占约10%和5%。二氧化碳的排放主要来自土壤有机质的分解过程(Davidson et al.,2006)。当有机质在缺氧条件下分解时,会产生大量的二氧化碳,这种过程被称为土壤呼吸,是土壤中二氧化碳的主要来源(Luo and Zhou,2006)。甲烷的排放则主要来自湿地和水田等处。湿地中的微生物可以产生甲烷,而水田中的稻谷也能够释放大量的甲烷。此外,甲烷的排放还与人类活动有关，例如在垃圾堆填场和牛舍等处。氧化亚氮的排放主要来自土壤中的硝化和反硝化过程。在硝化过程中，氨气被氧化成亚硝酸和硝酸盐，而在反硝化过程中，硝酸盐被还原成氮气和亚硝酸盐。这些过程都会释放出大量的氧化亚氮。土壤温室气体排放的增加与人类活动密切相关，例如，在各种排放源中，农业和林业是温室气体排放的核心来源之一。农业活动中大量使用化肥和农药，这些化学物质会破坏土壤中的微生物群落，从而影响土壤有机质的分解过程。此外，农业活动中的畜牧业也会导致甲烷的排放增加。

2　土壤温室气体排放过程和产生机制

土壤是地球生态系统的一个重要组成部分，其中的微生物群落和生物化学反应过程对大气中温室气体的排放具有重要作用。土壤中温室气体排放的主要成分包括 CO_2、CH_4 和 N_2O 等，它们的排放对气候变化产生着重要的影响。本案例将对土壤温室气体排放的过程进行详细论述。土壤中的有机质分解是二氧化碳排放的主要来源。有机质分解是一种生物化学反应，它将有机物分解为二氧化碳、水和其他无机物。这个过程由土壤中的微生物群体控制，它们通过分解有机物和吸收有机物分解产生的能量来维持其生存。此外，人类活动也是二氧化碳排放的重要来源，例如，土地使用变更、化石燃料燃烧和森林采伐等活动都会导致土壤中的有机质分解，从而释放大量的二氧化碳（李盼 等，2012）。

甲烷是一种强效温室气体，其温室效应比二氧化碳高 25 倍。土壤中甲烷的主要来源是甲烷发酵作用。这个过程由一些特定的微生物完成，它们生活在缺氧的环境中，例如水稻田、湿地和沼泽等。这些微生物可以将有机物分解成甲烷和二氧化碳，其中甲烷是主要的产物。此外，人类活动也是甲烷排放的重要来源。例如，农业活动如牲畜排泄和粪污堆肥发酵等也会产生大量的甲烷。

氧化亚氮（N_2O）是由氨氧化作用、硝化作用、反硝化作用和硝酸还原作用等土壤微生物过程产生的。其中，硝化作用和反硝化作用是氧化亚氮形成和排放的两个关键步骤。硝化作用是由硝化细菌在缺氧条件下催化的，这些微生物可将氨和氨基酸等硝化成亚硝酸和硝酸。硝化细菌分为两类：一类是氨氧化细菌（AOB），它们能氧化氨形成亚硝酸；另一类是亚硝酸氧化细菌（NOB），它们进一步将亚硝酸氧化成硝酸。反硝化作用是一种厌氧微生物过程，这些微生物可将硝酸还原成氮气和氧气等，氧化亚氮是其中的中间产物。反硝化作用主要发生在缺氧或微氧环境下，它是一种有利于微生物生长和代谢的重要途径。此外，还有一些土壤微生物，如厌氧菌、甲烷氧化菌等也能够产生氧化亚氮。这些微生物的代谢过程通常需要缺氧或极低氧气浓度，且产生的氧化亚氮量相对较小。氧化亚氮的排放主要来自土壤微生物代谢过程，尤其是硝化作用和反硝化作用。一些人类活动也会增加氧化亚氮的排放量，如化肥使用、畜禽养殖、粪便和污水处理、稻田灌溉和排水等。这些活动都能够提高土壤中氮的含量，促进土壤微生物的代谢，从而增加氧化亚氮的产生和排放。氧化亚氮排放受多种因素的影响，包括土壤 pH 值、土壤水分、氮素含量、土壤温度、土壤类型和植被等。

3　土壤温室气体减排关键技术

随着全球气候变化的日益加剧，减少温室气体排放成为各国政府和企业的共同责任。土壤温室气体排放是温室气体排放的重要来源之一，采取有效的减排技术对于缓解气候变化具有重要意义（王刚 等，2013；王文杰 等，2018）。

土壤温室气体的主要减排技术如下。

3.1　土壤碳汇管理

土壤碳汇管理是指通过改变土地利用方式、调整作物种植结构和改善土壤质量等手段，增加土壤碳储量，从而减少 CO_2 排放（Lal，2004）。常见的土壤碳汇管理技术如下。

（1）森林和草地的保护和恢复：森林和草地是重要的土壤碳汇，保护和恢复这些生态系统有助于增加土壤碳储量，减少 CO_2 排放。同时，森林和草地也可以吸收和固定大量的 CO_2。

（2）有机农业和耕作方式的改变：有机农业和合理的耕作方式可以增加土壤有机质含量，提高土壤碳储量，从而减少 CO_2 排放。有机农业可以通过使用有机肥料、减少化肥和农药的使用等方式来实现，而合理的耕作方式包括减少耕作次数、轮作和间作等，可以减少土壤侵蚀和有机质流失，从而增加土壤碳储量。

（3）深根作物和覆盖作物的种植：深根作物和覆盖作物具有较强的土壤保护和改善功能，可以增加土壤有机质含量，减少土壤侵蚀和有机质流失，从而减少 CO_2 排放。同时，覆盖作物也可以增加土壤生物多样性和土壤水分保持能力，有利于农业生产的可持续发展。

3.2 肥料管理技术

农业生产中的化肥使用是导致 N_2O 排放的主要原因之一，因此采取有效的肥料管理技术可以减少 N_2O 排放。常见的肥料管理技术如下。

（1）减少化肥使用量和施肥次数：减少化肥使用量和施肥次数可以降低化肥残留在土壤中的含量，从而减少 N_2O 的产生。

（2）选择适宜的施肥时间和方法：适宜的施肥时间和方法可以使植物对肥料的利用率提高，从而减少化肥残留在土壤中的含量，降低 N_2O 的产生。

3.3 生物处理技术

生物处理技术是利用微生物代谢作用，将温室气体转化为无害物质或低温室气体的技术，可以减少 CH_4 和 N_2O 的排放。常见的生物处理技术如下。

（1）生物降解技术：生物降解技术是利用微生物降解有机废弃物，将其转化为甲烷和二氧化碳等低温室气体的技术。通过科学合理地控制生物反应器的操作参数，可以提高降解效率，减少 CH_4 的排放。

（2）生物质能源利用技术：通过生物质能源利用，将植物残渣和废弃物转化为生物质燃料或生物质发电，减少温室气体排放。

（3）厌氧消化技术：将有机废弃物和污水等放入密闭的反应器中，利用厌氧微生物将有机物分解为甲烷等气体，从而减少温室气体的排放。

（4）植物吸收技术：通过植物吸收二氧化碳等温室气体，将其转化为有机物质，在植物体内储存碳，并通过生态系统管理措施，增加植被覆盖率，减少温室气体的排放。

（5）生物炭制备技术：将植物残渣经过高温热解和碳化处理，得到生物炭。生物炭不仅可以作为固碳材料，还可以用于土壤改良、水质净化等方面。

（6）生物气体化技术：将生物质原料经过气化反应，产生可燃气体，如甲烷、氢气等。生物气体化技术不仅可以减少温室气体排放，还可以作为清洁能源供应。

4 土壤温室气体减排常规管理技术

4.1 森林管理优化

森林管理优化是减排增汇的基础。通过改善森林管理措施，如选择适宜的树种、密度、肥料和土壤改良措施等，能够有效减少森林土壤中温室气体的排放，同时提高森林土壤的碳储存量（魏兴华 等，2019）。例如，中国西南地区的一个森林试验区，通过优化森林管理，将碳储量从2007年的16.81 t/hm^2 增加到2017年的19.81 t/hm^2，减少了大量的二氧化碳排放。

4.2 植物种植与恢复

通过植树造林、荒漠化土地的植被恢复等方式，增加森林覆盖率，提高森林土壤的碳汇能力。例如，在中国的"三北"地区，通过植树造林，将荒漠化的土地恢复成森林，提高碳汇能力。同时，通过树种的选择和管理，能够更好地减少温室气体的排放。

4.3 有机废弃物管理

有机废弃物包括枝叶、落叶、木屑等，通过合理处理，可以将其转化为有机肥料，作为森林土壤的养分来源，提高森林土壤的肥力，同时减少温室气体的排放。例如，挪威政府支持在挪威北部地区进行有机垃圾的垃圾填埋处理，将有机废弃物转化为肥料，用于森林土壤的肥料补充。

4.4 植被管理

植被管理是指通过改变森林植被类型、结构和生态系统的种植密度来减少温室气体的排放和增加碳的固定。研究表明，不同类型的森林对温室气体的吸收和排放具有不同的影响。例如，针叶林通常对CO_2的吸收能力较强，而落叶林则对CH_4的吸收能力较强。因此，在植被管理中，应根据不同的生态系统类型选择相应的植被类型和结构，以最大程度地减少温室气体的排放和增加碳的固定。

4.5 土壤管理

土壤管理是指通过改善森林土壤的生态环境，提高森林土壤的有机质含量和水分利用效率，以减少温室气体的排放和增加碳的固定。具体措施包括增加土壤有机质含量、减少土地翻耕、控制土地退化、增加水分利用效率等。减少土壤扰动和翻耕是一种简单有效的减缓森林土壤温室气体排放的策略。翻耕和土壤扰动可能导致土壤有机碳的释放，从而增加温室气体的排放。通过减少土壤扰动，可以保护土壤中储存的碳，并降低温室气体排放速率。通过这些措施，不仅能够减少温室气体的排放，还能够提高森林土壤的生产力和生态系统的稳定性。该策略的一个例子可以在亚马孙雨林中找到，那里传统的砍伐和焚烧农业已经被一种称为农林复合系统的系统所取代。这种系统涉及种植作物和树木而不会干扰土壤，据发现可以将温室气体排放降低高达90%。

4.6 微生物管理

微生物管理是指通过控制森林土壤中的微生物活动，以减少温室气体的排放和增加碳的固定。微生物是森林土壤中最重要的生物类群之一，它们通过分解有机质和呼吸等活动释放大量的温室气体。因此，通过控制微生物的活动，可有效管理土壤温室气体排放过程和排放总量。

4.7 养分管理

养分管理是另一种可以用于减少森林土壤温室气体排放的策略。化肥是 N_2O 排放的重要来源，不当使用化肥可能会增加森林土壤的温室气体排放。通过管理养分投入，可以降低温室气体排放速率。

思考问题

1. 为什么要关注森林土壤温室气体排放？
2. 土壤温室气体排放的影响因素有哪些？

参考文献

李盼，罗荣，张泽华，等，2012. 森林土壤温室气体排放影响因素研究进展 [J]. 生态学报，32（15）：4704-4714.

王刚，陈树宝，徐海峰，等，2013. 森林土壤碳汇研究的技术和方法 [J]. 生态学报，33（8）：2323-2335.

王文杰，张琳琳，苏东升，等，2018. 森林土壤碳汇研究进展 [J]. 生态学报，38（13）：4689-4699.

魏兴华，陈兴，朱梦琴，等，2019. 森林土壤碳汇管理的技术现状及发展趋势 [J]. 生态学报，39（11）：3947-3956.

DAVIDSON E A, JANSSENS I A, 2006. Temperature sensitivity of soil carbon decomposition and feedbacks to climate change [J]. Nature, 440: 165-173.

LAL R, 2004. Soil carbon sequestration to mitigate climate change [J]. Geoderma, 123, 1-22.

LUO Y, ZHOU X, 2006. Soil respiration and the environment [M]. Academic Press.

SMITH P, MARTINO D, CAI Z, et al., 2007. Agriculture. In Climate change 2007: mitigation. Contribution of Working Group Ⅲ to the Fourth Assessment Report of the Intergovernmental Panel on Climate Change [M]. Cambridge: Cambridge University Press.

案例三　北京大气污染治理技术

本案例参考了联合国环境规划署 2016 年编写的《北京空气污染治理历程 1998—2013 年》和 2019 编写的《北京二十年大气污染治理历程与展望》，案例真实反映了在巨大的生态环境挑战面前，北京 1998—2017 年的 20 年间在保持高增长的情形下，成功实现了空气质量的改善，未经过掩饰处理，适用于生态环境建设与管理等课程案例教学。

摘要：作为中国的首都、国际化现代大都市，北京市在近 20 年来经历了飞速的发展。与 1998 年相比，2017 年末北京的地区生产总值增长了 1 078%、人口和机动车保有量分别增长了 74%和 335%。社会经济的快速发展带来了巨大的环境压力，生态环境质量退化，大气煤烟—机动车复合污染特征愈加显著，空气重污染时有发生，对公众健康带来负面的影响。为应对严峻的空气污染问题，自 1998 年始，北京市连续实施了多个阶段有力的大气污染综合治理措施，污染物排放强度逐年下降，空气质量明显改善，二氧化硫（SO_2）、二氧化氮（NO_2）和可吸入颗粒物（PM10）年均浓度较 1998 年分别下降了 93.3%、37.8%和 55.3%。为更好地总结北京市的实践历程和经验，联合国环境规划署（简称"联合国环境署"）发起开展了对北京近 20 年空气治理历程的系统回顾，对关键的措施和效果进行评估分析，以便分享给面临相似挑战的发展中国家城市。

关键词：大气污染；综合治理；空气质量；管理体系；北京市

Abstract：As the capital of China and an international metropolis, Beijing has experienced a rapid development in the past two decades. Compared with 20 years earlier, the GDP, population and vehicles of Beijing sharply increased by 1078%, 74% and 335% respectively at the end of 2017. The great economic prosperity and urban growth have also resulted in the deterioration of the city's environment, especially air quality. The characteristics of combined coal-vehicle pollution are unceasingly apparent and heavy-pollution episodes occurred regularly, with negative effects on public health. To tackle severe air pollution, Beijing has launched comprehensive air pollution control programs in phases since 1998. With the constant efforts in air pollution control, emission intensity has decreased year by year and air quality has improved significantly. On-ground observation data shows that the annual average concentrations of SO_2, NO_2 and PM_{10} decreased by 93.3%, 37.8% and 55.3% respectively. To better understand the air pollution control process in Beijing and provide worthy insights for cities of developing countries facing similar challenge, a systematic review of 20 years' clean air actions in Beijing has been commissioned by UN Environment, focusing on pivotal control points and major pollution sources.

Keywords: Air Pollution, Comprehensive control, Air quality, Management system, Beijing city

1 引言

北京市是中国的首都,一座快速发展中的特大城市,地域面积 1.64 万 km^2。截至 2017 年底,常住人口达到 2 170.7 万人,人均地区生产总值超过了 2.0 万美元,机动车保有量达到 590.9 万辆,年能耗达到 7 100 万 t 标煤。与 20 年前的 1998 年相比,2017 年北京市的经济总量增长了 1 078%、人口增长了 74%、机动车保有量增长了 335%、能耗增长了 86%。这些数字代表了这个最大的发展中国家首都城市的经济腾飞,也承载着巨大环境压力。与伦敦、洛杉矶、东京等世界其他工业化国家大城市一样,迅速的城市化和经济增长,不可避免地给北京这座城市带来了严重的大气污染。在中国速度的发展背景下,北京市的大气污染发展迅速,引起了政府、公众和全社会的关注。

自 20 世纪 70 年代建立环境保护机构到 1997 年左右,北京市主要按照国家的有关法规,以末端治理手段为主治理工业排放的粉尘和其他大气污染物。在 20 年的大气污染治理过程中,北京市逐步建成了一套适应北京情况的空气质量管理体系，通过规划和实施改善能源结构、综合治理机动车污染、调整产业结构、提高城市精细化管理水平、加强生态保护以及提升公众环境意识等一系列措施，在社会经济空前发展的背景下实现了空气质量连续20年改善。20年间，北京市 SO_2、NO_2、PM2.5 年均浓度分别下降了 93.3%、37.8%和 55.3%，SO_2、CO 等污染物已经能够稳定达到现行国家标准，PM2.5 在有监测数据的 5 年里浓度下降了 35.6%。本案例依据联合国环境规划署联合国际专家和清华大学专家团队 2016 年编写的《北京空气污染治理历程 1998—2013 年》和 2019 编写的《北京二十年大气污染治理历程与展望》，系统梳理了北京市逐步建立起来的空气质量管理体系，量化评估了重点措施的减排效果，并总结了北京市大气污染治理的宝贵经验。

2 北京市空气质量管理体系建设

2.1 空气质量管理规划

（1）大气污染防治规划：自 20 世纪 50 年代以来，中国从中央到地方政府均以五年为期制定国民经济和社会发展计划或规划，到 90 年代，环境保护成为五年发展规划中的一个部分，大气污染治理是其中的重要内容。因此，在 2000—2020 年，北京市发布的五年规划中均有专门的环境保护内容，并制定了五年环境保护专项规划，其中都包含了大气污染防治的目标和措施。例如，1998—2010 年，北京市连续制定并实施了 16 个阶段的大气污染控制措施。2013 年，北京市发布了《北京市 2013—2017 年清洁空气行动计划》。2015 年，北京市又相继发布了《北京市贯彻落实〈京津冀大气污染防治强化措施（2016—2017 年）〉实施方案》《〈京津冀及周边地区 2017—2018 年秋冬季大气污染综合治理攻坚行动方案〉北京市细化落实方案》等大气防治法规文件。

（2）法规标准：

①大气污染防治法律法规　北京市在大气污染防治方面主要遵从国家的大气污染防治法律，包括《中华人民共和国环境保护法》（1979 年发布，2014 年修订）、《中华人民共和国大气污染防治法》（1987 年发布，2015 年修订）。为应对严峻的大气污染形势，在总结 15 年地方大气污染治理经验的基础上，北京市于 2014 年发布实施了《北京市大气污染防治条例》。作为地方性法规，更加具体地确定了北京市大气污染治理的方向、模式和要

求。该部条例是中国首部以 PM2.5 防治为主要目标的地方大气污染治理法规，针对 PM2.5 来源广泛的特点，确定了系列综合治理对策。从法规上推动了北京市的大气污染治理对策从末端治理向全过程管控转变，由浓度控制为主向浓度与总量控制并重转变，由注重企业治理向企业治理与区域和行业治理并重转变，由注重政府管控向注重全社会参与治理转变。

②地方排放标准　中国的国家法律允许地方政府根据需要制订严于国家标准的地方环境标准。北京市自 2000 年开始加快制定发布地方大气污染控制标准。截至 2017 年底，在用的北京地方大气污染物控制排放标准已达 42 项，涵盖燃烧源、移动源和工业污染源等方面。形成了一套国内领先的地方大气污染物排放标准体系，为北京市实施各项大气污染治理措施提供了重要的支持。

③环境执法　环境执法是保证各项法规标准政策落实的手段，北京市设有市区两级环境执法队伍，分工合作开展环境监察执法工作。固定源的执法监管包括日常监管、专项执法检查、自动在线监控监管、热点网格监管等，建立了"一厂一档"工业污染源数据库，并定期开展随机抽查；移动源监管主要包括新车抽检、在用车定期检测、路检路查以及针对非道路移动机械的入户抽查和专项执法等。2017 年，北京市在公安局设立了环保警察队伍，环保、公安两部门建立了联合执法工作机制，环保部门可以将涉嫌环境犯罪的环境违法案件移送公安局，大大增强了环境执法的威慑力。

（3）经济政策：

①经济政策　为推动大气污染治理措施的有效实施，北京市逐步建立起了包括补贴、收费、奖励、价格、金融等多种手段的地方环境经济政策体系，为实施针对燃煤能源、机动车、工业和扬尘等各项污染源的治理措施提供资金支持；在燃煤污染治理方面，主要使用财政资金为实施燃煤锅炉清洁能源改造、城区平房采暖煤改电、农村散煤改造等工程的用户提供资金补贴。比如，城区平房煤改电的用户可得到相当于采暖设备购置费用的 2/3 的补贴资金，并且采暖用电的电价最高优惠 78%；淘汰老旧车辆、改造重型柴油车和购买新能源车的车主也能够得到财政补助或奖励。2008—2014 年，北京市按改造总费用的 50% 对实施颗粒物排放控制改造的重型柴油车车主进行补贴（每辆车补贴最高不超过 1.5 万元）。2014—2017 年，国

家和北京市对购置新能源小客车提供总额不超过车辆销售价格60%的财政补助；对工业污染源中主动退出或实施工艺废气改造的高污染企业，给予奖励或补助，同时根据废气排放浓度实施差别化的排污收费政策。比如：2008年起，北京市对高能耗、高资源消耗、高污染的企业整体关闭退出，以及工业企业关闭退出部分生产工艺和设备进行补助，最高补贴标准为300万元。

②财政资金投入 北京市一方面不断加大财政资金对大气污染治理领域的投入，同时带动了全社会环保投资，为治理措施的落实和空气质量改善奠定了坚实基础。2009年北京市投入大气污染治理的财政资金为17亿元，2017年达到182.2亿元，8年间增长了近10倍。财政资金主要用于燃煤锅炉和散煤清洁能源改造补贴、老旧车淘汰补贴、企业调整退出补贴、绿色建筑和生态示范区建设补贴等。

(4) 监测能力建设：20世纪80年代初，北京市建成了中国首个环境空气质量自动监测系统，由8个监测子站组成，用于监测北京环境空气质量状况及长期变化趋势，监测项目包括SO_2、CO、NO_2和TSP等污染物。1999年，监测项目增加PM10。2012年进一步扩充并新增了PM2.5和O_3的监测能力。目前，该系统的35个自动监测子站覆盖了北京市全境，包括城市环境评价点、城市清洁对照点、交通污染监控点、区域背景传输点等。全部监测站点使用国家标准方法自动监测PM2.5、PM10、SO_2、CO、NO_2、O_3 6项污染物，监测数据对社会实时公开发布。

2016年，北京市空气质量监测手段进一步升级，并结合新一代高时空分辨率卫星遥感、激光雷达垂直网络、高精度气象观测等技术，建设了"天地空"一体化空气质量监测网络，提高了监测和分析水平。同时，借助大数据技术，自主研发智能传感器设备，开发网络运行和质量控制新模式，在全市网格化布设了1 000余个PM2.5传感器监测站，建立起低成本、高密度网格监测体系。该系统可精准识别北京市范围内PM2.5的高排放区域和时段，并为评价北京325个街乡镇空气质量提供了支持。

(5) 空气重污染应急：为应对秋冬季节较为频繁的空气重污染问题，北京市于2012年发布实施《北京市空气重污染日应急方案（暂行）》，属全国首例。该方案在2014年、2015年、2016年、2017年历经4次修订，预警机制不断完善，预警分级和启动条件更加科学。同时，在预警期间采取应急减排措施有效降低了不利天气条件下的污染水平。《北京市空气重污染应急预案（2017年修订）》包括了预警分级、应急措施、应急响应和组织保障四部分内容。北京市依靠其成熟的大气环境质量监测网络，对未来空气质量状况进行预报。遇重污染过程，至少提前24 h发布预警。预警信息通过广播、电视、报纸等传统媒体，微博、微信以及手机应用程序等新媒体及时发布，确保信息能够覆盖各个社会群体。通过媒体提前向社会发布预警服务及健康风险提示，一方面方便公众加强自身健康防护，同时也为启动应急污染控制措施预留了准备时间。

（6）信息公开与公众参与：

①公开空气质量和预报信息　1998年起，北京市开始通过电视等媒体向社会发布空气质量周报，并且在不断完善的空气质量监测网络支持下，逐步提升空气质量监测数据的发布频率和质量。2001年开始向社会发布空气质量日报和预报，对SO_2、NO_2、PM10 3项主要污染物污染指数范围和污染级别进行预测，并发布预报结果。在筹办2008年奥运会期间，空气质量预报已经成为一项重要的工作内容。以此为契机，北京市大幅扩建了空气质量监测网络，提升了监测能力、数据利用及分析能力。空气质量预报技术系统升级为包括统计预报模式、数值预报模式和专家诊断订正三部分组成的完整系统。自2013年开始，北京市35个空气质量自动监测站的SO_2、NO_2、PM10、CO、PM2.5、O_3 6项污染物实时浓度、评价结果、健康提示和空气质量预报信息全部公开发布。除了电视、广播等传统媒体，北京的空气质量信息发布渠道也拓展到网站、微博、微信以及手机应用软件等新媒体。

②环保理念传播和公众参与　北京市充分认识到公众参与环境保护工作的重要性，加强了环保宣传教育机构建设，搭建了包含报纸、广播、电视等传统媒体，网络、微博、微信等新媒体的全媒体环境信息和知识传播平台。在全市建成了38家对公众开放的环境教育基地。理念传播方式包括发布新闻信息、宣讲环保知识、出版科普读物、播放专题节目、创作播出环保动画、环保话剧等形式。通过这些活动向公众报道环保工作动态、解读环保政策、普及环保知识、传播绿色理念，公众的环境意识明显提高。

此外，北京市从 2013 年开始邀请社会知名人士担任北京环保公益大使，截至目前已有聂一菁、郭川、蔡祥麟、李莉、马布里、海清、李晨、杨扬、徐春妮、白岩松 10 位知名人士主动受聘成为公益大使，协助向公众传播环保知识、倡导绿色生活方式。

3 北京空气污染治理措施

3.1 能源结构调整和燃煤能源排放控制

煤炭长期以来都是北京能源消耗的重要部分，主要用于发电、供热、工业生产和居民炊事取暖等与社会生产和居民生活相关的领域。从 1998 年开始，北京市大力推进了燃煤设施末端治理和能源结构调整两项主要措施，后者包括强制推广低硫煤、加快发展天然气、电力等清洁能源措施。

3.2 移动源排放控制与交通结构调整

机动车排放控制始终是北京市空气污染治理的重点工作。从 1998 年至今，北京市制定和修订了 30 余项地方排放标准，涉及新车、在用车、油品等多个方面。2008 年以后，更多地运用了交通管控和经济鼓励等方式，逐渐形成了"车—油—路"一体化的城市机动车排放综合控制体系，并在 2013—2017 年间不断得到完善。

3.3 其他控制措施

北京市在移动源排放管控方面的其他措施还包括提升油品质量标准、积极发展新能源车、优化交通结构等。

4 北京市空气质量改善效果

4.1 环境空气质量变化趋势

从监测数据看，北京市主要大气污染物年均浓度呈持续下降趋势，SO_2 和 NO_2 除在 2005—2007 年间有所波动外，20 年间呈线性下降，PM10 浓度在波动中下降，SO_2 年均浓度在 2004 年达到国家空气质量标准后处于稳定达标状态，2017 年 SO_2 年均浓度下降至 $8\mu g/m^3$，PM2.5 在 2013 年有监测数据以后保持持续下降趋势（图1）。

其中，在 2013—2017 年的 5 年间，北京市空气质量改善步伐加快，优良达标天数增加，重污染频次减少，主要污染物浓度下降明显，SO_2、NO_2、PM2.5、PM10 年均浓度下降了 70.4%、38.2%、17.9%、35.6%、22.2%，

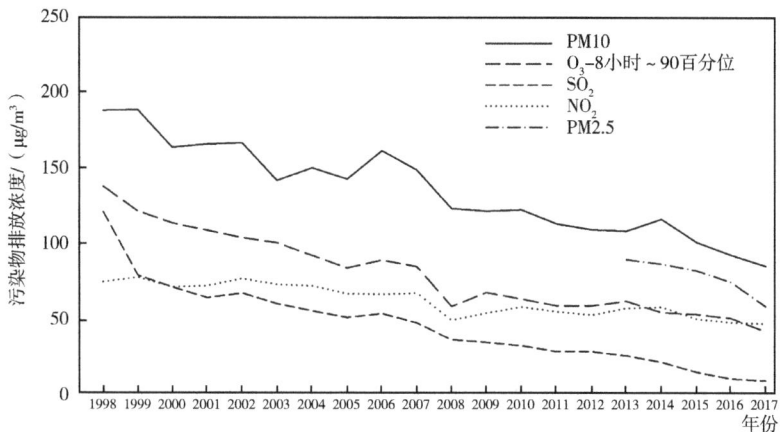

图1　1998—2017年北京市主要大气污染物年均浓度变化趋势

（联合国环境规划署，2019）

数据来源：原北京市环境保护局。

O_3浓度小幅上升后开始回落（图2）。

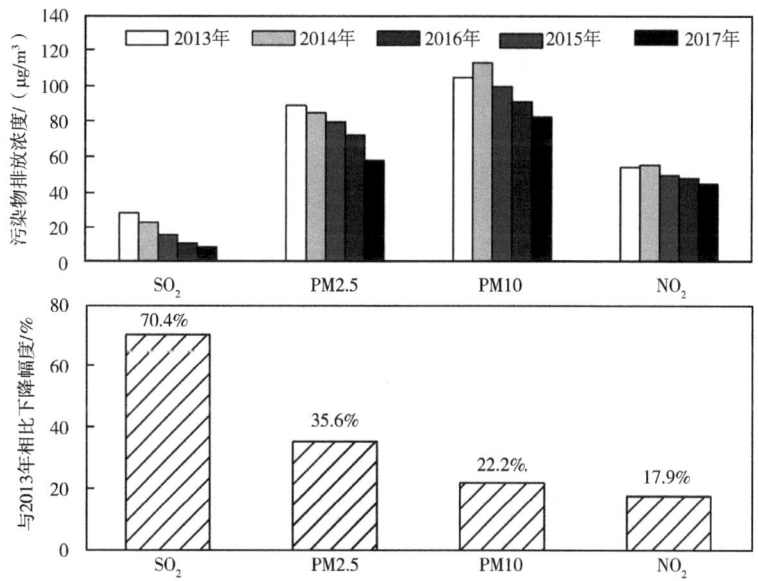

图2　2013—2017年北京市各项污染物年均浓度及下降幅度

（联合国环境规划署，2019）

数据来源：原北京市环境保护局。

4.2 PM2.5源解析结果

与2013年相比，2017年北京市本地排放来源贡献发生较大变化。首先，各主要来源对PM2.5的绝对浓度贡献全面明显下降，燃煤源下降幅度最为显著；其次，PM2.5各主要来源中，移动源、扬尘源贡献率上升，燃煤和工业源贡献率下降，生活面源贡献率进一步凸显。其中，移动源中在京行驶的柴油车贡献最大，扬尘源中建筑施工和道路扬尘并重，工业源中石油化工、汽车制造和印刷等挥发性有机物排放重点行业的贡献较为突出，生活面源中生活溶剂使用等约占四成（图3）。

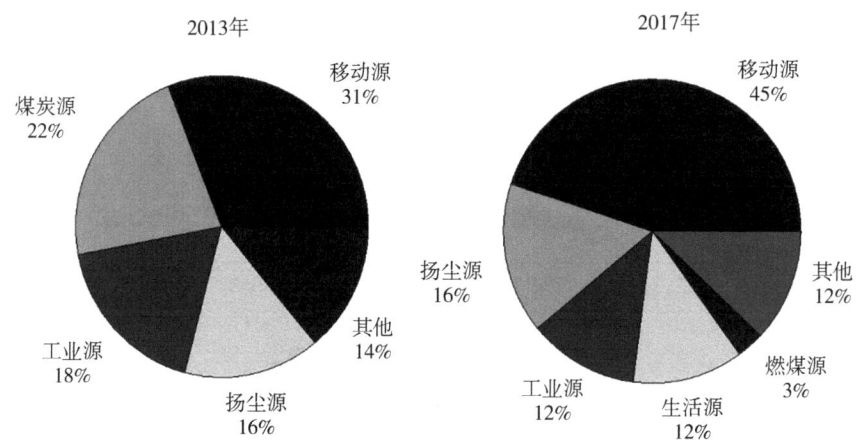

图3 2013年和2017年北京市大气中PM$_{2.5}$的本地源解析比较

（联合国环境规划署，2019）

数据来源：原北京市环境保护局。

4.3 北京与周边区域大气污染协调治理

2013年底，在国务院的支持下，北京市牵头，中国国家发展改革委、财政部、原环境保护部、工业和信息化部、住房和城乡建设部、中国气象局以及国家能源局七部委和北京市、天津市、河北省、山西省、内蒙古自治区、山东省六省（区、市）共同建立了京津冀及周边地区大气污染防治协作机制。2015年5月，河南省、交通运输部加入协作机制，协作机制成员单位扩大到8个中央部委和7个省（区、市）。2017年，根据京津冀大气污染传输规律，环境保护部将北京市、天津市以及河北省、山西省、山东省和河南省的26个城市（"2+26"城市）确定为京津冀大气污染传输通道城市，作为区域大气污染治理的重点。

从2013年开始，京津冀及周边地区大气污染防治协作小组及原环境保护部、发展改革委等中央有关部委先后发布了针对区域大气污染治理的多项规划方案和年度措施，对冬季采暖清洁化、工业污染综合治理、机动车污染控制、重污染天气应对等重点工作提出区域统一的要求。2015年，京津冀及周边地区深化大气污染控制中长期规划研究项目启动，于2017年完成。该成果为区域重污染过程分析预报与预警、秋冬季大气污染综合治理攻坚行动及相关省区市"十三五"大气污染防治规划的编制提供了重要支撑。经过区域大气污染协调治理，与2013年相比，2017年北京市及周边地区主要大气污染物排放量显著下降（图4）。

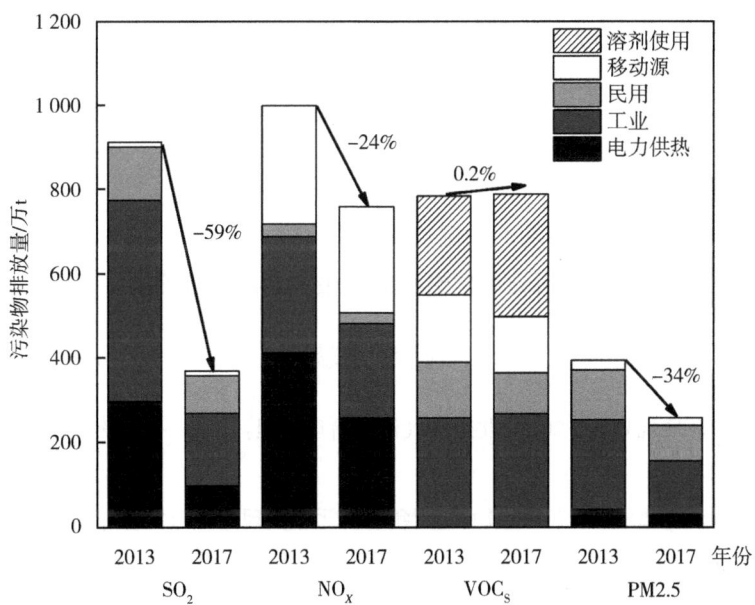

图4　2013—2017年北京市及周边地区（含天津、河北、河南、山东、山西、内蒙古）主要大气污染物排放变化特征

（联合国环境规划署，2019）

数据来源：原北京市环境保护局，清华大学。

5　经验总结

由于综合采取了法律、政策、经济和技术手段，不断强化大气污染治理，北京市在能源结构调整、产业结构调整、移动源排放控制，以及空气质量监测技术能力建设等方面取得了巨大成绩，实现了空气质量的持续改善。

北京市制定和实施空气污染治理政策和计划的经验在中国国内得到了许多城市的效仿，也为国家建立空气质量管理体系作出了积极的贡献。主要经验有以下几个方面：

（1）形成了一套完善的空气质量管理体系（完善的法规和执法、系统的规划、严格的标准、完善的监测系统、公众参与意识）。

（2）持之以恒地推动城市能源结构调整。

（3）"车—油—路"一体化的机动车排放控制管理体系。

（4）成功的区域协作机制发挥了重要作用。

思考问题

1. 引起北京大气污染的主要原因是什么？
2. 北京大气污染治理的关键技术措施有哪些？
3. 北京20年大气污染治理给我们的最大启示是什么？

参考文献

联合国环境规划署，2016. 北京空气污染治理历程：1998—2013年［R］. 内罗毕，肯尼亚.

联合国环境规划署，2019. 北京二十年大气污染治理历程与展望［R］. 内罗毕，肯尼亚.

案例四　生物多样性监测与评估技术

本案例反映了生物多样性监测的手段、现状及评估技术，适用于生态环境建设与管理、森林生态系统理论与应用等课程案例教学。

摘要：生物多样性是人类生存和社会可持续发展的重要物质基础，也是生态环境建设和民族永续发展的重要保障。然而，过去气候变化及人类活动对生物多样性造成了严重影响，生物多样性的丧失和生态系统功能退化已成为目前全球性的重要威胁之一。因此，掌握生物多样性监测及评估的关键技术对有效保护生物多样性非常重要。而生物多样性网络化监测能够系统性地掌握监测对象中生物多样性变化的总体格局，为生物多样性的研究提供动态数据及证据。目前，国际上重要的生物多样性监测网络主要包括地球观测组织——生物多样性监测网络、全球森林监测网络、热带生态评估与监测网络、泛欧洲森林监测网络和亚马逊森林清查网络；我国生物多样性监测与研究网络（Sino BON）也于2013年启动建设，建成了针对动物、植物、微生物等多种生物类群的10个专项监测网和1个综合监测管理中心。在生物多样性监测的基础上，利用多手段进行生物多样性的评估，目前常用的评估技术包括基于生物多样性指数、保护目标、遥感技术及模型模拟等方法，可为生物多样性的保护提供重要科学支撑。

关键词：生物多样性；生态文明建设；生态系统功能；可持续发展；网络化监测

Abstract：Biodiversity is an important material basis for human survival and social sustainable development, as well as an important guarantee for ecological environment construction and national sustainable development. However, climate change and increasing human activities over the past 100 years have caused serious damage to biodiversity, and the reduction of biodiversity and degradation of ecosystem functions have become a global threat. Therefore, it is important to master the key technologies of biodiversity monitoring and assessment for the effective conservation of biodiversity. The networked monitoring of biodiversity can systematically grasp the overall pattern of biodiversity change in the monitoring objects, and provide dynamic data and evidence for the study of biodiversity. At present, important international biodiversity monitoring networks mainly include Earth Observation Organization-Biodiversity Monitoring Network, Global Forest Monitoring Network, Tropical Ecological Assessment and Monitoring Network, Pan-European Forest Monitoring Network and Amazon Forest Inventory Network. The construction of the Biodiversity Monitoring and Research Network (Sino BON) was launched in 2013, with 10 special monitoring networks and 1 comprehensive monitoring management center for animals, plants, microorganisms and other biological groups. On the basis of biodiversity monitoring, biodiversity assessment is carried out by various means. Currently, the commonly used assessment techniques include biodiversity index based, conservation objectives, remote sensing technology and model simulation, which can provide important scientific support for biodiversity conservation.

Keywords: Biodiversity, Construction of ecological civilization, Ecosystem function, Sustainable development, Networked monitoring

1 生物多样性概况

生物多样性是指地球上所有生物及其与环境形成的生态复合体以及与此相关的各种生态过程的总和，包括遗传（基因）多样性、物种多样性和生态系统多样性。生物多样性是人类生存和社会可持续发展的重要物质基础，支撑着全人类最终所依赖的所有尺度上的生态系统服务，也是生态环境建设和民族永续发展的重要保障；因为生物多样性的变化对生态系统功能的影响将通过生态系统服务（如服务的调节、产品的提供等）发生变化，进而影响人类获取福利的大小，因此，生物多样性科学也被称为"关于人类未来的科学"。对生物多样性的监测与研究是生态学研究的国际前沿之一，是 21 世纪亟待突破的自然科学领域，也是支撑我国生态文明和"美丽中国"建设的科学基础（马克平，2011；方精云 等，2019）。

过去几百年，特别是最近的 100 年，不断加剧的人类活动对生物多样性和生态系统造成了严重破坏，物种灭绝的速度不断加快，人类赖以生存的生态系统有 60% 正处于不断退化状态，自然资源的 2/3 已被损耗，生物多样性减少和生态系统功能退化已成为一种全球性的威胁，其严重性不亚于气候变化。在气候变化及人类活动干扰等多重压力下，我国也面临生物多样性丧失的威胁，在此背景下，对我国关键生态系统类型以及重要栖息地的生物类群进行长时期、全方位、多类群的多样性监测，对于摸清我国生物多样性的资源家底、时空动态、威胁因子和保护现状具有重要的战略意义，也将为我国生物多样性及重要生物资源的保护管理和有效利用提供科技支撑。

本案例基于冯晓娟等人（2019）关于《中国生物多样性监测与研究网络建设及进展》的研究概述，总结了生物多样性的基本概念及其重要性，梳理了我国生物多样性网络化监测平台建设技术及现状，简述了生物多样性评估手段，分析了目前生物多样性监测与评估中面临的新问题及挑战。

2　网络化监测平台建设框架

监测是指在一定时期内不同的时间和空间维度上，对一个或多个样区的同一组指标进行的重复测量，在按一定方法选择的一组样地中，对自然体系中的种群和群落指标进行测量，以监测其趋势性变化，称为生物多样性监测网络。因为生物多样性具有明显的空间异质性，网络化监测可较为系统地掌握监测对象中生物多样性变化的总体格局，为生物多样性的研究提供动态数据及证据。监测网络应该选择哪些监测指标，如何布局才能使之具有区域代表性并且能进行有效的统计分析，以何种方式呈送给决策者和公众等，都是监测网络设计者所必须考虑的（马克平，2011）。

为了实现不同区域内生物多样性监测平台的统一组织和维护，早期研究者将整个监测网络的框架分为 5 个部分（马克平，2011）。

（1）监测目标：早期研究者将监测目标分为观测型监测、执行型监测、有效性监测和验证型监测四类，观测型监测主要关注生物多样性是否发生趋势性变化,并为系统提供预警。比如,监测生物多样性总量每年发生多少变化、发生变化的区域、变化是否显著以及监测到变化的概率等。通过这些观测和分析,我们可以判断是否需要对该区域内的生物多样性加强保护,以避免该区域内生物多样性的进一步下降。

(2) 监测对象和监测指标:目前,生物多样性监测指标主要包括以下 4 类,状态指标:反映生物多样性及其组分的现状和变化趋势;压力指标:反映威胁生物多样性的主要因素的变化;响应指标:反映保护政策或措施的效果;效益指标:反映生物多样性产品和服务的现状和变化。另外,生物多样性监测指标的选择还需要考虑监测费用,如生理生态指标的测量往往比较昂贵。

(3) 取样策略:数据采集要尽量排除主观因素,多采用计数而不是目测估计。还需要对整个数据采集方案进行优化,最优方案通常是在监测开始几年后通过逐渐调整优化而成,包括取样频度、取样区数量和重复数量等,在达到监测目标的同时尽量减少监测费用。数据分析是用来检验生物多样性变化的假设,如"生物多样性在监测的时间序列上没有变化"的零假设,需要按事先设计的统计方法进行分析。

(4) 数据采集和分析:在保证高质量的监测数据采集基础上,监测指标和取样频度需要不断优化,监测数据要保证尽可能科学而完整,数据质量控制最重要的部分是数据统计分析以及结果的阐述。监测结果可分为结论性结果和非结论性结果,结论性结果可为监测目标提供明确的结论,而非结论性结果由于取样量不足或取样方案等存在问题,确定性很高,从而难以做出明确的判断,因此应该尽量避免非结论性的监测。

(5) 网络维护和组织工作:生物多样性监测网络通常是对一系列指标进行连续观测,监测网络可以回答生物多样性的相关问题,但因为整个网络由不同样区的观测人员按相同的方案实施监测,并将所得数据进行存储和分析,因此整个网络需要统一的组织和维护。

3 国际上重要的生物多样性监测网络

目前,国际上已有 5 个得到广泛认可的生物多样性监测网络,包括地球观测组织—生物多样性监测网络、全球森林监测网络、热带生态评估与监测网络、泛欧洲森林监测网络和亚马孙森林清查网络,它们的监测目标、监测内容和方法、样地布局及部分监测成果各有特色（米湘成 等，2016）。

（1）地球观测组织—生物多样性监测网络：2001年，在南非约翰内斯堡举行世界可持续发展峰会期间，各成员国都意识到了获取全球共享的、足够的环境信息对于共同管理地球环境的紧迫性和重要性，紧接着，经过各国协商和设计，于2005年成立了地球观测组织（Group on Earth Observations，GEO）。GEO是一个由87个政府、欧盟委员会和64个国际组织志愿成立的合作组织，目标是提高与全球环境相关的信息的可用性和协作性。2008年5月，联合国《生物多样性公约》缔约方会议发起成立了地球观测组织—生物多样性监测网络（Group on Earth Observations-Biodiversity Observation Networks，GEO BON，http：//geobon.org/），以此来协调生物多样性信息的组织和合作。GEO BON的主要目标是通过制订数据结构、标准以及设计监测网络和取样策略来提高生物多样性监测的一致性。目前，GEO BON包括8个工作组，涵盖的领域有陆地生态系统监测、淡水生态系统监测、海洋生态系统监测、生态系统服务、立地和遥感数据的模型整合以及数据整合与协作。

（2）全球森林监测网络：美国史密森热带研究所的热带森林研究中心和哈佛大学等单位推动建立的全球森林监测网络（Forest Global Earth Observatory，ForestGEO，http：//www.forestgeo.si.edu/），是目前全球最大的森林生物多样性监测网络（Anderson-Teixeira et al.，2015）。ForestGEO在全球25°S~61°N之间的24个国家和地区建立了63个2~120 hm² 大小不等的样地，其中90%的样地面积超过10 hm²，样地涵盖了全部12种土壤类型中除旱成土之外的11种，总面积达1 653 hm²，较好地代表了不同的地带性森林。ForestGEO网络采用统一的监测标准，对胸径大于1 cm的每个木本植物个体挂牌、空间定位、鉴定到种并测量胸径，每5年复查1次，同时还制订了监测幼苗、种子产量、物候、枯倒木和凋落物等植物生活史各阶段的方案。

（3）热带生态评估与监测网络：热带生态评估与监测网络（Tropical Ecology Assessment and Monitoring Network，TEAM，http：//www.teamnetwork.org/）由保护国际、密苏里植物园、史密森研究院和野生生物保护区学会共同发起，跨越中美、南美、东南亚和非洲热带森林的17个研究点，每个样区采用相同的气候、植被、陆地脊椎动物和样区周围人类—自然系统的监测标准，人类—自然系统的监测内容包括土地利用变化、水文过程、生境连续性等。热带生态评估与监测网络的目标是从多尺度进行分析，包括样地尺度（1 hm²）、景观尺度、区域尺度到全球尺度上监测热带森林生物多样性动态和生态系统服务功能的变化。

（4）泛欧洲森林监测网络：泛欧洲森林监测网络（Pan-European Forest Monitoring Network，PEFMN）由国家水平上的森林清查扩展而成，跨越40多个国家，由6 800个以上的第一层次样地和760个以上的第二层次样地组成，两个层次上样地的监测相互补充。主要目标是保障欧洲森林的可持续利用，主要监测目标是对由人为或自然压力导致的欧洲森林时空变化进行周期性评估，并理解由人为或自然压力引起森林变化的驱动机制。

（5）亚马孙森林清查网络：亚马孙森林清查网络（Amazonian Forest Inventory Network，RAINFOR，http：//www.rainfor.org/）是近年来崛起的另一个区域尺度上的森林监测网络，由一次调查样地、多次调查样地和精细监测样地组成。样地建设从2001年开始，并将亚马孙地区原有的样地纳入网络。它的主要目标是通过分析环境因子与森林在空间上的变化，理解亚马孙森林的生产力及其动态与环境因子的关系。

4　我国生物多样性监测网络建设

为推动中国森林生物多样性监测和分析方法的标准化进程，中国科学院生物多样性委员会于2004年组织有关研究所的科研人员和院外相关单位的合作者共同建设了中国森林生物多样性监测专项网（CForBio），该专项网目前已发展为全球森林生物多样性研究最活跃的组织之一。在CForBio的基础上，中国科学院按照"科学规划、统一布局"的原则于2013年启动建设中国生物多样性监测与研究网络（Sino BON）。网络以野外监测样地、样带、样点建设为核心，借助分子生物学技术、计算机信息技术、数码影像和遥感技术、3D形态识别与分析技术等现代科学技术手段，从基因、物种、种群、群落、生态系统和景观等水平上对生物多样性进行多层次的全面监测与系统研究，以实现全国典型区域重要类群中长期变化态势分析的目标，为国家履行《生物多样性公约》、保护生物多样性和生物资源提供翔实可靠的生物多样性变化数据，为科普、教育、科研、生产与保护等各领域提供多样化的信息服务与决策支持。2014 年，Sino BON 被亚太地区生物多样性监测网络（AP BON）和全球生物多样性监测网络（GEO BON）正式接受成为其成员网络。Sino BON 包括针对动物、植物、微生物多样性监测的 10 个专项网和 1 个综合监测管理中心，监测范围涵盖了全国 30 个主点和 60 个辅点。

（1）动物多样性监测专项网：主要分为兽类、鸟类、两栖爬行类、内陆水体鱼类、昆虫、土壤动物多样性监测专项网，其中，兽类多样性监测主要是通过红外触发相机推动全国兽类生物监测网络建设，建立我国野生动物红外相机监测规范和数据分析规范，对兽类物种组成、种群动态及其相关驱动因子和生态影响开展长期监测；鸟类多样性监测主要通过卫星追踪技术的应用推动鸟类迁徙规律的监测与研究，阐明环境变化对鸟类运动模式、种群数量和遗传多样性的影响机制；两栖爬行类多样性监测通过在全国典型区域监测点布设样方和样带来监测两栖爬行动物及其群落的时空变化，深入研究各类群捕食、竞争、共生等种间关系和动态；内陆水体鱼类多样性监测是运用水下机器人和鱼探仪等先进设备对重要水域的指示性鱼类开展长期监测；昆虫多样性监测主要是通过选择重要昆虫类群，对其种类和数量进行长期监测，分析和评价昆虫多样性变化及其关键影响因素；土壤动物多样性监测是选择我国典型区域的地带性植被类型，分别以大型、中型和小型土壤动物的代表性类群为对象，就物种多样性、食性与功能群及土壤动物生存环境变化等开展长期监测（肖治术，2014）。

（2）植物多样性监测网：主要包括森林植物多样性、草原荒漠植物多样性、林冠生物多样性监测专项网，其中，森林植物多样性监测在重要森林和灌丛群落的典型地段建立模式植物群落，并将其与大型森林样地建立联系，在区域到全国尺度上构建森林监测网络，同时加强大样地网络的功能性状等监测，并与动物和微生物多样性监测专项网合作，推动森林生物多样性变化的全面监测；草原荒漠植物多样性监测以植被分类系统的群系为基本单元，在草原荒漠植被主要群系的典型地段建立模式植物群落监测固定样方，定期复查，统一描述规范，长期监测草原荒漠植物多样性变化；林冠生物多样性监测专项网，通过在我国典型森林植被区安装 8 个森林塔吊，构建了林冠生物监测的世界级平台（全球共 19 个），并开展了孢子植物、无脊椎动物和树栖微生物等地带性森林林冠生物多样性的调查与监测。

（3）微生物多样性监测网：土壤微生物多样性监测是采用现代高通量测序技术、生物信息学技术和传统的微生物学方法，对森林、草原和荒漠等不同植被类型的土壤微生物的群落组成、多样性及土壤基因组的组成与多样性等开展长期定点监测，以揭示土壤微生物物种和基因多样性的分布规律和时空格局变化。

5　生物多样性评估手段

（1）基于生物多样性指数的评估方法：在群落调查的基础上，衍生出传统的生物多样性指数，主要是生物群落多样性的3个空间尺度，即α、β、γ多样性。α多样性表征物种丰富度、相对多度、均匀度等特征，因此也包含了最基本的多样性指数即物种数量及物种丰富度指数。α多样性关注的是群落内部的特征，也被称之为生境内的多样性，而β多样性强调沿生境梯度的物种组成的异质性，也称之为生境间的多样性，γ多样性关注的是区域或大陆尺度的物种数量，也称为区域多样性。

在此基础上，也衍生出一系列其他多样性指数，比如Simpson、Shannon-Wiener指数以及Pielou均匀度指数等。Simpson多样性指数也称优势度指数，对群落中常见物种的评价较为准确，但对稀有物种的贡献较小。目前，在生物多样性群落研究中，这些指数作为基本的多样性评估指标，得到了广泛的应用（栗忠飞和高吉喜，2018）。

（2）基于保护目标的生物多样性评估方法：基于保护目标的评估方法主要包括热点区的评估及GAP分析。在热点地区评估时，众多研究将物种的特有性作为关键或重要的依据。例如，Myers依据物种特有性程度和受威胁程度2个指标确定了全球25个热点地区。Raes等利用荷兰国家标本馆记录的物种标本数据，定量评价了赤道附近区域、10 km×10 km空间分辨率下的物种丰富度及特有性，然后利用物种出现的空间格网数量，进行特有性指数赋值，确定特有性热点地区。

另一个较为常见的方法是GAP分析，在生物多样性上具有独一无二的地位、未受保护的区域被称为GAP。GAP分析最早作为一种有效的手段应用于评估保护区系统内陆地生物多样性的代表性，但其寻找保护区系统没有被代表的物种及生境类型，并确定其所在区域加以保护的分析过程，正适应了评估未来濒危物种对象的需求，可以快速评价不同尺度上生物多样性要素分布及保护状态（栗忠飞和高吉喜，2018）。

（3）基于遥感技术的评估方法：近年来，遥感数据已经广泛应用于生物多样性评估中。遥感影像实现了生态系统多样性及系统内结构要素的评估，提供了多源数据支持下的跨越时空尺度的评估。遥感评估可以从单个物种到全球尺度，全面覆盖了宏观尺度上的结构数据。遥感影像提供了大尺度评估生物多样性的途径，如栖息地状态、变化趋势等，也为大尺度上辨识群落结构（如格局、扩展）、动态及物种提供了可能（郭中伟 等，2001）。

（4）基于模型模拟的评估方法：目前常用的模型主要包括种—面积曲线模型、多元回归等统计模型、物种分布模型（MAXENT）等。种—面积曲线模型是较早应用于多样性评估的一种手段，可以测定群落的物种丰富度，也能外推群落物种数目，也可被用作评估栖息地丧失对生物多样性的影响。统计模型用得较多，可应用于评估较大尺度上物种多样性的空间格局及其成员，或者是特定目标类群的多样性分布格局。目前，物种分布模型得到了较为快速的发展及应用，它可预测物种的地理分布及潜在分布范围，进而生成物种分布图，在组成层次上也属于物种分布模型，通常结合气候数据来预测未来气候变化背景下生物多样性的潜在分布区及灭绝风险。

思考问题

1. 为什么要进行全球的生物多样性监测与评估？
2. 保护生物多样性的意义何在？
3. 目前国内外重要的生物多样性监测网络有哪些？
4. 如何评估气候变化及人类活动对生物多样性影响？

参考文献

方精云，王襄平，沈泽昊，等，2009. 植物群落清查的主要内容、方法和技术规范 [J]. 生物多样性，17（6）：533-548.

郭中伟，李典谟，甘雅玲，2001. 森林生态系统生物多样性的遥感评估 [J]. 生态学报，21（8）：1369-1384.

栗忠飞，高吉喜，2018. 生物多样性评估方法的综述与评价［J］. 中国发展，18（2）：1-13.

马克平，2011. 监测是评估生物多样性保护进展的有效途径［J］. 生物多样性，19（2）：125-126.

米湘成，郭大立，郝占庆，等，2016. 中国森林生物多样性监测：科学基础与执行计划［J］. 生物多样性，24（11）：1203-1219.

肖治术，2014. 我国森林动态监测样地的野生动物红外相机监测［J］. 生物多样性，22（6）：808-809.

ANDERSON-TEIXEIRA K J, DAVIES S J, BENNETT A C, et al., 2015. CTFS-Forest-GEO: a worldwide network monitoring forests in an era of global change［J］. Global Change Biology, 21: 528-549.

案例五 生态保护修复中的遥感监测技术

本案例简要介绍了生态修复遥感监测技术方法与框架以及生态修复遥感监测典型应用案例,适用于生态环境建设与管理、森林生态系统理论与应用等课程案例教学。

摘要:针对生态修复项目监测监管范围广和技术难等问题,借助多源遥感大数据在时间、空间和光谱维度上的技术优势,构建基于时空谱的星空地物协同的生态修复工程遥感监测技术框架。同时,以生态系统结构及变化监测、生态质量状况监测、生态系统服务功能监测、生态胁迫因子监测、生态修复工程全生命周期监测监管和生态问题识别诊断与评价为例,阐述体系框架的应用模式和实践效果。在总结现有遥感监测技术的优势与局限基础上,提出要结合工作实际不断优化生态保护与修复的遥感监测指标。充分挖掘有关算法在多源遥感数据解析中的应用潜能,增强遥感影像地物信息提取和混合像元分析的准确性。此外,对时空融合算法和变化检测方法进行深入研究和探索,以进一步提升其性能和应用价值,完善生态保护修复遥感监测技术与运行机制,推动我国生态文明建设。

关键词:生态保护修复;地物信息提取;生态胁迫因子;时空融合;植被指数

Abstract: To address the wide monitoring and technical difficulties in ecological restoration projects, a remote sensing monitoring technology framework based on the time-space-spectrum coordinated by satellite and ground was proposed by utilizing the technical advantages of multi-source remote sensing big data. At the same time, the application mode and practical effect of the system framework are elaborated by taking the monitoring of ecosystem structure and change, monitoring of ecological quality condition, monitoring of ecosystem service function, monitoring of ecological stress factors, monitoring and supervising of the whole life cycle of ecological restoration project, and identifying, diagnosing and evaluating ecological problems as examples. Based on a summary of the advantages and limitations of existing remote sensing monitoring technology, it is proposed to continuously optimize the remote sensing monitoring indicators for ecological protection and restoration by combining practical work. The application potential of relevant algorithms in the analysis of multi-source remote sensing data is fully explored to enhance the accuracy of feature information extraction and mixed image meta-analysis of remote sensing images. In addition, in-depth research and exploration of spatial and temporal fusion algorithms and change detection methods are carried out to further enhance their performance and application value, improve the remote sensing monitoring technology and operation mechanism for ecological protection and restoration, and promote the construction of ecological civilization in China.

Keywords: Ecological protection and restoration projects, Ground object information extraction, Ecological stress factor, Time-space fusion, Vegetation index

1 背景

生态保护与修复作为我国生态文明建设中的一项重要举措，是事关国家生态安全与民生福祉的国家重大战略任务，其目的是通过整体保护、系统修复和综合治理被破坏、退化和服务功能降低的生态系统，以提高生态系统的稳定性，推动自然生态系统整体质量的改善和生态产品供应能力的全面加强。生态保护修复呈现出系统性、复杂性、区域性和长期性等特征，快速、全面、系统地掌握区域或流域生态系统的结构、质量状况、服务功能、受胁迫情况及其变化，对发现和诊断生态问题、预测生态状况变化趋势、优化国土空间格局、增强生态系统弹性、提高生态安全屏障质量、促进生态系统的良性循环与永续利用等具有重要意义。

卫星遥感具有客观、宏观和快速等技术优势，已经成为生态保护修复监测的重要技术手段之一。近年来陆地卫星发展迅速，尤其是我国的陆地卫星无论从数量、观测能力、谱型等方面都有了大踏步的跨越，具备了可见光、高光谱、雷达等全谱段的观测能力、立体测绘能力及支撑服务常态化、业务化自然资源监测的能力。目前优于 2.5 m 空间分辨率的光学卫星已经具备了覆盖全国 90% 以上区域的能力，高光谱卫星组网后对全国的监测能力大大提升，为自然资源数量、质量和生态三个方面的监测提供有效支撑，为生态保护修复提供全方位、多维度、高频次、多尺度的遥感数据和技术支持。

2　生态保护修复遥感监测技术方法

生态保护修复项目具有广泛的区域覆盖和范围大的特点，这意味着项目可能涉及较大的地理范围和多样化的生态环境，此外，区域内土地覆被变化存在一定尺度依赖性（陈睿山 等，2010；王鹏新 等，2015），不同尺度下的土地覆被变化可能呈现出不同的模式和趋势，同时，对于生态保护修复项目，评估其生态效益的指标具有多样性和复杂性。诸如这类项目的特殊性导致了其在监测工作中需要以卫星遥感数据为基础，并将机器学习与混合象元分析等技术相结合，从而实现多目标地物信息抽取；利用尺度转换和时空融合技术，对多源卫星遥感数据进行处理，从而生成高分辨率的时间序列遥感数据和相应的产品；结合土地利用现状调查成果，构建基于遥感技术监测土地变化的方法体系和流程。通过运用长时间序列遥感数据和产品，对项目前期生态环境问题进行深入分析和验证，获取项目实施期间土地覆盖的动态变化，监测突变情况（Watts et al., 2014；Geng et al., 2019）。

（1）地物信息提取：随着对全球变化研究的不断深入，地物信息提取在生态环境遥感监测中起着至关重要的作用，对地物信息变化的探究已成为全球生态环境变化研究的核心部分，因为它是生态环境遥感监测中不可或缺的重要指标。生态保护修复项目遥感监测地物信息提取涉及多个指标，这些指标包括土地覆被/利用类型、生物量、净初级生产力以及植被覆盖度等，此外还需要考虑与生态环境有关的参数类指标，如水土保持和水源涵养等。利用遥感影像进行地物信息提取是一种有效的目标识别方法（Dash et al., 2016），而机器学习则是其中一种主要的方法（梅建新 等，2004；

Melgani et al.，2004）。此外，近年来，随着深度学习算法的广泛推广和应用，地物识别的准确性得到了一定程度的提升（门计林 等，2018）。目前，深度学法和机器学习方法已被广泛应用于地物信息的提取，并且在这个过程中，各种方法也得到了不断的完善和优化。但由于地表在空间上的异质性，混合像元在遥感影像中广泛存在，在某种程度上影响了地物识别与分类精度（陈晋 等，2016）。

（2）混合像元分解：由于空间分辨率的限制以及地物的复杂性和多样性等多种因素的影响，一个像元通常会包含多种不同类型的地物，这种混合像元是不可避免的。由于混合像元内不同地物光谱特征的相互作用，硬分类影像无法充分呈现像元内多端元结合的详细信息，从而影响了像元对应于土地覆被类别信息的准确性（Adams et al.，1986；Keshava et al.，2002）。为此，有必要将混合像元行分解出来，因为分解产生的丰度图像能更完整地呈现地表空间结构和土地覆被信息。国内外学者对混合像元分解方法做了大量的研究，探索并提出了很多线性与非线性混合像元分解模型及改进优化方法。例如多端元混合像元分解（Multiple Endmember Spectral Mixture Analysis，MESMA）方法，它利用不同类型、不同数量地物端元的组合来模拟各个像元，从而有效解决了"同物异谱"问题（马孟莉 等，2012；王浩 等，2011；廖春华 等，2012）。Ray 等（1996）提出的高次多项式模型和其改进优化模型（Fan et al.，2009；Halimi et al.，2011），在线性模型基础上，引入交叉端元来表示多次散射，较好地刻画了复杂场景的多次散射作用，从而提高了解混精度。以混合像元为基础分解所得组分数据不仅能更准确地呈现亚像元尺度上的土地覆盖信息，还可以作为自变量的一部分参与到遥感尺度转换和时空信息融合的过程中。

（3）多源遥感数据融合：生态保护修复项目区一般范围广、面积大，且部分区域还收到多云雨天气的影像，这在一定程度上造成了遥感数据的"时空信息缺失"。针对遥感数据中存在的时空矛盾问题，遥感时空信息融合技术备受瞩目，成为当前研究的热点之一（刘建波 等，2016）。为了提高MODIS 时间序列影像的空间分辨率，Malenovsky 等学者应用了小波融合技术，对 MODIS 和 Landsat 影像进行了时空融合，取得了较好的效果（Eisavi et al.，2015）。Gao 等和 Zhu 等提出了时空自适应反射率融合模型（Spatial and temporal adaptive reflectance fusion model，STARFM）及其增强模型（ES-TRFM），建立了一种模型，用于描述低空间分辨率像元反射率和高空间分辨率像元反射率之间的关系，该模型还考虑了它们之间的权重（Gao et al.，2006；Zhu et al.，2010）。Ling 等提出了时空超分辨率融合方法（Spatial-temporal super-resolution fusion model，STSRFM），在对土地覆被信息进行时空融合的基础上，利用时空融合生成的空缺时刻的高分辨率信息，对一定条件下的数据不足进行补充，从而形成在时间上连续、能够进行定量反演的有效遥感数据，为长时间序列的地物信息分析、监测和反演提供了数据支撑（Ling et al.，2011；Bhandari et al.，2012；Walker et al.，2014）。

（4）时间序列遥感影像变化检测：生态保护修复项目中，实施各项措施的周期通常较短，而管护的周期则较长，在项目监测和监管过程中，遥感时间序列影像的应用非常有帮助，通过比对和分析不同时间点的遥感影像，可以检测出生态系统的变化情况，这有助于及时发现问题和评估项目效果。遥感影像变化检测按其变化形式可以分为异常信息检测与土地覆被变化检测（赵忠明 等，2016）。通常采用的变化检测方法有双时相监测方法和基于时间序列模型的变化检测方法，双时相监测方法是一种常用的变化检测方法，它以土地覆被变化检测为基础，进一步扩展了双时相变化检测问题的研究范畴，通过比对两个不同时间点的遥感影像，可以准确地检测出土地覆被的变化情况（Malaviya et al.，2010）。

3 生态保护修复遥感监测应用框架

生态保护修复遥感监测应用的总体框架思路是基于多源陆地卫星观测和应用技术体系构建"面向三个尺度，支撑五个维度，服务三个过程"的生态保护修复遥感监测指标体系和应用技术框架（图1）。三个尺度包括区域（或流域）尺度、生态系统尺度和生态修复项目场地尺度。五个维度则包括：生态系统结构、质量、服务功能、生态胁迫和修复工程全流程监管。三个过程包括：国土空间生态保护修复规划、实施和实施后的管理维护及评价。具体流程如下。

（1）基于卫星遥感的生态保护修复遥感监测，充分发挥卫星时序观测和重访观测的特点，开展区域或流域尺度时间维度信息回溯、趋势挖掘以及预警分析。

（2）充分发挥亚米级高分辨率光学遥感数据地表目标精细探测能力，开展面向生态修复场地尺度工程评估、损毁识别等监管分析。

（3）充分利用高光谱、雷达、激光、立体测绘、热红外等卫星数据，开展生态系统结构、质量、服务功能、胁迫等综合生态状况分析与变化监测，辅助实现全面、系统、科学地发现生态问题，诊断需要保护和修复治理的对象及其状况，认识关键生态问题修复治理的严重性与紧迫性及评估生态修复工程治理的成效等。

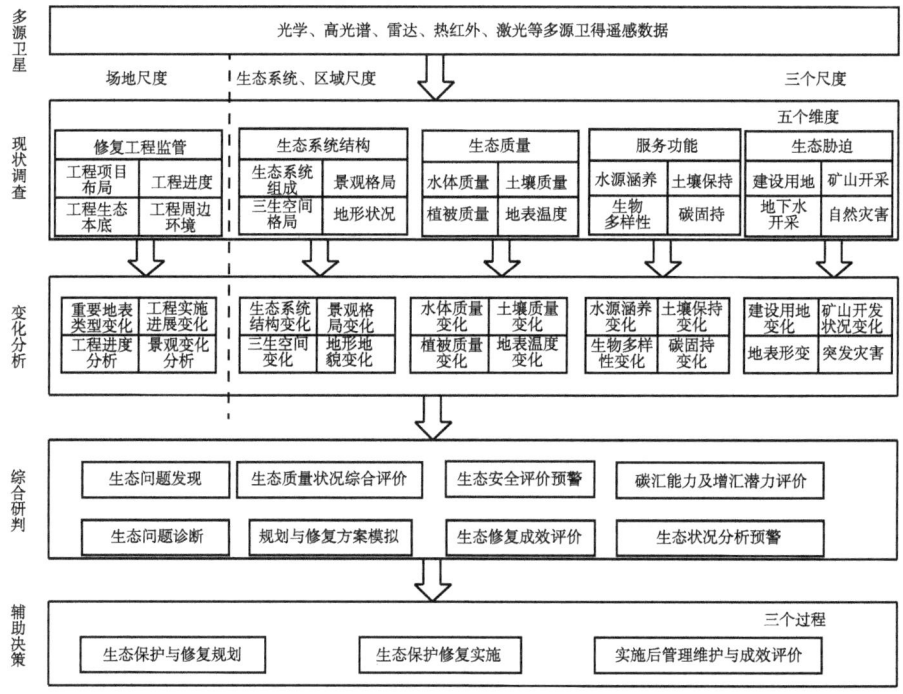

图 1　遥感监测技术在生态保护修复中的应用框架

4　生态系统结构及变化监测

生态系统组成和空间格局是开展生态保护修复工作的基础。综合利用高分一号（GF-1）、高分六号（GF-6）和资源三号（ZY-3）等高分辨率光学卫星影像，通过深度学习、机器学习和面向对象等遥感解译方法，可对生态系统的结构与空间分布及时空变化进行监测和分析，获取不同生态系统的组成结构及变化情况。

保护区是指通过法律或其他有效手段保护和保存生物多样性、自然和文化资源的陆地或海洋。在中国，保护区包括自然保护区、生物多样性保护区、生态功能区、风景名胜区、国家森林公园和世界自然与文化遗产。以下介绍对前 3 种类型（即自然保护区、生物多样性保护区和生态功能区）的遥感监测研究。

（1）自然保护区：自然保护区是为保护重要生态系统、拯救濒危物种或保护自然历史遗产而指定的特殊地理实体。它们在生态平衡的可持续发展中发挥着至关重要的作用。用于监测自然保护区的遥感技术主要从两个方面实施。

一方面，监测自然保护区的土地利用/覆盖变化（LUCC）。国际卫星数据集，尤其是长时序列的 Landsat 影像，被广泛应用于土地利用/覆盖变化（LUCC）监测，其方法有两种，一是基于原始卫星影像进行影像分类（Nie et al., 2010），二是直接使用现有产品，如 NASA 提供的 EVI（Kan et al., 2010）。此外，有学者将国产 HJ-1A/1B CCD 数据应用于 LUCC 动态监测，证明 HJ-1A/1B CCD 数据的性能与 Landsat TM 数据相近（Liu et al., 2010）。

另一方面，通过分析人类活动来分析自然保护区的生态和环境变化。根据土地利用特征，基于遥感图像对人类活动造成的土地类型进行分类，然后通过探究这些土地类型的空间分布来分析自然保护区内的人类活动（Zhang et al., 2015；Liu et al., 2016）。这些都是以某些特定类型的地块作为人类活动替代物的替代分析方法。另一类方法是根据工业用地、农业用地、旅游用地、交通用地等类别构建人类活动影响指数，进而评价人类活动对自然保护区的影响（Xu et al., 2015；Wang et al., 2016）。此外，有学者尝试综合利用遥感和位置感知数据分析人类活动对自然保护区生态状况的影响，显示了在精细尺度上评价人地相互作用的可能性（Li et al., 2017）。生态足迹模型也是评估生态变化及其空间分布的有效方法（Liu et al., 2018）。

（2）生物多样性保护优先区域：生物多样性是指地球上各种形式、各种层次和各种组合的生物的多样性，一般包括 3 个层次：遗传多样性、物种多样性和生态系统多样性（王静文，2020）。遥感技术被广泛用于监测生物多样性保护优先区域（BCPA）的人类活动、生物物种、生物多样性水平和植被覆盖。可在土地分类遥感的基础上定义人类干扰指数，以监测和评估 BCPA 中的人类干扰（Liu et al.，2010）。生物物种监测的一个实例是利用光谱角度分类法从江苏宜兴的 HJ-1A HIS 高光谱数据中提取入侵物种加拿大金线莲（Wan et al.，2010）。Yang 等人提出了一种县级生物多样性监测与评价方法，监测了中国湖北省南漳县生物多样性的时空变化（Haijun et al.，2016），植被覆盖也是反映北京保护区生态状况的重要因素，遥感技术在监测植被覆盖时空变化方面发挥着关键作用（Zhang et al.，2018）。

（3）国家重点生态功能区：国家重点生态功能区（NKEFZ）是指实行特殊保护和限制开发利用的区域。其设立目的是保护、恢复和改善特定区域的重要生态功能，包括区域水土保持、防风固沙、洪水调节和调蓄等功能，维持和提高其提供各种生态服务和产品的功能。这关系到区域经济、社会和生态保护的协调发展，关系到西部地区与中国其他地区的均衡发展（Huang et al.，2016）。遥感可为国家重点生态功能区的监测和管理提供支持。一项重要的工作是定量评估人类活动和气候对生态服务的影响。国家重点生态功能区有 4 种类型，包括水源涵养、水土保持、防风固沙和生物多样性维护。这些生态服务可通过基于遥感数据集和地面观测气象数据的模型进行评估（Zhai et al.，2016），水源涵养服务评估。另一项重要工作是生态功能评估。遥感可用于从以下方面评估生态功能：生态系统分布、景观变化和生态功能指数（李想，2016）。此外，还有学者监测了 NKEFZ 在地震等特殊事件中生态要素的变化。例如，利用多时相遥感图像监测了中国千佛山国家森林公园的植被覆盖情况，并评估了森林破坏和恢复状况（王瑜 等，2018）。

5 生态质量状况监测

许多基于遥感的生态指数可反映生态状况。以下介绍一些基本生态指数的遥感反演，包括植被指数、土壤/植被湿度、蒸散量和地表温度。

（1）植被指数：植被指数是反映地面植被状况和描述生态条件的有效经验指标。常用的植被指数包括比率植被指数（RVI）、归一化差异植被指数（NDVI）、环境植被指数（EVI）、绿色植被指数（GVI）、垂直植被指数（PVI）、土壤调整植被指数（SAVI）和差异环境植被指数（DVIEVI）等（韩镇，2015）。

随着空间技术的快速发展，遥感数据越来越丰富。我国对植被指数的研究主要集中在提高反演精度方面，其中一个重要方面是数据集的选择。不同的遥感数据集，如 Landsat TM&OLI、高分一号和 MODIS 具有不同的特点，如空间分辨率、光谱范围和分辨率。这就导致了不同级别的反演精度（王春香 等，2010）。另一个重要方面是波段信息的使用，一些研究比较了原始波段组合法、主成分组合法和导数波段组合法，以找出典型指标的最佳波段组合（翟天林 等，2016；赵冰雪 等，2018）。此外，研究植被指数反演的影响因素并进行调整也是提高反演精度的有效方法。例如，有学者发现近红外和短波红外波段的反射率对地形变化很敏感，于是在使用非波段比植被指数前仔细剔除了地形影响（朱高龙 等，2013）。有一些研究侧重于植被指数的应用。例如，通过 NDVI、EVI 和 SAVI 等植被指数，基于遥感图像提取植被覆盖率（高贵胜 等，2017）。齐敬辉等利用 MODIS 植被指数产品结合气象数据研究区域植被覆盖的时空变化（齐敬辉 等，2017）。

（2）土壤和植被水分：在全球水圈、大气圈和生物圈之间，土壤水分扮演着至关重要的角色，它是水和能量交换的重要组成部分。目前已提出多种土壤水分探测方法，可分为 3 类：经验模型、半经验模型和物理模型。应用最广泛的是经验模型，包括：基于 MODIS 短波红外光谱特征空间的土壤水分反演模型（Zhao et al.，2010；Yao et al.，2011）、基于遗传神经网络算法的主被动遥感协同反演模型（Yu et al.，2012）、基于归一化光谱斜坡吸收指数的反演模型和基于红近红外光谱特征空间的土壤水分反演模型（Gao et al.，2016；Li et al.，2018）。半经验模型包括：基于主动—被动遥感的土壤水分反演耦合模型（Yu et al.，2011）和基于偏振反射信息的土壤水分反演模型（Zhao et al.，2016；Zhang et al.，2018）。由于理论上的复杂性，很少有研究侧重于物理模型。一个典型的模型是基于土壤双向反射率的特点，对自然条件下土壤反射率进行了模拟，并建立了土壤双向反射率随土壤含水量变化的关系式（Cheng et al.，2011）。

植被水分是反映植被生长状况的指标，目前已提出了许多植被水分指数。最常用的方法是首先根据地面测量值建立光谱指数与植被含水量之间的函数关系，然后进一步从遥感图像中定量反演植被水分。例如，考虑到 MODIS 数据和地面观测数据，利用光谱指数估算了中国宁夏地区冬小麦的叶片含水量（LWC），结果发现三个指数（归一化差异水分指数、简单比率和短波水分指数）与植被含水量之间存在函数关系（Li et al.，2009；潘佩芬 等，2013；Yi et al.，2015）。红外垂直水分胁迫指数与冬小麦的 LWC 显著相关（Zhao et al.，2016）。另一种方法是从物理角度利用植被的光学特性。例如，Song 等基于 PROSAIL 模型，利用 Hyperion 高光谱数据提出了一种定量反演植被冠层含水量的模型，可有效获取大面积植被含水量信息。

（3）蒸散量：蒸散量是地表能量循环中的一个重要参数。有学者使用不同的模型来计算地表蒸散量。常用的模型包括陆地地表能量平衡算法模型（SEBAL）、地表能量平衡系统模型（SEBS）、高分辨率内化校准蒸散绘图模型（METRIC）、混合模型和半经验模型。

基于地表能量平衡模型的 SEBAL 模型显示了一个清晰的物理过程。它首先利用地表能量平衡相关成分的计算，推导出潜热通量，并据此推算出蒸散量（Bastiaanssen et al. 1998）。SEBAL 模型可用于多种卫星数据集。作为国际数据集的应用案例，有学者利用基于 Landsat 8 卫星数据的 SEBAL 模型估算了辽宁省盘锦市的蒸散量（于文颖 等，2017）。为了推广国内卫星数据的应用，研究人员利用 HJ-1B 和 FY-3/VRR 数据集进行蒸散估算。实验表明，估算结果与地面实况数据的相对偏差约为 10%，这证明了中国卫星数据的有效性（张楠楠 等，2013）。

SEBS 模型首先运用地表能量平衡方程，推算出大气湍流通量和蒸发比，接着利用遥感技术得到的一系列地表物理参数结合地面同步观测的气象数据估算大面积的地表能量通量（Su et al.，2002）。它可用于根据卫星数据和气象观测数据估算大面积区域的日蒸散量（杨永民 等，2008）。此外，Ma 等还检验了其在估算不同季节蒸散量时的有效性。根据 SEBS 模型的估算结果，可以定量分析蒸散量与环境因素之间的关系（温媛媛 等，2018）。

METRIC 模型是一种基于高分辨率图像和内部校准的蒸散估算方法。通过对 METRIC 模型理论的分析，可以通过改进一些模型参数（如表面粗糙度参数）来进一步提高估算精度。也有学者采用 METRIC 模型与其他模型的混合模型，如 METRIC 与 SEBS 模型的混合模型（He et al.，1988）和 METRIC 与 SEBAL 模型的混合模型。

Yao 等提出了一个半经验模型，即指数蒸散模型，利用 MODIS 数据估算了中国2004年4—9月的蒸散量,实验结果验证了该模型有助于监测中国的地表干旱事件。图2显示了晴天和阴天条件下日蒸散量月复合值的空间格局和时间演变趋势(Yao et al.,2011)。

(4)陆地表面温度：陆地表面温度(LST)是研究地表与大气之间物质和能量交换、全球海洋环流、气候变化异常等方面不可或缺的参数。以下将介绍三种LST反演算法：单通道算法、分割窗口算法和基于神经网络的算法。单通道算法使用单一热红外通道数据反演地表温度(Qin et al.,2001),可分为两类。经验单通道算法在大气参数和近地面大气温度之间建立经验关系,而物理单通道算法则利用辐射传输方程和大气剖面图进行大气校正(孟翔晨等,2018)。分窗口算法主要利用两个相邻的、具有不同大气吸收特性的红外通道的线性组合来消除大气效应,并反演陆地表面温度(朱贞榕等,2016)。例如,Jing等基于辐射传输方程和普朗克函数的指数简化,提出了一种用于高级星载热发射和反射(ASTER)数据地表温度反演的分窗算法。为了利用中国的高分辨率高分五号数据(jing et al.,2012),Ye等开发了一种新的非线性四通道分窗算法,实验结果如图2所示。随着神经网络算法在遥感图像处理中的广泛应用,提出了基于神经网络的算法,将适当的波段信息作为学习样本,应用深度动态学习神经网络和辐射传递模型来反演地表温度(Mao et al.,2012)。

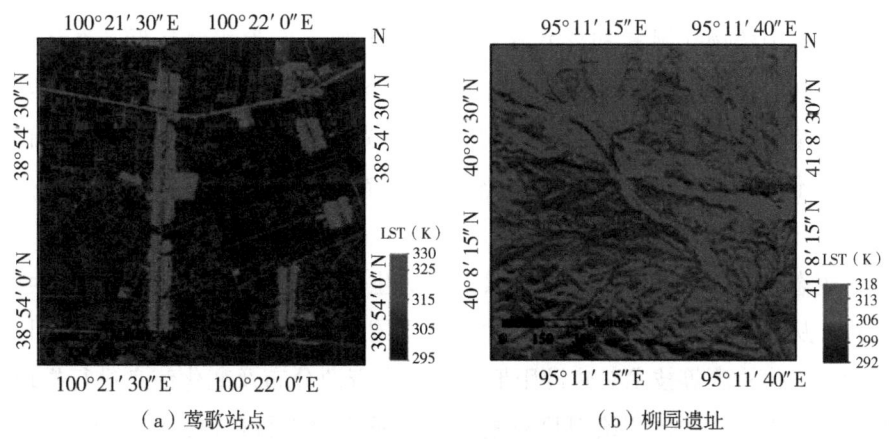

(a)莺歌站点　　　　　　　　(b)柳园遗址

图2　从GF-5模拟图像中获取的两个站点的地表温度

6　生态系统服务功能监测

生态系统服务功能是衡量生态系统供给能力稳定性的重要指标，反映了生态系统在减少土壤侵蚀、调节径流、净化水质、保持物种等多个方面的服务能力。陆地卫星遥感数据可为水源涵养、土壤保持和固碳释氧等服务功能提供核心的遥感监测指标。可利用中低分辨率的卫星影像通过定量反演得到植被碳储量。结合降水等气象数据分析可知，由于降水量的增加，2020年5月的碳储量高于2018年5月。

为研究半干旱区某煤矿排土场植物群落的生物多样性，以该区域作为实验区，运用无人机遥感技术采集激光雷达和高谱影像数据对植物群落生物多样性进行反演。根据形态性状和生理性状的聚集性，将植物群落各分成了4种聚集区。从形态性状上看，植物群落聚集性显著，存在4种聚集区即裸地与草本聚集区，各形态性状值均较小；另一种类型是纯沙棘和油松群落的紫色区，植物密度较高，间隙率较低，叶高的多样性相对较低（图3a）；在以杨树和紫穗槐为优势树种的乔木群落中，植株的冠层高度较高、其间隙率相对较小，而叶片的高度多样性指数则表现出较高的水平；在以沙棘加柠条和刺槐为主导树种的乔木群落中，其植物密度和叶高多样性指数均呈现出较高的水平。从生理性状上看，可以观察到4种不同的聚集区域，包括裸地与草本植物群落，植被分布稀疏、叶绿素含量较低、而类胡萝卜素的含量则相对较高、含水量大；第二和第三种为沙棘和刺槐为主的群落，其中植物叶绿素和含水量比较高，类胡萝卜素相对偏低；在杨树、油松纯林群落中，植物所含的水分相对较少，但是植物叶绿素和类胡萝卜素的含量却相对较高（图3b）。通过运用激光雷达和高光谱数据，可以有效地区分不同植物群落在形态和生理性状上存在的差异（纪润清 等，2022）。

7　生态胁迫因子监测

生态胁迫主要来自人为或自然因素对生态系统正常结构和功能产生的干扰，从而影响生态系统的稳定性。利用国产高分辨率陆地卫星通过目标识别、变化检测等技术对建设用地、地表水资源分布及变化信息进行提取；利用激光雷达或立体测绘卫星对地表高程及变化进行监测；利用干涉合成孔径雷达（InSAR）与光学相结合的方法对地表形变及地质灾害进行监测等，进而获取工程建设、水资源变化、地形变化、灾害等生态胁迫因子

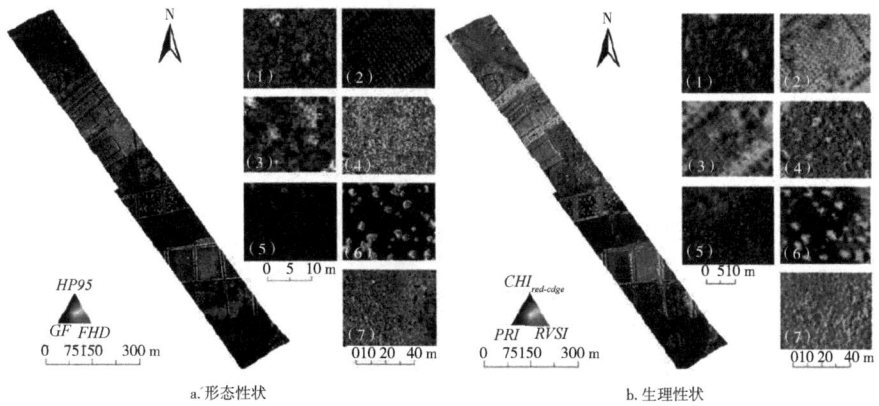

图 3　植物群落的形态性状和生理性状多样性

信息。

（1）农村地区的遥感监测：随着我国城市化进程的加快，农村经济得到了一定程度的发展，但其发展方式粗放，对其环境造成了一些负面影响，如污染物的无序排放等。农村环境监测的内容主要包括固体废弃物、棚膜、土壤污染和养殖污染等。

首先是固体废物监测。基于学习样本建立了高分辨率图像上固体废弃物堆放点的判读标志，然后通过人机交互和自动变化检测方法对非正规垃圾堆放点进行判读分析和变化检测（Liu et al.，2009；Wang et al.，2016）。通过与授权垃圾堆放点的对比，可以轻松识别非正规垃圾堆放点，该方法为农村环境管理提供了技术和数据支持。

另一种方法是温室薄膜监测研究，主要包括三类方法。一是基于多源数据集的检测方法。基于谷歌地球高分辨率遥感图像和 DEM 数据检测桂林市村庄地区的棚膜覆盖面积（Jiang et al.，2014）；二是基于指数的方法。Yang 等基于中分辨率图像对塑料大棚膜的光谱、灵敏度和可分离性分析，提出了塑料大棚膜指数（PGI），山东省潍坊市样本区域的 PGI 结果如图 4 所示（Yang et al.，2017）；三是机器学习方法。Qu 等发现，支持向量机分类方法在检测塑料大棚膜信息方面效果良好（Qu et al.，2018）。

土壤污染的遥感监测主要基于高光谱图像，因为高光谱遥感具有光谱分辨率高的特点，能够获得土壤成分（如有机物、矿物质）的定量信息。

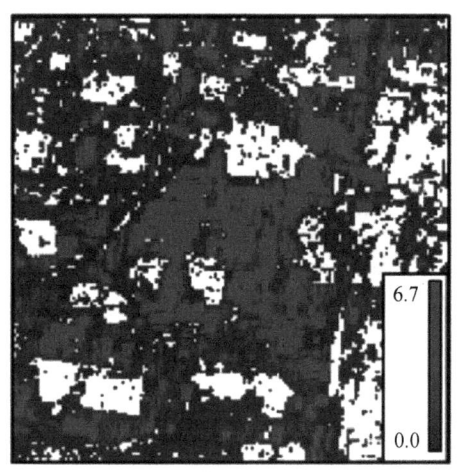

图 4 中国山东省潍坊市样本区域基于塑料大棚膜指数（PGI）模型的塑料大棚分布

一种常用的方法是利用实地工作的样本数据，在土壤污染浓度和高光谱数据之间建立偏最小二乘法回归模型。获得的模型随后用于推导其他地点的污染浓度（Liu et al.，2007；Cai et al.，2015）。另一种方法是逐步回归建模法。首先，通过对原始波段进行一阶导数、反演对数和连续去除，得到特征光谱波段，然后利用样本数据建立土壤污染浓度与特征光谱波段之间的相关性，并将其应用于监测（Gong et al.，2010；Xiao et al.，2013）。

学者还利用遥感技术开展了水产养殖监测工作。可以通过多种解译方法从高分辨率或中分辨率影像中提取多时段的水产养殖用地信息，并利用单一土地利用动态、重心迁移和景观破碎化等模型进一步研究沿海水产养殖用地的时空演变规律（Xu et al.，2014；Xia et al.，2017）。

（2）城市区域的遥感监测：当前，全球超过一半的人口生活在城市中。随着城市化进程的不断推进，2050年这一比例将达到66%，因此城市环境对人类生存至关重要。本节将从城市热岛、城市绿地、城市不透水面、城市建成区扩张和城市环境质量五个方面阐述中国城市环境遥感监测的进展。有关城市热岛的研究记录如下。第一类工作是基于指数研究热岛。学者利用LST反演算法从遥感图像中获取城市地表温度，然后构建城市热岛比指数、热场变化指数等指数来评价热岛强度（Luo et al.，2011；Zhang et al.，

2014；Hou et al.，2018）。第二类研究从多期数据集中研究热环境的模式。从空间维度分析了城市热岛的空间分布特征，从时间维度基于多时段城市LST分析了城市热岛随时间的演变特征（Chen et al.，2011；Liu et al.，2016）。研究的另一个重要方面是探索热岛的驱动机制。一方面，通过热波段和大气参数获得LST信息；另一方面，通过光学波段获得土地利用和覆盖（工业用地、农田、林地）以及景观格局。分析其相关性，以找出和热岛有关的重要相关因子（Xu et al.，2015）。

城市绿地信息也是反映城市环境状况的重要指标。常用的城市绿地提取方法是基于像素的分类方法。例如，采用分步分级分类法提取昆明市城市绿地面积，以像素为单位进行提取（Huang et al.，2009）。为解决"椒盐"现象，结合纹理信息提出了面向对象的城市绿地提取方法（Meng et al.，2016）。学者还利用光谱混合模型进行城市绿地提取。例如，基于Landsat ETM/ETM+数据的线性光谱混合模型可提取植被覆盖率（Zhang et al.，2009；Tang et al.，2017）。此外，基于Landsat 8 OLI数据，利用NDV1和像素二分法模型检索广州市的植被覆盖率，结果发现二分法模型是比统计方法更准确的植被覆盖率监测方法（Xiong et al.，2015）。

城市不透水对城市温度或水循环的影响不容忽视。在城市环境中，一个像素点被假定为多个成分（内成员）的混合体，像素点的光谱值是每个内成员光谱值的线性组合。因此，大多数学者使用线性光谱非混合模型来提取城市环境中的地表覆盖。

城市环境质量遥感评价是指根据遥感所能获得的各种环境指标对城市环境质量进行评价。基于绿度、湿度、干度和热度4个指标构建了遥感环境指数，并利用Landsat数据对渭南市1995—2015年的环境质量进行了评价。建立了基于净初级生产力、植被分量、LST和裸露分量的环境指数，并评价了江苏省宜兴市环境质量的动态变化。

（3）矿区遥感监测：矿产资源的开采对矿区及周边环境具有破坏性。在露天开采的过程中，矿山会占用大片的森林、草地和农田等。此外，在这些具有一定坡度的区域还可能造成水土流失。遥感技术可以有效监测矿区环境，为有效恢复环境提供科学依据。

一方面，利用遥感技术监测采矿过程中对生态的破坏及其对矿区环境的影响。植被和景观格局是重要的监测对象。学者利用植被指数和景观指数从遥感影像中反映生态状况,评价采矿过程对不同采矿规模和阶段、不同类型植被的影响(Wu et al.,2009;Yao et al.,2013;Zha et al.,2015)。土地退化也是采矿造成的一种生态破坏。利用层次分析法建立了土地退化评价指标体系,可用于评价土地退化强度(Yao et al.,2016)。此外,还可以对土壤污染进行监测。例如,Song 等提出了一种乘积波段变换方法来研究土壤锌浓度与 ASTER 数据光谱值之间的关系。遥感还有助于监测煤炭和矸石的动态分布(Song et al.,2018)。首先通过机器学习从大量正负样本中计算出煤炭和煤矸石的光谱反射率特征,然后用于实时提取煤炭和煤矸石的分布情况(He et al.,2019)。一个典型的应用案例是中国西北部的黑岱沟煤矿(图5)。

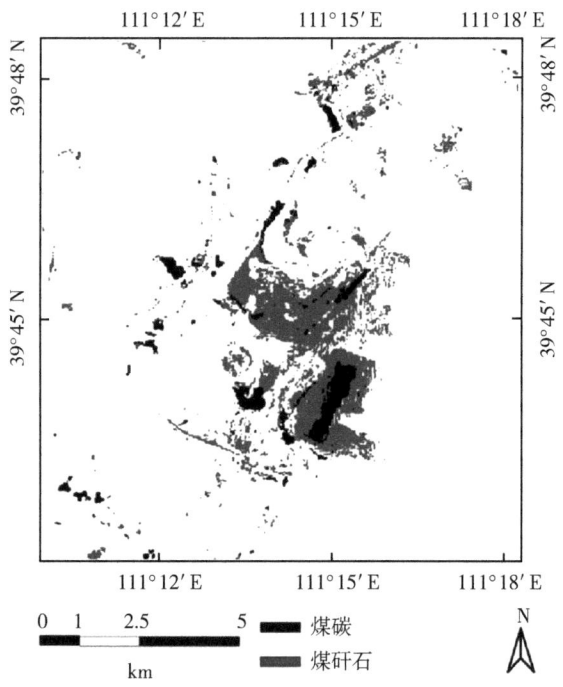

图 5　基于树根的多层极端学习机模型在黑岱沟露天煤矿区的应用

为了减轻煤矿开采造成的破坏性影响,恢复景观及其周边环境,人们采取了许多方法对矿区进行土地复垦。遥感技术可用于监测复垦前后的景观恢复效果。以景观生态学理论为基础，利用遥感和地理信息系统技术构建景观生态质量评估模型，定量评估矿区生态环境状况。随着恢复措施的继续，采煤区的时空变化（Xu et al.，2019；Li et al.，2019）。评价从草地覆盖率、森林覆盖率、湿地覆盖率、景观破碎度、生物丰度、河流密度等多方面进行。

8 生态修复工程全生命周期监测监管

生态保护修复工程的监测监管主要是在工程实施前的土地利用及生态本底调查，工程实施中的进度跟踪和工程实施后的成效评价等，多源光学、高光谱、合成孔径雷达（SAR）卫星可有力支撑修复工程的事前—事中—事后的监管模式，同时借助高分辨率陆地卫星在全国超90%区域季度监测及秦岭—淮河一线以北月度监测的能力，可实现生态修复工程全生命周期的监测监管。图6为利用高分一号（GF-1）、高分二号（GF-2）等高分辨率卫星影像实现的对抚仙湖生态修复工程实施前、实施中和实施后的监测，图中所示的区域可明显看出随着工程的推进，抚仙湖靠岸缓冲带的建设用地逐渐恢复成林草地，居民地则集中搬迁至远离湖岸缓冲带的区域。

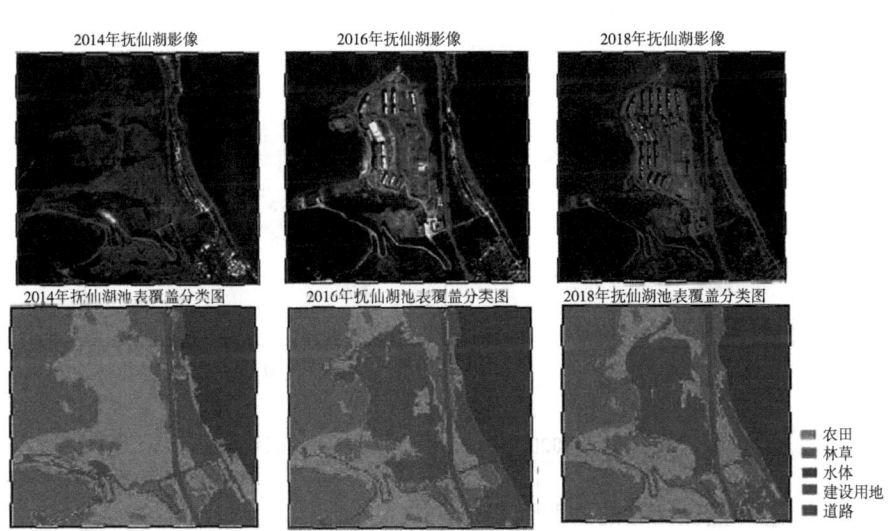

图6 抚仙湖生态保护修复工程（局部）实施进展监测图

9 生态问题识别诊断与综合研判

基于生态系统结构、质量、服务功能、生态胁迫等遥感监测结果，通过构建生态质量指数等综合的遥感分析评价模型,揭示区域的整体生态环境质量状况、生境退化状况等,识别与研判区域内存在的植被覆盖不足、湿地萎缩、荒漠化等生态问题。作为生态修复样板的厦门五缘湾,自2009年开始实施生态修复以来,生态质量明显改善。在生态修复实施前和实施中,基于高分一号(GF-1)等高分辨率光学影像及土地利用类型等时间序列的数据,通过构建生态质量、生态退化等模型进行分析,可以快速识别和诊断出出现生态问题的重点区域。图7a为2013年五缘湾的生境退化程度分布图,由图7可知,2013年在五缘湾的西南部地区生境破碎,退化程度相对较高,结合土地利用变化等数据可快速识别该区域内存在植被覆盖的连片性不高等问题,而到了2020年,通过建设环湾绿地系统等措施,五缘湾西南部地区的局部退化现象得到了改善,如图7b所示。

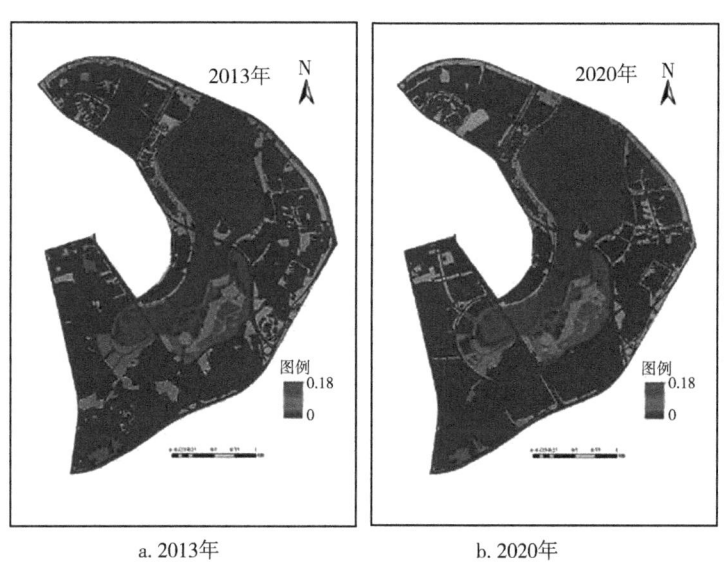

a. 2013年　　　　　　　b. 2020年

图7　2013年和2020年厦门五缘湾生态问题识别与诊断图

10　遥感监测面临的主要挑战

近年来,国土空间生态修复工作取得了一定进展,包括发射了一系列卫星,开展了大量研究工作,制定了积极的政策,但仍有一些挑战需要关注。

（1）卫星传感器问题：我国的遥感卫星系统缺乏重访周期短、成像范围广的热红外传感器。热红外传感器的性能（如信噪比）有待提高，否则会影响参数反演的精度。此外，还需要更多的高光谱卫星传感器，特别是成像展宽更大的传感器。

（2）遥感数据集的综合利用难题：我国幅员辽阔，各地区的自然和气候条件差异很大。例如，西北地区是少云的戈壁地貌，而西南地区可能同时包含多云和多雨的山区。因此，迫切需要综合利用各种遥感数据集来满足这样一个地域差异巨大的国家的需求。目前，遥感环境监测主要基于多光谱数据，只有有限的几个宽波段，而高光谱、微波和激光探测与测距（LIDAR）数据并没有得到充分应用。因此，监测和评估环境状况的性能有限。

（3）生态变量遥感中的不确定性：例如，由于一个混合像元包含多种物质，因此获取的地表温度是混合像元内物质的平均值。此外，检索模型通常是简化的经验模型，这进一步增加了不确定性。

（4）规模效应问题：在时间尺度方面，遥感观测是瞬时的，但应用分析通常是按日进行的。目前，通常采用线性关系将瞬时尺度转换为日尺度。然而，温度、风速、湿度和表面粗糙度的变化使实际情况更加复杂。至于空间尺度，大多数检索模型都假定地表是均匀的，但地表是高度异质的。仅用少量的现场观测数据作为模型的输入，很难准确地反映一个地区的物理状态。此外，真实性检验对于验证遥感检索模型的适用性和模型优化也很重要。目前，地面实况数据都是点观测数据，因此很难利用点观测地面实况数据来验证以像素为单位的遥感估算结果。

（5）自动化程度低：可用于环境监测业务应用的产品很少。在监测自然保护区、生物多样性保护区、环境破坏和环境状况评估领域的应用相对自动化。其他大多数应用则依赖于半自动化流程，需要大量人工解释。

（6）预测和综合分析能力弱：环境遥感更侧重于监测，但对环境变化趋势的预测能力不足，基于遥感对环境质量和状况进行分析的综合能力还很欠缺。

（7）缺乏处理海量遥感数据的计算能力：在环境监测的许多应用案例中，遥感图像的数量非常庞大，尤其是大范围和高频率的监测需求。尽管谷歌地球引擎可以解决这一问题,但我们还有很长的路要走。

11 遥感监测发展与展望

尽管我国在改善环境方面取得了巨大成就,但目前仍然面临着严重的环境压力。由于经济活动的驱动,环境恶化的现象时有发生。为了维护环境安全和山清水秀,我国非常有必要利用遥感技术加强对环境的保护和监督,特别是对我国生态保护红线(ECRL)的保护和监督。目前,我国生态环境部正在对生态保护红线和国家公园进行遥感监管。

然而,针对目前存在的问题,为促进技术发展,满足国家环境管理的要求,特提出以下方向。

(1)推进多源数据融合:利用多源遥感数据,可以填补单一类型数据在时间分辨率、空间分辨率或光谱分辨率方面的不足,从而提供互补信息(陈博明,2020)。因此,如何利用遥感数据、生态数据、环境数据、气象数据以及社会经济数据等多源数据融合估算生态指数是一个重要方向。

(2)提高遥感参数的检索精度:考虑到遥感检索过程的不确定性,通过优化模型和开发地表数据同化系统来提高生态参数检索的精度。目前,生态指数检索主要基于遥感数据和地面测量数据之间的关系。验证依赖于实测数据,但在获取原位数据的过程中也存在误差。因此,如何对模型检索进行准确评估,如何降低检索模型对地面实测数据的依赖程度,是今后的研究方向。

(3)规模效应建模:环境遥感所面临的主要挑战之一是尺度效应。遥感检索的准确性与所用数据集的时空分辨率息息相关。因此,在选择遥感数据集时,有必要根据要求考虑时空尺度的适宜性,并进一步选择可用的遥感数据集。

思考问题

1. 为什么要应用遥感技术进行生态环境监测与评估?
2. 遥感监测技术的应用领域有哪些?

参考文献

陈博明,2020. 遥感技术在生态环境监测及执法中的应用进展[J]. 矿冶工程,40

（4）：165-168，173.

陈晋，马磊，陈学泓，等，2016. 混合像元分解技术及其进展［J］. 遥感学报，20（5）：1102-1109.

陈睿山，蔡运龙，2010. 土地变化科学中的尺度问题与解决途径［J］. 地理研究，29（7）：1244-1256.

高桂胜，杨斌，王磊，等，2017. 高分一号提取植被信息方法对比［J］. 农业与技术，37（5）：46-47，79.

韩镇，2015. 基于ZY3卫星影像的城市建筑用地提取与变化检测研究［D］. 兰州：兰州交通大学.

纪润清，唐佳佳，杨永均，等，2023. 基于无人机遥感的矿山重建植被功能多样性研究［J］. 中国矿业，32（2）：43-50.

李想，2016. 长白山生态功能区生态功能评价［D］. 延吉：延边大学.

廖春华，张显峰，刘羽，2012. 基于多端元光谱分解的干旱区植被覆盖度遥感反演［J］. 应用生态学报，23（12）：3243-3249.

刘建波，马勇，武易天，等，2016. 遥感高时空融合方法的研究进展及应用现状［J］. 遥感学报，20（5）：1038-1049.

马孟莉，朱艳，李文龙，等，2012. 基于分层多端元混合像元分解的水稻面积信息提取［J］. 农业工程学报，28（2）：154-159.

梅建新，2004. 基于支持向量机的高分辨率遥感影像的目标检测研究［D］. 武汉：武汉大学.

门计林，刘越岩，张斌，等，2018-09-20. 多结构卷积神经网络特征级联的高分影像土地利用分类. 武汉大学学报：信息科学版.

孟翔晨，历华，杜永明，等，2018. Landsat 8地表温度反演及验证——以黑河流域为例［J］. 遥感学报，22（5）：857-871.

潘佩芬，杨武年，简季，等，2013. 基于光谱指数的植被含水率遥感反演模型研究——以岷江上游毛尔盖地区为例［J］. 遥感信息，28（3）：69-73.

齐敬辉，牛叔文，马利邦，等，2016. 2000—2014年疏勒河流域植被覆盖时空变化［J］. 生态与农村环境学报，32（5）：757-766.

王春香，张涤非，任万辉，2010. MODIS数据植被覆盖度提取算法比较［J］. 大气与环境光学学报，5（6）：457-462.

王浩，吴炳方，李晓松，等，2011. 流域尺度的不透水面遥感提取［J］. 遥感学报，15（2）：388-400.

王静文, 2020. 生境破碎化和河流影响下的芦苇种群表型与遗传多样性研究 [D]. 济南：山东大学.

王鹏新, 吴高峰, 白雪娇, 等, 2015. 基于 Landsat 数据的条件植被温度指数升尺度转换方法 [J]. 农业机械学报, 46 (7)：264-271.

王然, 2016. 我国省域生态文明评价指标体系构建与实证研究 [D]. 武汉：中国地质大学（武汉）.

王瑜, 陈慧, 王萍, 2018. 遥感定量监测地震灾区生态环境变化——以安县千佛山国家森林公园为例 [J]. 测绘, 41 (2)：76-78.

温媛媛, 郭青霞, 王炎强, 2018. 基于 SEBS 模型的岔口小流域蒸散量特征及影响因子研究 [J]. 灌溉排水学报, 37 (4)：80-87.

杨红磊, 彭军还, 李淑慧, 等, 2010. 基于对数—主成分变换的 EM 算法用于遥感影像分类 [J]. 测绘学报, 39 (4), 378-382.

杨永民, 冯兆东, 周剑, 2008. 基于 SEBS 模型的黑河流域蒸散发 [J]. 兰州大学学报（自然科学版）(5)：1-6.

于文颖, 纪瑞鹏, 徐德增, 等, 2017. 基于 SEBAL 模型的盘锦湿地日蒸散估算及其分布特征 [J]. 中国水土保持科学, 15 (5)：8-15.

张楠楠, 王文, 王胤, 2013. 基于 HJ-1B 数据和 SEBAL 模型的陆面蒸散发遥感估算 [J]. 地理空间信息, 11 (5)：69-73, 12.

赵冰雪, 章勇, 2018. 基于 Landsat-8 OLI 影像的植被信息提取方法研究 [J]. 测绘与空间地理信息, 41 (1)：79-82, 85.

赵忠明, 孟瑜, 岳安志, 等, 2016. 遥感时间序列影像变化检测研究进展. 遥感学报, 20 (5)：1110-1125.

翟天林, 金贵, 邓祥征, 等, 2016. 植被信息的 Landsat 8 卫星影像提取方法 [J]. 测绘科学, 41 (10)：126-131, 158.

朱高龙, 柳艺博, 居为民, 等, 2013. 4 种常用植被指数的地形效应评估 [J]. 遥感学报, 17 (1)：210-234.

朱贞榕, 程朋根, 桂新, 等, 2016. 地表温度反演的算法综述 [J]. 测绘与空间地理信息, 39 (5)：70-75.

ADAMS J B, SMITH M O, JOHNSON P E, 1986. Spectral mixture modeling: a new analysis of rock and soil types at the Viking Lander 1 Site [J]. Journal of Geophysical Research: Solid Earth, 91 (B8): 8098-8112.

AGATHOS A, LI J, PETCU D, et al., 2014. Multi-GPU implementation of the minimum volume simplex analysis algorithm for hyperspectral unmixing [J]. IEEE Journal of Selected Topics in Applied Earth Observations and Remote Sensing, 7: 2281-2296.

ALLEN R G, TASUMI M, TREZZA R, 2007. Satellite-based energy balance for mapping evapotranspiration with internalized calibration (METRIC) —Model [J]. Journal of irrigation and drainage engineering, 133 (4): 380-394.

BASTIAANSSEN W G M, MENENTI M, FEDDES R A, et al., 1998. A remote sensing surface energy balance algorithm for land (SEBAL). 1. Formulation [J]. Journal of hydrology, 212: 198-212.

BHANDARI S, PHINN S, GILL T, 2012. Preparinglandsat image time series (LITS) for monitoring changes in vegetation phenology in Queensland, Australia [J]. Remote Sensing, 4: 1856-1886.

CHEN Z Q, SHI R H, ZHANG S P, 2013. An artificial neural network approach to estimate evapotranspiration from remote sensing andAmeriFlux data [J]. Frontiers of Earth Science, 7: 103-111.

CHENG J L, JI W J, ZHOU Y, et al., 2011. Soil bidirectional reflectance characteristics as affected by soil moisture [J]. ActaPedologica Sinica, 48 (2): 255-262.

DALPONTE M, BRUZZONE L, GIANELLE D, 2008. Fusion of hyperspectral and LIDAR remote sensing data for classification of complex forest areas [J]. IEEE Transactions on Geoscience and Remote Sensing, 46: 1416-1427.

DASH J, OGUTU B O, 2016. Recent advances in space-borne optical remote sensing systems for monitoring global terrestrial ecosystems [J]. Progress in Physical Geography: Earth and Environment, 40: 322-351.

EISAVI V, HOMAYOUNI S, YAZDI A M, et al., 2015. Land cover mapping based on random forest classification of multitemporal spectral and thermal images [J]. Environmental Monitoring and Assessment, 187: 291.

FAN W Y, HU B X, MILLER J, et al., 2009. Comparative study between a new nonlinear model and common linear model foranalysing laboratory simulated-forest hyperspectral data [J]. International Journal of Remote Sensing, 30: 2951-2962.

FISCHER C, BUSCH W, 2002. Monitoring of environmental changes caused by hard-coal mining //Proceedings of Remote Sensing for Environmental Monitoring, GIS Applications and Geology [J]. Toulouse, France: SPIE, 64-72.

GAO F, MASEK J, SCHWALLER M, et al., 2006. On the blending of the Landsat and

MODIS surface reflectance: predicting daily Landsat surface reflectance [J]. IEEE Transactions on Geoscience and Remote Sensing, 44: 2207-2218.

GAO Z L, WANG J H, ZHENG X P, et al., 2016. Soil Moisture Monitoring Based on Angle Dryness Index [J]. Spectroscopy and Spectral Analysis, 36 (5): 1378-1381.

GARCÍA-HARO F J, GILABERT M A, MELIÁ J, 1996. Linear spectral mixture modelling to estimate vegetation amount from optical spectral data [J]. International Journal of Remote Sensing, 17: 3373-3400.

GENG L Y, CHET, WANG X F, WANG H B, 2019. Detecting spatiotemporal changes in vegetation with the BFAST model in the Qilian Mountain region during 2000—2017 [J]. Remote Sensing, 11 (2): 103.

HAIJUN Y, YING L, YUNFU H, et al., 2016. Biodiversity Monitoring and Assessment Using Remote Sensing Technology at County's Scale [J]. Remote Sensing Technology and Application, 30 (6): 1138-1145.

HALIMI A, ALTMANN Y, DOBIGEON N, et al., 2011. Nonlinear unmixing of hyperspectral images using a generalized bilinear model [J]. IEEE Transactions on Geoscience and Remote Sensing, 49: 4153-4162.

JING S, PING Z, QI Y, 2012. A split-window algorithm for retrieving land surface temperature from ASTER data [J]. Remote Sensing Technology and Application, 27 (5): 728-734.

KESHAVA N, MUSTARD J F, 2002. Spectral unmixing [J]. IEEE Signal Processing Magazine, 19: 44-57.

LAMB A D, 2000. Earth observation technology applied to mining-related environmental issues [J]. Mining Technology, 109: 153-156.

LI L Y, TIAN M R, LIANG H, et al., 2018. Spatial and temporal changes of vegetation coverage and influencing factors inHulun Buir grassland during 2000—2016 [J]. Journal of Ecology and Rural Environment, 34 (7): 584-591.

LING F, LI W B, DU Y, LI X D, 2011. Land cover change mapping at the subpixel scale with different spatial-resolution remotely sensed imagery [J]. IEEE Geoscience and Remote Sensing Letters, 8: 182-186.

LIU X, FU J, JIANG D, et al., 2018. Improvement of ecological footprint model in national nature reserve based on net primary production (NPP) [J]. Sustainability, 11 (1): 2.

MA Q M, LIU X L, LI Y, et al., 2016. Estimation andspatio-temporal distribution of evapotranspiration in small-scaled catchments in subtropics of China based on Landsat 8 data [J]. Journal of Ecology and Rural Environment, 32 (6): 901-907.

MALAVIYA S, MUNSI M, OINAM G, et al., 2010. Landscape approach for quantifying land use land cover change (1972—2006) and habitat diversity in a mining area in Central India (Bokaro, Jharkhand) [J]. Environmental Monitoring and Assessment, 170: 215-229.

MELGANI F, BRUZZONE L, 2004. Classification of hyperspectral remote sensing images with support vector machines [J]. IEEE Transactions on Geoscience and Remote Sensing, 42: 1778-1790.

PAN Z G, GLENNIE C, LEGLEITER C, et al., 2015. Estimation of water depths and turbidity from hyperspectral imagery using support vector regression [J]. IEEE Geoscience and Remote Sensing Letters, 12: 2165-2169.

QIN Z, KARNIELI A, BERLINER P, 2001. A mono-window algorithm for retrieving land surface temperature from Landsat TM data and its application to the Israel-Egypt border region [J]. International journal of remote sensing, 22 (18): 3719-3746.

RAY T W, MURRAY B C, 1996. Nonlinear spectral mixing in desert vegetation [J]. Remote Sensing of Environment, 55: 59-64.

RODRIGUEZ-GALIANO V F, GHIMIRE B, ROGAN J, et al., 2012. An assessment of the effectiveness of a random forest classifier for land-cover classification [J]. ISPRS Journal of Photogrammetry and Remote Sensing, 67: 93-104.

SONG X N, MA J W, LI X T, et al., 2013. Estimation of vegetation canopy water content using Hyperion hyperspectral data [J]. Spectroscopy and Spectral Analysis, 33 (10): 2833-2837.

SU Z, 2002. The Surface Energy Balance System (SEBS) for estimation of turbulent heat fluxes [J]. Hydrology and earth system sciences, 6 (1): 85-100.

WALKER J J, DEBEURS K M, WYNNE R H, 2014. Dryland vegetation phenology across an elevation gradient in Arizona, USA, investigated with fused MODIS and Landsat data [J]. Remote Sensing of Environment, 144: 85-97.

WAN H, WANG C, LI Y, et al., 2010. Monitoring an invasive plant using hyperspectral remote sensing data [J]. Transactions of the Chinese Society of Agricultural Engineering, 26 (1): 59-63.

WANG Y F, LIU G X, GUO E L, 2019. Spatial distribution and temporal variation of drought in Inner Mongolia during 1901—2014 using Standardized Precipitation Evapotranspiration Index [J]. Science of the Total Environment, 654: 850-862.

WATTS L M, LAFFAN S W, 2014. Effectiveness of the BFAST algorithm for detecting vegetation response patterns in a semi-arid region [J]. Remote Sensing of Environment, 154: 234-245.

WILLIS KS, 2015. Remote sensing change detection for ecological monitoring in United States protected areas [J]. Biological Conservation, 182: 233-242.

XIAO Z Q, LIANG S L, WANG J D, et al., 2014. Use of general regression neural networks for generating the GLASS leaf area index product from time-series MODIS surface reflectance [J]. IEEE Transactions on Geoscience and Remote Sensing, 52: 209-223.

YANG G J, PU R L, HUANG W J, et al., 2010. A novel method to estimate subpixel temperature by fusing solar-reflective and thermal infrared remote-sensing data with an artificial neural network [J]. IEEE Transactions on Geoscience and Remote Sensing, 48: 2170-2178.

YE X, REN H, LIU R, et al., 2017. Land surface temperature estimate from Chinese Gaofen-5 satellite data using split-window algorithm [J]. IEEE Transactions on Geoscience and Remote Sensing, 55 (10): 5877-5888.

YI W, CHUNLIN H, LING L, et al., 2015. The retrieval of vegetation water content based on ASTER images in middle ofHeihe River Basin [J]. Remote Sensing Technology and Application, 30 (5): 876-883.

YU F, ZHAO Y S, 2011. A new semi-empirical model for soil moisture content retrieval by ASAR and TM data in vegetation-covered areas [J]. Science China Earth Sciences, 54: 1955-1964.

ZHANG Y H, FOODY G M, LING F, et al., 2018. Spatial-temporal fraction map fusion with multi-scale remotely sensed images [J]. Remote Sensing of Environment, 213: 162-181.

ZHAO H, ZHAO Y, LI F, et al., 2014. Modelling evapotranspiration in provincial regions based on FY-3/VIRR remote sensing data [J]. Transactions of the Chinese Society of Agricultural Engineering, 30 (13): 111-118.

ZHAO S, YANG Y, QIU G, et al., 2010. Remote detection of bare soil moisture using a surface-temperature-based soil evaporation transfer coefficient [J]. International Journal of Applied Earth Observation and Geoinformation, 12 (5): 351-358.

ZHAO S, ZHANG C, XIONG Y, et al., 2016. Soil moisture mapping using two scenes SAR imagery without knowing information on surface parameters [J]. Journal of the Indian Society of Remote Sensing, 44: 651-656.

ZHENG X P, SUN Y J, QIN Q M, et al., 2015. Bare soil moisture inversion model based on visible-shortwave infrared reflectance [J]. Spectroscopy and Spectral Analysis, 35 (8): 2113-2118.

ZHU X L, CHEN J, GAO F, et al., 2010. An enhanced spatial and temporal adaptive reflectance fusion model for complex heterogeneous regions [J]. Remote Sensing of Environment, 114: 2610-2623.

第三部分

山水林田湖草沙系统治理技术体系案例

案例一　赣南离子型稀土矿的生态修复技术

本案例简要介绍了南方离子型稀土矿开采工艺及其对应的生态环境危害特点，在此基础上梳理了离子型稀土矿废弃地现有的生态修复技术和存在问题，适用于生态环境建设与管理、森林生态系统理论与应用等课程案例教学。

摘要：党的十九大报告提出统筹山水林田湖草系统治理，对我国开展生态文明建设提出了新要求。矿山作为"山水林田湖草"中的重要元素之一，其生态环境质量直接影响山上山下，乃至流域上下游的生境质量。离子型稀土矿富含我国独有的中重稀土资源，被列为国家保护性开采的特定矿种。由于保护性开采相关制度滞后、无序开采及离子型稀土矿山开采工艺、冶炼技术等特殊性，生态环境破坏严重，生态修复治理难度较大。江西赣南稀土矿为我国稀土矿三大基地之一，探明稀土矿占全国离子型稀土矿的80%左右。然而，稀土矿业多年来不合理开采遗留了大面积的废弃地，对当地生态环境和居民健康造成严重的威胁。因此本案例重点梳理了离子型稀土矿开采工艺及由此产生的环境问题，总结现有生态修复技术要点和适用范围，以赣江流域离子型稀土矿山生态保护修复的成功实践经验，为南方离子型稀土矿区土壤的综合治理和生态恢复提供参考。

关键词：矿山废弃地；水土流失；土壤污染；植物修复；综合治理

Abstract：The 19th Party Congress proposed to coordinate the systematic management of the mountains-rivers-forests-farmlands-lakes-grasslands, which put forward new requirements for China to carry out the construction of ecological civilization. As one of the important elements in mountains-rivers-farmlands-fields-lakes-grasslands, the ecological environment quality of mines directly affects the habitat quality of the upper and lower mountains, and even the upstream and downstream of river basin. Among different types of mines, rare earth mines are important strategic resource concentration area in China due to their abundance, scarcity, and high product value. The ionic rare earth mine is rich in China's medium and heavy rare earth resources, is listed as a specific mineral for national protective mining. However, due to the lag of relevant protective mining system, disordered mining, the particularity, and smelting technology of ionic rare earth mines, the mine ecological environment is serious, and the ecological restoration and management are difficult. Rare earth mine in southern Jiangxi is one of three major manufacturing bases of rare earth mines in China, and its rare earth mines account for about 80% of the country's ionic rare earth mines. However, irrational exploitation of rare earth mining for many years left a large area of abandoned land, which poses a serious threat to the local ecological environment and the health of residents. Therefore, this case focuses on the arrangement of the mining process of ion-adsorption rare earth mines and the resulting environmental problems. the main points and scope of application of existing ecological restoration technologies were also summarized. The successful practical experience of ecological protection and restoration of ion-type rare earth mines in the Ganjiang Basin were used as a typical example. The case provides a reference for the comprehensive treatment and ecological restoration of abandoned rare earth mining areas in southern China.

Keywords: Abandoned land of mine, Water loss and soil erosion, Soil pollution, phytoremediation, Comprehensive treatment

1 背景

稀土作为全球重要的矿产资源，有"工业维生素"之称，广泛运用于电子、石油、农业等多个领域。中国享有"稀土王国"称号，稀土储量居世界前列，邓小平同志南巡时曾说："中东有石油，中国有稀土。"离子型稀土矿主要分布在南方，出产中重稀土，重稀土资源稀缺，应用独特，广泛应用于航天、军事、国防以及新材料合成等方面的高科技领域，具有重要的战略资源价值，近年来需求量日趋增加。离子吸附型稀土矿虽在我国华南多地都有分布，但赣南地区成矿母岩广布，气候和地形地貌条件极其有利于矿床的形成与保存，区内蕴含的稀土矿数量多、规模大、稀土配分齐全，赣南地区稀土矿占全国离子型稀土矿的80%左右，已探明的储量约230万t，被誉为"稀土王国、世界钨都"（刘祖文 等，2018）。目前年开采量为1万~1.5万t，稀土产业已成为该地区的重要经济支柱，成为赣州"1+5+N"产业集群的重要组成部分（袁赣湘 等，2023）。

矿产资源的开采势必对矿区周围生态环境特别是土壤环境造成负面影响，矿山资源开发引发的生态环境问题已成为全球性的问题。离子型稀土矿与其他类型的稀土矿有一定的共性，同时又具有自身的特点。离子型稀土矿位于南方花岗岩红壤生态脆弱区及其特殊的矿床赋存形式和开采方式，使矿区地表环境变化具有鲜明的地域和行业特色，在浪费大量稀土资源的同时，使大量稀土金属进入矿区土壤环境，在自然现象（如降雨淋溶、风力等）和人类活动（如采选冶炼、耕作等）的双重作用下，稀土金属极有可能在矿区土壤环境中发生迁移、累积、转化和扩散，对矿区周围土壤环境、植物、水生态系统造成影响和危害，并通过食物链等途径进入人体，对周围居民身心健康产生影响（Li et al.，2013）。

2019年，习近平总书记考察江西时，专门调研了赣州的稀土产业，并指出稀土是重要的战略资源，也是不可再生资源。要加大科技创新力度，不断提高开采利用的技术水平，延伸产业链，提高附加值，加强项目环境保护，实现绿色发展、可持续发展。随着科学技术的进步和我国生态环境保护制度的逐步完善，结合我国生态环境保护要求，离子型稀土开采技术也在研究与实践中不断改进和完善，迫切需要对开采中和闭矿后矿山进行生态修复，降低环境风险。但由于离子型稀土开采方便，经济价值高，历史上无序的盗采滥挖现象普遍存在，造成了严重的环境破坏，据估算统计，江西赣州由于稀土开采所留下的环境欠账高达380亿元（袁柏鑫 等，2012）。稀土尾矿和恢复矿区生态环境迫切需要有效地处理。

本案例梳理了离子型稀土矿分布和区位自然资源概况、开采工艺及由此产生的环境问题，介绍中山大学团队在南方离子型稀土矿尾矿库修复的最新技术成果（汤叶涛，2022），以赣江流域离子型稀土矿山综合治理的成功实践经验为典型案例（翟紫含 等，2022），介绍当前稀土矿综合治理技的最佳模式，从系统工程角度为南方离子型稀土矿区综合治理和生态恢复提供可复制样板。

2 赣南稀土矿区的自然概况

矿区土壤以红壤土为主，约占56%，黄壤次之，约占10%，也有水稻土、石灰土等。红壤土主要由花岗岩风化发育而成，主要分布于赣南东部地区，兴国、于都、宁都、瑞金、赣县等市县集中连片，整个土层中夹有石英砂和砾石，质地粗糙，漏水漏肥，是江西省严重的水土流失区，但含钾量高，而由千枚岩、板岩片、麻岩等变质岩上发育形成的红土，质地黏重，自然肥力较高，主要分布在丘陵山区。黄壤主要分布于海拔700~1 200 m中山山地中上部，土体厚度不一，自然肥力一般较高，很适于发展用材林和经济林。水稻土由各类自然土壤水耕熟化而成，为赣州市主要的耕作土壤，广泛分布于市内山地、丘陵、谷地及河湖、平原阶地，占全省耕地总面积的80%以上。石灰土零星见于瑞金、南康、全南、龙南、崇义等县（市）的石灰岩山地丘陵区，一般土层浅薄，大多具有石灰反应（刘祖文 等，2018）。

全区属新华夏系第二隆起带上的一个次级构造。区内地层有前寒武与寒武系、白垩系、侏罗系、第四系、石炭系、泥盘系、二迭系和岩浆系，以前寒武—寒武与寒武系为多，岩浆岩次之。地势如掌，四周高中间低，自东南向西北逐渐倾斜。赣南地区地貌复杂，有冲积的平原、堆积的岗地，更多的是大小不等的盆地、高低不平的丘陵和绵延的山地等。周高中低的赣南地区，大致分布为西部中、低山构造剥蚀地貌。南部低山、丘陵构造剥蚀地貌；中部丘陵河谷侵蚀堆积地貌。东北部低山、丘陵构造剥蚀地貌；溶蚀侵蚀地貌是由灰岩组成的岩溶丘陵地貌，主要分布在于都的梓山及银坑、瑞金的云石山、会昌的西江等地（刘祖文 等，2018）。

3 稀土资源分布

赣州具有得天独厚的离子型稀土矿资源优势，占全国离子型矿产储量的40%左右。主要分布在赣州市全市17个县（市、区）146个乡镇，集中在龙南、定南、寻乌、信丰、安远、赣县、全南、宁都8个县。20世纪80年代，赣州有色冶金研究所依据离子型稀土的配分特点，将其划分为三大类型：高钇型离子型重稀土矿、低钇富铕型离子型稀土矿、中钇富铕型离子型稀土矿。不同地区稀土矿类型有所差异，寻乌以低钇富铕/低钇低铕型轻稀土型离子矿为主；龙南以富钇型重稀土型离子矿为主；其余6县以中钇富铕型离子矿为主（丁嘉榆，2012）。

4 离子型稀土矿开采的工艺

4.1 露采—池浸工艺

池浸工艺是最早形成的第一代工业化离子型稀土矿开采方式，工业上大量采用的溶浸剂以氯化钠为主，沉淀剂以草酸为主。池浸工艺首先需建造一些砖混结构或混凝土结构的浸矿池，浸矿池容积一般较小，池底沿收液方向倾斜，浸出的浸出液会顺着倾斜角流向收集池。浸矿池底部设置人工底板和过滤介质，将筛选出的粒度较小、品位较高的稀土原矿堆在人工底板上方，然后注入氯化钠溶液浸矿，浸出浓度较低的母液循环浸矿，浓度较高的浸出液用草酸沉淀，简易工艺流程如图1所示。

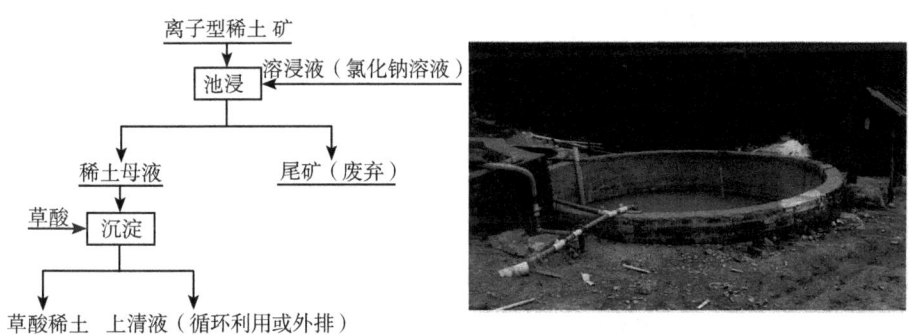

图1　离子型稀土矿露采—池浸工艺简易流程图（引自：王明 等，2022）

4.2 堆浸工艺

堆浸工艺实际上就是机械化的池浸工艺。工艺流程上与池浸工艺大致相同，两种工艺的主要区别在于浸矿采集稀土的地点不一样，堆浸工艺浸矿地点不在浸矿池中而是在浸堆中（钱乾，2022）。首先在堆场上方先布置好防渗层，防止浸出液渗漏到土壤中，同时布置好收液沟、集液管、导流管等浸出液收集工程，然后再把离子型稀土矿石堆放在收集系统上方，在堆顶注入溶浸剂，浸出液经矿堆底部集液系统收集。与池浸工艺相比，工程机械设备的使用大大提高了工作效率，降低了筑堆的成本，使低品位离子型稀土矿开采也具有了价值，减少了低品位离子型稀土矿石丢弃现象的发生，简易工艺流程如图2所示。

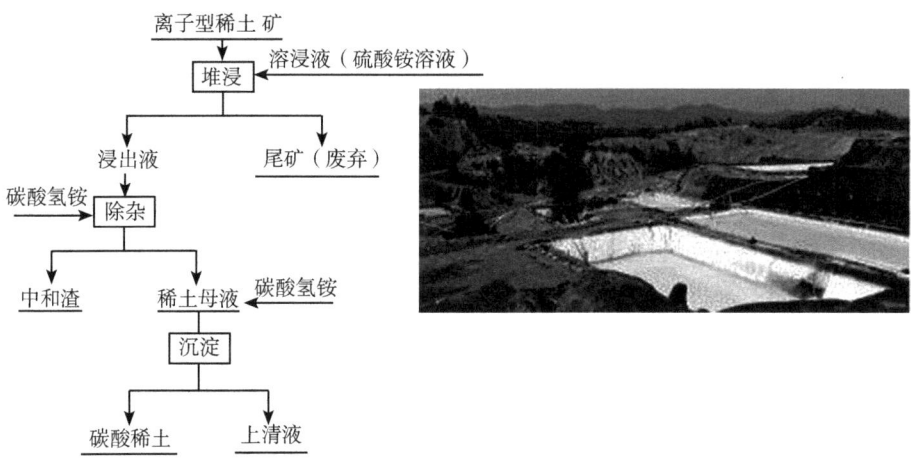

图2　离子型稀土矿堆浸工艺简易流程图（引自：王明 等，2022）

4.3　"原地浸矿"工艺

随着环境保护制度的逐步完善，为减轻离子型稀土矿山开采生态环境破坏严重的问题，在堆浸工艺的基础上开发了原地浸矿开采工艺。原地浸矿开采工艺减少了矿山植被的破坏，在矿体地表布设注液管网，同时在矿山底部布设集液沟或在矿体底部开挖巷道和布导流孔等集液工程，从注液管网注入溶浸液，浸出的浸出液经集液系统收集，简易流程和现场图如图3所示。

4.4　三种开采工艺的对比和环境危害特点

池浸开采实际上属于典型的搬山开采。首先要剥离矿山的植被和表土，开挖出品位高的矿石进行浸矿，表土、尾矿和低品位矿石的异地堆放给矿山生态带来非常大的影响，造成矿山开采后水土流失严重。采用氯化钠溶浸剂残留在离子型稀土尾矿中，导致土壤盐碱化、板结，经雨水冲刷后甚至会污染地下水。沉淀剂草酸泄漏到环境中导致周边土壤和水体pH值降低。离子型稀土矿山开采历程中，池浸工艺开采对矿区生态环境影响非常大（邰鹏畅 等，2022），已列为淘汰类生产工艺。

堆浸工艺剥离表土、破坏植被、转运矿石、尾砂堆积等问题依然存在，

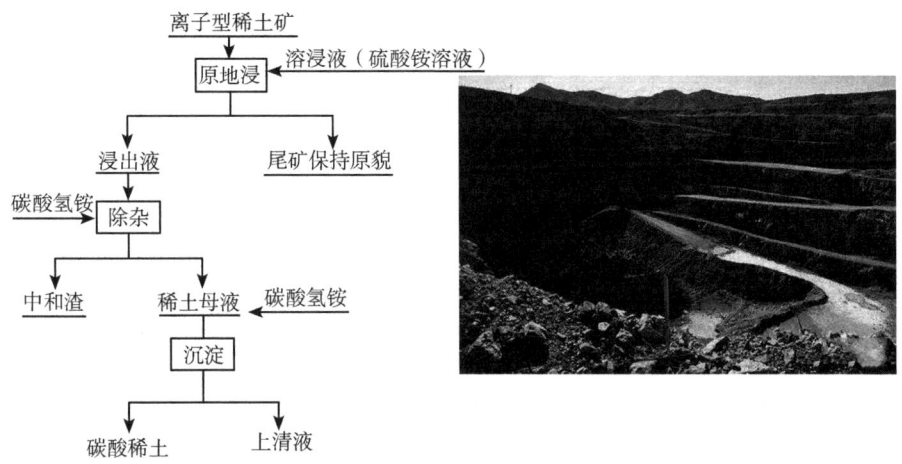

图 3　离子型稀土矿原地浸矿简易流程图（引自：王明 等，2022）

因其开采规模更大，大量的表土剥离和尾砂堆积，对生态环境的影响范围更广。堆浸工艺用硫酸铵作为溶浸剂，用量较大，致使大量的硫酸铵残存在尾矿中，经雨水冲刷进入周边环境中，导致矿区土壤及周边的水体氨氮超标严重，硫酸根也对水体有一定的污染，堆浸工艺已列为淘汰类生产工艺（王明 等，2022）。

原地浸矿开采方式具有非常明显的优势，如开采效率高、对矿区植被破坏程度小、无尾砂异地堆存等优点，因而原地浸矿开采工艺在离子型稀土矿山开采中得到广泛的应用。但浸矿液的浸矿途径、母液收集更难控制。原地浸矿母液收率低，易发生浸出液渗漏，污染矿区周边土壤及水体，采空区内残留溶浸剂受雨水冲刷也会对环境造成污染，且经原地浸矿开采的离子型稀土矿山存有山体滑坡等安全隐患（王明 等，2022）。三种浸取工艺的对比如表1所示。

表 1　三种浸取工艺的对比（引自：杨占峰 等，2018）

开采方式	优点	缺点
池浸	池内稀土回收率高，工艺技术简单	"采富弃贫"资源浪费大，资源综合利用率低（<50%），对生态环境破坏大，造成严重的水土流失，产能低，劳动强度大，国家明令禁止采用

(续表)

开采方式	优点	缺点
堆浸	矿堆内稀土回收率高，生产效率较高，劳动强度低，工艺技术简单，可用于拯救性资源开采，如高速公路和工业场地平整	"采富弃贫"资源浪费大，资源综合利用率低，对生态环境破坏巨大，造成严重的水土流失
原地浸矿	资源综合利用率高，生产效率高，对生态环境破坏较小，不破坏植被，不会造成水土流失危害	工艺技术复杂，生产周期长，如果处理不当，容易发生山体滑坡；原地浸矿母液收率低，浸矿剂注入量一般比堆浸工艺的用量要大

5 离子型稀土矿开采的生态环境危害

5.1 破坏地貌，造成水土流失和山体滑坡

早期开采工艺需要对矿山土体进行剥离，会使覆盖在山体表面的土壤被破坏，依靠表层土生存的植被被大量破坏（Fu et al., 2001），导致崩塌、滑坡以及泥石流等地质灾害发生（图4）。由于硫酸铵浸矿剂对剥离土壤的不断腐蚀使土壤被污染并且被蚀沙化，废弃的堆浸和池浸场地在雨季易水土流失（史晓燕 等，2019）。原地浸矿工艺开采稀土矿留下的各种孔洞在雨季会加速雨水向边坡滑动带渗透，降低边坡土体的不稳定性，引发滑坡、崩塌、泥石流等地质灾害。以赣州为例，据统计，每生产1 t的稀土将造成220 m^2的植被被破坏，300 m^2的表层土被剥除，产生2000 m^3的尾矿（袁柏鑫 等，2012），仅2000年到2010年10年时间内，赣州被破坏的植被面积就从32 km^2上升到153 km^2。据江西省赣州市统计，截至2011年，赣州全市稀土尾砂累计积存量1.9×10^9 t，尚未治理的矿区面积101 km^2（刘文深 等，2015）。

在原地浸矿开采工艺中，开挖浅槽、注液井和集液沟，需要破坏地表1/3的植被（李天煜 等，2003）。灌注的硫酸铵浓度为3%，浸泡时间为150~400 d（汤洵忠 等，2000）。由于浓度大，时间长，浸矿剂侧渗和毛细管作用对植物的生长产生伤害，造成植被根系萎缩，生长停滞，致使植物的根系逐步丧失保水固土作用（Fu et al., 2001）。赣南地区降雨情况具有雨量大、雨期长、日降水量多等特点，在降雨的水流持续冲刷下，经过浸矿剂腐蚀的砂化土壤边坡的表层土持续被侵蚀，利用植物根系进行固坡的

图4 稀土开采造成的植被破坏、水土流失、山体滑坡和土壤退化

效果减弱，已经生态治理后的稀土矿山边坡也依旧会引发山体滑坡、泥石流等地质灾害（钱乾，2022）。原地浸矿工艺动土量比池浸工艺少，表面上减少了水土流失，但灌液孔布置不合理，灌注液体超量，浸取液长时间浸泡矿层，很容易导致山体滑坡，尤其是遇到自然界的极端条件时发生的概率相当大。崩塌、滑坡发生的时间和地点上具有不确定性，造成治理目标的不明确，在治理上难以达到有的放矢（刘毅，2002）。

5.2 氨氮污染

生产1 t稀土需要加入5 t左右的硫酸铵（李刚 等，2019），大量的NH_4^+被注入矿体后，吸附和驻留于山体中，不断随着降雨的淋洗及入渗作用在土体中迁移转化，并迁移进入周边的土壤及地表地下水体（普传杰 等，2004），浸矿化学药剂中含有大量的铵离子，这对周边土壤和水环境造成了严重污染。赣南地区存在大量的稀土尾矿，虽然采用了防渗透及各种物理化学方法降低氮化物的排放量，但矿山废弃多年后，仍然可以在周围土壤检测到高含量铵态氮（NH_4^+-N）（Yang et al.，2016），研究表明利用定南县原地浸矿工艺开采稀土的闭矿区土壤 NH_4^+-N 含量范围为 2.32～1 056.44 mg/kg，平均值为 263.12 mg/kg，而江西红壤区林地、农田和荒地土壤 NH_4^+-N 含量一般小于 5 mg/kg，稀土开采使已开采矿区土壤 NH_4^+-N 的含量显著升高，明显高于一般自然土壤（许哲 等，2023）。

硫酸铵、碳酸氢铵在参与完成浸矿反应以后，大量的 NH_4^+ 和 SO_4^{2-} 仍然存在于浸析反应池中。NH_4^+ 和 SO_4^{2-} 不仅会通过渗滤作用进入地下水体（Åström，2001），而且在雨水冲刷和地表径流的作用下，经沟渠溪涧直接流入附近的河流（Johannesson et al.，1996），使河水的理化性质发生急剧变化，水中氨氮、硫酸根的含量剧增。氨氮对水生生物有很大的危害，使鱼类等水生动物品种数量减少、中毒甚至死亡，游离氨的毒性比铵盐强几十倍，并随碱性的增强而增强。水中的氨氮可以在一定条件下转化成亚硝酸盐，水中的亚硝酸盐将和人体蛋白质结合形成亚硝胺，这是一种强致癌物质，对人体健康极为不利。

5.3 稀土元素的污染

20 世纪 90 年代以来稀土被列为中国主要污染物之一，近年来在国际上也被认为是一类新型污染物（Kulaksız et al.，2011）。稀土矿的开采和加工量剧增，使用的浸矿化学药剂如硫酸铵、碳酸氢铵可以将稀土元素交换解析下来，不可避免导致稀土元素释放到周边环境中。从而造成周边土壤、水和沉积物中稀土元素浓度的增加，导致矿区周边环境的严重污染，甚至危害动植物及人类健康（Yue et al.，2017；Zaichick et al.，2010；Huang et al.，2004）。调查发现同为离子型稀土矿分布区的福建省长汀县稀土矿区周围居民的血液和毛发中稀土元素含量比正常区域居民分别高出 155.6 倍和 9.6 倍（Li et al.，2013；李小飞 等，2013）。高稀土浓度暴露地区儿童的智商（IQ）显著低于无污染地区儿童的智商（Zhu et al.，1996）；长期的稀土暴露也可能会对人体神经系统、循环系统和免疫系统造成损害（Zhang et al.，2000；Zhu et al.，1997）。

研究表明，开采后的稀土矿周围环境发生严重的稀土污染现象。废弃多年的尾砂仍然保持高浓度的稀土残留，稀土含量 392 mg/kg，是周围自然土壤稀土含量（192 mg/kg）的 2 倍，采矿多年后土壤稀土元素含量是江西省和全国土壤背景值的数倍以上（魏复盛 等，1991），并且 $MgCl_2$ 浸提的可交换态稀土金属占到总稀土元素的 40%~0%，表明稀土元素向下迁移进入农田和河流的可能性较高（Liu et al.，2019）。研究进一步显示水库沉积物462 mg/kg，周围农田高达 928 mg/kg，河流水体中稀土浓度为 4 460 μg/L，是世界淡水稀土背景值的数百倍以上（Bowen，1979）。尾矿库和周围环境高浓度的稀土可能引起重大的环境和健康危害，具有很高的环境风险，在离子型稀土矿开采中需要进行严格的风险评估和管理。

6 离子型稀土矿的生态恢复技术

6.1 植物修复

植物采矿为实现稀土污染地生态治理和稀土资源化提供了一种经济有效的解决途径（陈莺燕 等，2019）。植物采矿是指在金属污染地上种植超富集植物，修复污染土壤、恢复植被的同时，还能通过收获植物地上部实现金属资源化。判定植物是否超富集稀土元素，与其他重金属超富集植物是类似的，需要满足两个条件：一是地上部稀土元素含量达到或超过1 000 μg/g的植物（魏正贵 等，2006），即超富集植物中金属含量通常较正常植物高 2 个或 3 个数量级（van der Ent et al.，2013）；二是植物地上部稀土富集系数（Bio-concentration factor，BF），植物地上部的稀土浓度与土壤中相应稀土浓度的比值达到或超过 1，表明其具有较强的稀土元素吸收转运能力（Krzciuk et al.，2015；魏正贵 等，2006）。

目前国内外已发现稀土超富集植物及稀土富集植物 20 多种，主要分布在蕨类植物，以及胡桃科（Juglandaceae）、商陆科（Phytolaccaceae）和大戟科（Euphorbiaceae）等双子叶植物中。其中蕨类植物芒萁（*Dicranopteris dicthotoma*）是南方退化红壤区的先锋植物，能够快速在尾矿库上定植，也是叶片中稀土积累浓度最高的植物，可达 3 358 μg/g（Wang et al.，1997），其地上部选择富集轻稀土元素（Light REEs，LREEs，包括 Pr、Nd、Pm、Sm、Eu、Gd），轻稀土的富集系数（BF）及转运系数（Translocation factor，TF，植物地上部的稀土浓度与植物根系中相应稀土浓度的比值）均大于重稀土元素（Heavy REEs，HREEs，包括 Tb、Dy、Ho、Er、Tm、Yb、Lu、Y）（表2）（魏正贵 等，2001）；大生物量双子叶植物美洲商陆（*Phytolacca americana* L.）叶片稀土含量最高可达 1 040 μg/g，其地上部选择富集

HREE，HREE 的富集系数（BF）及转运系数（TF）均大于 LREE（表2）（Yuan et al.，2018）。

但超富集植物在污染物胁迫下生长缓慢，生长周期长，相对于土壤稀土的浓度，植物对尾矿中稀土金属的回收效率不高，而且植物中稀土的回收技术还不成熟（Jally et al.，2021），在大面积尾矿修复中的实际应用还不多。

表2 稀土在代表性超富集植物地上部的积累特征

植物种类	地上部稀土浓度	富集系数			转运系数			地上部分稀土积累特征
		LREE	HREE	ΣREE	LREE	HREE	ΣREE	
芒萁 *Dicranopteris dicthotoma*	ΣREE 3 358 μg/g	2.921	1.210	2.070	1.744	0.770	1.257	LREE
美洲商陆 *Phytolacca americana*	ΣREE 1 040 μg/g	0.373	0.464	0.428	1.194	2.353	1.890	HREE

注：TF，转移系数；LREE，轻稀土元素，包括 La、Ce、Pr、Nd、Pm、Sm、Eu、Gd；HREE，重稀土元素，包括 Tb、Dy、Ho、Er、Tm、Yb、Lu、Y。（引自：魏正贵 等，2001）

6.2 土壤改良

尾砂地土壤贫瘠、酸化严重，尾砂土中残留的硫酸铵浸提剂，在废矿数年内也流失殆尽，土壤中氮素严重缺乏，且氮、磷循环受到抑制，即使经过10年的自然演替，尾砂地土壤生态环境仍未得到明显改善，人工干预开展的植物恢复效果也不明显。通常采用土壤改良的方法对矿区进行修复，中和土壤酸度，提高土壤肥力，提升植物恢复效果。

（1）土壤物理改良：不添加任何化学物质利用物理的方法对受污染的稀土土壤进行土壤生态修复。固化法是常见的一种物理改良方法，是指在受稀土污染土壤中加入固化剂通过稀土元素的吸附、共沉淀等作用以改变土壤的理化性质，降低稀土元素的迁移性和生物有效性。固化后的土壤可以降低稀土元素的生物有效性和移动性（龙新宪 等，2002）。土壤固化需要添加大量的固化剂，会破坏土壤原有的表层结构降低土壤肥力，对生态系统的扰动较大，成本较高，不适用于大面积推广，只适用于小面积的污染治理。

(2) 化学改良：向土壤中添加化学改良剂如石灰、磷灰石、钙镁磷肥、石灰石粉、羟基磷灰石等，是一种原位修复方法。通过添加一些重金属螯合剂、表面活性剂提高修复的效果。保水剂（SAPs）是一种含有高分子聚合物长链的亲水性物质，施入土壤后可以提升土壤保水保肥能力，同时具有减缓植物干旱胁迫和提高植物水分利用效率等作用（Saha et al., 2020）。硅钙钾镁肥是磷石膏、钾长石在高温下煅烧而成的碱性肥料，可以调节土壤酸碱度，在酸性红壤地区具有较为广泛的应用实践（冀建华 等，2019）。化学修复操作简单，可以应用一些工业废物作为化学改良剂对受污染的稀土进行土壤改良，成本低下，可以大面积推广。但是，改良剂会与受污染土壤中的物质发生化学反应造成二次污染，化学改良剂在条件发生改变时将会变成污染物"汇"向土壤中释放污染物，使稀土再度活化，对整个生态系统造成影响（周东美 等，2003）。

(3) 有机物料：主要以粪肥、农业废弃物等有机物料为主，有机肥料富含有机质、N、P、K 和微量元素，添加到土壤中能有效提高土壤有机质和营养元素含量及土壤酶活性，从而促进植物生长。单独施用有机物料用量较大，且单一材料对土壤改良效果有限，当前稀土矿区尾砂土存在养分缺乏、土壤酸化和漏水漏肥等复合问题，研究保水剂、硅钙钾镁肥、尿素与有机物料联合配施在尾砂土改良具有良好的前景。

猪粪和鸡粪等速效肥易分解，能在短期内快速提供植物生长所需的营养，但在保水保肥较弱的尾砂地中易造成营养元素的流失，改良长效性差；锯末等缓效肥含有较高木质素，分解释放营养元素缓慢，但改良效果持久性好。生物炭具有碳含量高、比表面积大等特点，不仅能提高土壤肥力，促进植物生长（陈晓旋 等，2018），还可以固定土壤中的营养元素减少其流失（刘鸿骄 等，2014）。因此高碳氮比的有机肥与速效肥一起堆肥处理是近年来培肥地力和减量施肥的重要施肥方式，同时可以补充废弃多年矿区尾砂土中氮素的缺乏，以提供植物生长所需的养分（陈莺燕 等，2018）。

石灰施加是土壤酸化改良重要的方式，近期一项研究表明石灰联合有机质不仅显著地提高了土壤 pH 值，还可以促进氨氧化细菌（AOB）*Nitrosomonas europaea* 的增殖，加快土壤硝化和反硝化进程，使土壤中过量的 NH_4^+ 转变成 NO_3^- 和 N_2。该研究对离子型稀土矿氨氮污染的改善具有低投入高价值的应用前景（Wang et al.，2023）。

6.3 综合治理技术

稀土矿山废弃地因其开采工艺使污染成分复杂，每一种治理技术均有其内在缺陷，仅用一种修复技术效果并不明显，要根据其地形地貌和形成机制，选取合适的修复技术对稀土矿山废弃地进行联合修复。离子型稀土废弃矿山前期采用池浸或堆浸开采工艺破坏了土壤原有的结构，土壤肥力流失严重，植物很难存活致使基岩裸露，土壤修复困难。物理—化学、植物—化学、微生物—化学和植物—微生物等联合修复技术通过上述多种措施的结合以达到更好的修复效果，减轻土壤和生态系统受扰动程度。其适用范围较单一修复技术更为广泛，效果更为显著，因此多种治理技术综合应用是未来矿区废弃地生态修复的方向。采用加入土壤有机质和植物修复的方法对稀土矿区废弃地进行联合修复，修复后土壤有机质和其他理化性质得到明显增改善（Liu et al.，2020），保水能力得到提升。修复土壤与熟石灰、沸石、凹凸棒土和有机肥按 0.5∶5∶5∶1∶0.2 的比例混合对稀土废弃地的土壤进行改良，将改良后的土壤装入生态袋种上植物进行生态护坡，修复效果显著，形成稳定的生态防护林，防止水土流失（刘斯文 等，2015）。

7 赣南稀土矿山生态保护修复的实践案例

作为全国第一批"山水林田湖草生态保护修复工程试点"地区之一，赣州市从 2017 年开始先后实施了以文峰乡石排、柯树塘和涵水 3 个片区为核心的山水林田湖草生态保护修复工程，累计投入约 9.55 亿元（翟紫含 等，2022）。三年来，赣州市在探索尾水处理新工艺、创新生态保护新模式推进稀土矿山生态保护修复方面积累了较丰富的经验，其做法具有代表性和示范作用。

赣州市通过探索实践，摒弃以往"要素分割、顾此失彼"的修复理念，深入贯彻"流域治理、分区施策"的系统修复思路，将流域综合治理和矿山生态修复有机结合，创新了一套"三同治"模式，即"山上山下、地上地下、流域上下同治"（吴运连 等，2018），2019 年赣州市编制实施了《赣州市稀土开采生态保护综合治理规划》，采取种草植树，固土定沙，洁水净流等生物和工程措施，统筹推进矿山生态修复、土地综合整治、水土流失治理、生物多样性保护和流域水环境保护五类生态工程,实现地貌重塑、土壤重构、植被重建、景观再现,实现治理空间覆盖、治理时间同步、治理目标一致的全覆盖治理。"三同治"具体做法是为:①山上山下同治,即山上进行地形整治、植被复绿;山下填筑沟壑,控制水土流失。②地上地下同治,即地上进行改良土壤、种植经济作物;地下进行截水拦沙、生物削氮减污治理。③流域上下游同治,围绕"沃土壤、增绿量、提水质"的修复目标,上游稳定沙坡、锁固土壤、建梯级人工湿地;下游清除淤泥、疏浚河道、建设水终端处理设施,多措并举促进全流域生态保护修复目标实现。

通过推进综合治理和生态修复,赣江流域生态状况得到显著改善,成为国家水源涵养生态功能示范区。河流水质显著改善,县级以上城市集中式饮用水水源水质达标率为100%(吴运连 等,2018)。截至目前,赣州市累计治理废弃矿山92.78 km^2,还清了近半个世纪以来的历史欠账,一度满目疮痍的废弃矿区回归绿水青山(图5)。

图5 江西大余县南安镇新华村滴水龙废弃稀土矿山治理前后

(引自:赖永峰 等,2020)

思考问题

1. 离子型稀土矿开采工艺有哪些?
2. 离子型稀土矿开采可能导致哪些环境问题?
3. 离子型稀土矿废弃地现有的修复技术有哪些?
4. 赣南地区通过山水林田湖综合治理理念治理和修复离子型稀土矿的

具体做法和策略有哪些？

参考文献

陈晓旋，黄晓婷，陈优阳，等，2018. 炉渣与生物炭配施对福州平原稻田土壤团聚体及碳、氮分布的影响［J］. 环境科学学报，38（5）：1989-1998.

陈莺燕，刘文深，丁铿博，等，2018. 有机改良剂及生物炭对离子型稀土矿尾砂地生态修复的改良探究［J］. 环境科学学报，38（12）：4769-4778.

陈莺燕，刘文深，袁鸣，等，2019. 超富集植物对稀土元素吸收转运解毒与分异的研究进展［J］. 土壤学报，56（4）：785-795.

翟紫含，王立威，周妍，等，2022. 离子型稀土矿山生态保护修复思路与实践——以赣江流域为例［J］. 有色金属工程，12（1）：137-143.

丁嘉榆，2012. 离子型稀土矿开发的历史回顾——纪念赣州有色冶金研究所建所60周年［J］. 有色金属科学与工程，3：14-19.

邰鹏畅，区晓琳，陈志彪，2022. 闽西离子吸附型稀土开采对土壤及地表水的影响［J］. 稀土，43（5）：19-27.

冀建华，李絮花，刘秀梅，等，2019. 硅钙钾镁肥对南方稻田土壤酸性和盐基离子动态变化的影响［J］. 应用生态学报，30（2）：583-592.

赖永峰，刘兴，2020-10-10. "稀土王国"努力弥补生态欠账——江西赣州废弃稀土矿山环境综合治理纪实［EB/OL］. 中国经济网，https：//baijiahao.baidu.com/s？id=1680115898964050338&wfr=spider&for=pc.

李刚，朱志成，梁健，等，2019. 某稀土矿原地浸矿工业试验研究［J］. 世界有色金属，21：268，270.

李天煜，熊治廷，2003. 南方离子型稀土矿开发中的资源环境问题与对策［J］. 国土与自然资源研究，3：42-44.

李小飞，陈志彪，张永贺，等，2013. 稀土矿区土壤和蔬菜稀土元素含量及其健康风险评价［J］. 环境科学学报，33（3）：835-843.

刘鸿骄，侯亚红，王磊，2014. 秸秆生物炭还田对围垦盐碱土壤的低碳化改良［J］. 环境科学与技术，37（1）：75-80.

刘斯文，黄园英，韩子金，等，2015. 离子型稀土矿山土壤生态修复研究与实践［J］. 环境工程，33（11）：160-165.

刘文深，刘畅，王志威，等，2015. 离子型稀土矿尾砂地植被恢复障碍因子研究［J］. 土壤学报，52（4）：879-887.

刘毅, 2002. 稀土开采工艺改进后的水土流失现状和水土保持对策 [J]. 水利发展研究 (2): 30-32.

刘祖文, 张军, 2018. 离子型稀土矿区土壤氮化物污染机理 [M]. 北京: 冶金工业出版社.

龙新宪, 杨肖娥, 倪吾钟, 2002. 重金属污染土壤修复技术研究的现状与展望 [J]. 应用生态学报 (6): 757-762.

普传杰, 秦德先, 黎应书, 2004. 矿业开发与生态环境问题思考 [J]. 中国矿业, 6: 23-26.

钱乾, 2022. 赣南离子型稀土矿山原地浸矿场地边坡生态护坡研究 [D]. 赣州: 江西理工大学.

史晓燕, 陈宏文, 2019. 废弃池浸堆浸离子型稀土矿污染途径及其修复研究 [J]. 中国稀土学报, 37 (4): 409-417.

汤洵忠, 李茂楠, 杨殿, 2000. 离子型稀土矿原地浸析采场滑坡及其对策 [J]. 金属矿山 (7): 6-8, 12.

汤叶涛, 2022. 离子型稀土矿山生态修复理论与实践 [C] //中山大学首届逸仙生态论坛, 广州.

王明, 洪侃, 李健, 2022. 离子型稀土矿开采与生态环境影响 [J]. 有色金属 (矿山部分), 74 (6): 95-100.

魏复盛, 刘廷良, 滕恩江, 等, 1991. 我国土壤中稀土元素背景值特征 [J]. 环境科学 (5): 78-82, 97.

魏正贵, 尹明, 张巽, 等, 2001. 稀土元素在赣南非稀土矿区和不同稀土矿区土壤-铁芒萁 (*Dicranopteris linearis*) 系统中的分布、累积和迁移 [J]. 生态学报, 21 (6): 900-906.

魏正贵, 张惠娟, 李辉信, 等, 2006. 稀土元素超积累植物研究进展 [J]. 中国稀土学报, 24 (1): 1-11.

吴运连, 谢国华, 2018. 赣州山水林田湖草生态保护修复试点的实践与创新 [J]. 环境保护, 46 (13): 80-83.

许哲, 杨金玲, 张甘霖, 等, 2023. 离子型稀土闭矿区土壤铵态氮富集特征 [J]. 土壤学报, 60 (1): 106-116.

杨占峰, 马莹, 王彦, 2018. 稀土采选与环境保护 [M]. 北京: 冶金工业出版社.

袁柏鑫, 刘畅, 2012. 江西赣州稀土之痛 [J]. 中国质量万里行, 6: 48-52.

袁赣湘, 钟振传, 2023-2-10. 地矿记忆! 探寻赣州稀土勘探开发的前世今生, 中国矿业报（4），https：//mp. zgkyb. com/m/news/78045.

周东美，邓昌芬，2003. 重金属污染土壤的电动修复技术研究进展［J］. 农业环境科学学报，4：505-508.

ÅSTRÖM M, 2001. Abundance, fractionation patterns of rare earth elements in streams affected by acid sulphate soils ［J］. Chemical Geology, 175（3）：249-258.

BOWEN H J M, 1979. Environmental chemistry of the elements ［M］. London：Academic Press.

FU F, AKAGI T, YABUKI S, et al., 2001. The variation of REE（rare earth elements）patterns in soil-grown plants：a new proxy for the source of rare earth elements, silicon in plants ［J］. Plant and Soil, 235（1）：53-64.

HUANG C M, WANG C S, 2004. Geochemical characteristics, behaviors of rare earth elements in process of vertisol development ［J］. Journal of Rare Earths（4）：552-557, 442.

JALLY B., LAUBIE B., CHOUR Z., et al., 2021. A new method for recovering rare earth elements from the hyperaccumulating fern Dicranopteris linearis from China ［J］. Minerals Engineering, 166, 106879.

JOHANNESSON K H, LYONS W B, YELKEN M A, et al., 1996. Geochemistry of the rare-earth elements in hypersaline, dilute acidic natural terrestrial waters：Complexation behavior, middle rare-earth element enrichments ［J］. Chemical Geology, 133（1）：125-144.

KRZCIUK K., GAŁUSZKA A., 2015. Prospecting for hyperaccumulators of trace elements：a review ［J］. Critical Reviews in Biotechnology, 35（4）：522-532.

KULAKSıZ S., BAU M, 2011. Anthropogenic gadolinium as a microcontaminant in tap water used as drinking water in urban areas, megacities ［J］. Applied Geochemistry, 26（11）：1877-1885.

LI X, CHEN Z, CHEN Z, et al., 2013. A human health risk assessment of rare earth elements in soil and vegetables from a mining area in Fujian Province, Southeast China ［J］. Chemosphere, 93（6）：1240-1246.

LIU WS, GUO MN, LIU C, et al., 2019. Water, sediment and agricultural soil contamination from an ion-adsorption rare earth mining area ［J］. Chemosphere, 216：75-83.

LIU W S, ZHENG H X, LIU C, et al., 2021. Variation in rare earth element（REE），aluminium（Al），silicon（Si）accumulation among populations of the hyperaccumulator Dicranopteris linearis in southern China [J]. Plant and Soil, 461 (1): 565-578.

LIU Y, ZHONG X, HUO T H, et al., 2020. Reclamation with organic amendments, plantsremodels the diversity, structure of bacterial community in ion-adsorption rare earth element mine tailings [J]. Journal of Soils & Sediments, 20 (10): 3669-3680.

SAHA A, SEKHARAN S, MANNA U, 2020. Superabsorbent hydrogel (SAH) as a soil amendment for drought management: A review [J]. Soil & Tillage Research, 204: 104736.

VAN DER ENT A, BAKER A J M, REEVES R D, et al., 2013. Hyperaccumulators of metal, metalloid trace elements: Facts, fiction [J]. Plant and Soil, 362 (1): 319-334.

WANG M, WU S, LU Y, et al., 2023. Combined application of strong alkaline materials, specific organic fertilizer accelerates nitrification process of a rare earth mining soil [J]. Science of The Total Environment, 879: 163042.

WANG Y Q, SUN J X, CHEN H M, et al., 1997. Determination of the contents, distribution characteristics of REE in natural plants by NAA [J]. Journal of Radioanalytical, Nuclear Chemistry, 219 (1): 99-103.

YANG S, XUE Q, CHEN H, 2016. Enhanced recovery of water due to ammonia nitrogen contamination caused by mining processes [J]. Environmental Earth Sciences, 75 (14): 1102.

YUAN M, GUO M N, LIU W S, et al., 2017. The accumulation, fractionation of Rare Earth Elements in hydroponically grown Phytolacca americana L [J]. Plant and Soil, 421 (1): 67-82.

YUAN M, LIU C, LIU W S, et al., 2018. Accumulation, fractionation of rare earth elements (REEs) in the naturally grown *Phytolacca americana* L. in southern China [J]. International Journal of Phytoremediation, 20 (5): 415-423.

YUE L, MA C, ZHAN X, et al., 2017. Molecular mechanisms of maize seedling response to La_2O_3 NP exposure: water uptake, aquaporin gene expression, signal transduction [J]. Environmental Science: Nano, 4 (4): 843-855.

ZAICHICK S, ZAICHICK V, KARANDASHEV V, et al., 2010. Accumulation of rare earth elements in human bone within the lifespan [J]. Metallomics, 3 (2): 186-194.

ZHANG H, FENG J, ZHU W, et al., 2000. Chronic toxicity of rare-earth elements on human beings [J]. Biological Trace Element Research, 73 (1): 1-17.

ZHU W, XU S, SHAO P, et al., 1997. Bioelectrical activity of the central nervous system among populations in a rare earth element area [J]. Biological Trace Element Research, 57 (1): 71-77.

ZHU W, XU S, ZHANG H, et al., 1996. Investigation on the intelligence quotient of children in the areas with high REE background (Ⅰ) —REE bioeffects in the REE-high areas of southern Jiangxi Province. Chinese Science Bulletin, 1977-1981.

案例二　黄土高原水土流失治理模式及关键技术

本案例反映了我国黄土高原水土流失现状，论述了该区域水土流失治理的模式及相关技术措施，适用于生态环境建设与管理、森林生态系统理论与应用等课程案例教学。

摘要：中国黄土高原长期遭受严重水土流失，人类活动增加使土壤侵蚀变得严重，严重的水土流失导致了广泛的土地退化。在过去的几十年里，为了减少水土流失，我们在植被恢复方面做了很大的努力。我国十分重视黄土高原的水土流失治理工作，经过几十年的水土流失治理，黄土高原的生态环境得到了有效的恢复，社会经济亦得到了长足的发展。我国先后实施了一系列治理措施，主要分为生物措施、工程措施、小流域综合治理三种模式，其中包括植树造林、梯田、淤地坝和治沟造地等关键治理技术。掌握和运用黄土高原水土流失治理模式及其关键技术，对区域经济社会的发展，对人民群众生产生活条件的改善，对国家生态安全的保障，对黄河治理战略的实现，都有着重要的意义。

关键词：黄土高原；水土流失；措施体系；治理模式和技术

Abstract: The Chinese Loess Plateau (CLP) is characterized by dense gullies and serious soil erosion, which is the main source of the Yellow River sediment and also an important ecological barrier in northern China. For a long time, the CLP has been a key area of national ecological protection and management. Loess plateau is one of the regions with the most serious soil and water erosion in China. Due to the vulnerability of its natural environment and the increasingly strong influence of activities, the soil and water erosion in loess plateau is characterized by large degree of soil and water erosion, wide coverage area and fast rate of soil and water erosion. The serious soil erosion has caused incalculable erosion to the regional economic development and ecological security of the loess plateau. Therefore, China attaches great importance to the soil erosion control in the loess plateau. After decades of soil erosion control, the ecological environment of the loess plateau has been effectively restored, the Yellow River has become clear, the sand has become green, and the social economy of the region has also achieved considerable positive development. A series of management measures have been implemented, mainly divided into three modes: biological measures, engineering measures, and integrated management of small watersheds, including key management techniques such as afforestation, terracing, silt dams, and ditch management and land creation. The mastery and application of the Loess Plateau erosion management model and its key technologies are of great significance to the development of regional economy and society, the improvement of people's production and living conditions, the guarantee of national ecological security, and the realisation of the Yellow River management strategy.

Keywords: Loess Plateau, Soil and water conservation, System of measures, Models and technology of governance

1 背景

中国黄土高原是世界上最著名的地区之一,长期以来水土流失严重。大概在2000年前,随着人口的增长,种植粮食的面积越来越大,水土流失越来越严重。黄土高原大部分地区土壤侵蚀量达到每年 5 000 ~ 10 000 t/km^2。在一些地方甚至高于每年 20 000 t/km^2。大量研究表明,黄土高原土壤侵蚀主要是由土地利用不合理和水资源约束下的低植被覆盖度引起的。严重的水土流失导致黄河下游土地生产力下降,环境恶化,泥沙淤积导致河床上升。在过去的几十年里,由于水土流失,黄土丘陵区大量的耕地被迫放弃,造成的经济损失超过100亿元。水土流失仍然是黄土高原最严重的问题,对粮食安全和发展前景构成前所未有的威胁。大量泥沙涌入黄河,泥沙淤积使黄河下游以每年 8 ~ 10 cm 的速度抬升。黄河下游出现了一条长达 800 cm 的河床,被称为"地上的河"。严重人为干扰导致的植被贫瘠被认为是主要原因之一。这种情况引起了学者和决策者的广泛关注。自20世纪50年代以来，中国政府和国际组织在土壤侵蚀控制和生态系统修复方面做出了巨大努力。然而，直到90年代末，植被仍然贫瘠，水土流失仍处于失控状态，特别是在黄土丘陵地区。因此，黄土高原相继开展了大规模的生物与工程治理等措施，以改善区域生态环境，提高人民生活水平。

新中国成立70年来，黄土高原实施的生物和工程治理措施包括：梯田、淤地坝、植树造林、封禁保护等。随着经济社会的发展以及对黄土高原水土流失规律的认识不断加深，不同时期水土保持治理措施的工作重心具有较大差异。根据不同时期治理措施的特点，对黄土高原治理历程进行了系统的总结，并将其分为5个发展阶段。其他学者根据不同的分类标准也将黄土高原治理历程划分为3~4个阶段。总体而言，黄土高原治理与经济社会建设不可分割。新中国成立初期至20世纪70年代末期，百废待兴，社会生产力低，国家和社会主要任务是恢复生产。此时期黄土高原的治理目标是控制水土流失与增产粮食。因此，修筑梯田和建设淤地坝成为此时期黄土高原水土保持的主要工程治理措施，既可以保持水土，又增加耕地面积，保障粮食生产。70年代末期至90年代末期，社会经济水平逐步提高，尤其是改革开放以后；与此同时，学术界对黄土高原水土流失规律和生态环境保护的认识逐渐加深。此时期，虽然黄土高原梯田和淤地坝仍然在持续建设当中，但生物措施以及生物和工程相结合的小流域综合治理措施开始兴起。20世纪末至21世纪初，社会经济持续快速发展，人们对生态环境要求不断提高。1999年，黄土高原开始实施"退耕还林还草"工程。退耕还林草工程实施近20年，黄土高原生态环境持续好转，植被覆盖度增加1倍，黄河泥沙显著降低（李敏 等，2019）。随着大规模退耕，黄土高原耕地面积持续减少，部分地区出现土地资源不足等问题。以陕西省延安市为例，退耕还林还草工程实施前耕地面积约2 000万亩（1亩 ≈ 667 m^2，15亩 = 1 hm^2）；截至目前，延安约一半的耕地退耕为林地和草地，出现了耕地缺乏等较为突出的农村经济发展问题。为解决这一问题，延安市于2012年率先提出了"治沟造地"这一思路，旨在增加沟道耕地面积，提高耕地质量。

黄土高原是我国生态建设的重点区域，在我国国民经济发展中对粮食生产和能源起着至关重要的作用，其水土流失问题不仅是严峻的生态环境问题，更深刻影响着黄土高原地区的经济社会发展，进而影响民计民生。同时黄土高原的水土流失治理长期影响着黄河流域的生态发展，其治理模式的科学实施是黄河流域稳定和发展的重要战略举措。在水土保持措施的广泛布设下，黄土高原的水土流失得到了有效的控制，提高了农业生产水平，减少了黄河泥沙淤积。但是，水土流失仍然是黄土高原最为严重的环境问题之一，仍需要进一步开展生态修复工作。

2 黄土高原水土流失治理典型模式

黄土高原水土流失治理模式可以分为三类：第一，以治理坡面土壤侵蚀为目的的生物措施模式，主要包括植树造林、植被自然恢复以及修建梯田，植树造林和植被自然恢复主要通过增加植被覆盖度来降低水土流失；第二，以治理沟道土壤侵蚀为目的的工程措施模式，主要包括修建淤地坝以及最近开展的治沟造地工程，梯田主要通过平整土地和减少坡长来控制坡耕地水土流失，而淤地坝和治沟造地则能够拦截沟谷泥沙，淤地造田。第三，小流域综合治理模式，小流域水土流失治理模式是运用多学科理论，以区域水土流失治理目标和社会经济发展方向为指导，对治理措施组成、措施空间布置、措施间功能搭配与镶嵌组装情况进行总结，详细描述了该区域解决生态环境、社会经济问题的核心，是在治理思想的经验积累和实践后，对流域水土流失治理的真实反映和高度概括。随着科学技术的进步和区域经济社会的发展，人民更加注重沟坡兼治的小流域综合治理模式，党的十八大以来，结合生态文明、乡村振兴、山水林田湖草沙新理念，黄土高原水土流失治理模式逐渐强调治理的整体性和系统性。

模式1：生物措施模式。黄土高原水土保持生物措施主要指实行封山育林、陡坡地退耕还林还草、荒山造林等林业生态工程，措施的采取上要遵从"适地适树、因地制宜"的原则，西部黄土高原地区年降水量十分有限，而草本植物相对于乔木对环境的要求更低些，所以在退耕还林还草工程治理坡面水土流失中还草比还林更具优势。植树种草和退耕还林还草等各种生物措施削减了暴雨和径流对地表的侵蚀能力，提高了表土的抗蚀能力；乔灌草相结合，兼顾生态效益和经济效益。树种和草种选择上主要选取紫穗槐、侧柏、紫花苜蓿的水土保持先锋树（草）种；配置模式上应注意乔灌草相结合，逐步培育乔灌草的多次覆盖系统，提高坡面植被覆盖；同时，在自然条件较好的地区,可以营造兼水保和经济效益于一体的水保经济林(刘彩霞,2013)。

模式2:工程措施模式。黄土高原坡耕地应根据立地条件选择相应工程措施,对于土质较好、交通便利的小坡度坡面,可通过坡改梯工程,根据不同设计标准建立水平梯田、简易梯田,用作农业用地,在拦蓄径流、防治水土流失的同时提高土地的生产力;坡度较大的坡面采用水平沟、水平阶、鱼鳞坑等工程措施,并呈"品"字形配置,改变流域坡面小地形,从而达到水土保持的目的。

模式3:小流域综合治理模式。小流域综合治理模式是指以小流域为综合治理的单元,全面规划、统筹兼顾,将小流域内的农林牧等各业用地合理安排,合理利用小流域内的土壤、光、热、水、肥等资源,因地制宜地布设水土保持综合防治措施,并加以科学的管理手段,建立一个稳定、持久、高效的生态、经济和社会的大复合系统,从而对小流域的自然资源进行保护和改良,充分发挥小流域内自然资源的生态、经济和社会效益(袁和第 等,2021)。从系统论和可持续发展理论的角度,小流域综合治理是对小流域这一大复合系统中的三个子系统结构上和功能上的矛盾进行调和,构建一个结构合理、功能高效的体系,使经济、生态和社会系统相互协调适应,实现小流域的高效、稳定和可持续发展(图1)。

3 黄土高原水土流失治理技术

(1)植树造林技术:是通过增加植被覆盖度来控制水土流失的方法,控制坡面尺度的土壤侵蚀,主要体现在国家大规模实施的退耕还林还草工程实施上。另外,黄土高原砒砂岩地区的支毛沟中,垂直于水流方向种植沙棘作为拦沙的坝型框架材料是可行的,其机理在于利用灌木干、枝、叶的分流、阻滞性能,分散了沟道集中的股流,降低了水流对沟床的剪切应力,拦截了洪水挟带的大量粗砂,形成了植物柔性坝,初步建立了植物拦砂的理论架构(左仲国 等,2016;李宗善 等,2019)。随后,众多科研工作者开展了相关研究,并取得了大量成果,为利用沙棘的生物特性治理水土流失提供了技术支撑。

(2)梯田治理技术:梯田是在丘陵山坡地上沿等高线方向修筑的条状阶台式或波浪式断面的田地,是治理坡耕地水土流失的有效措施,蓄水、

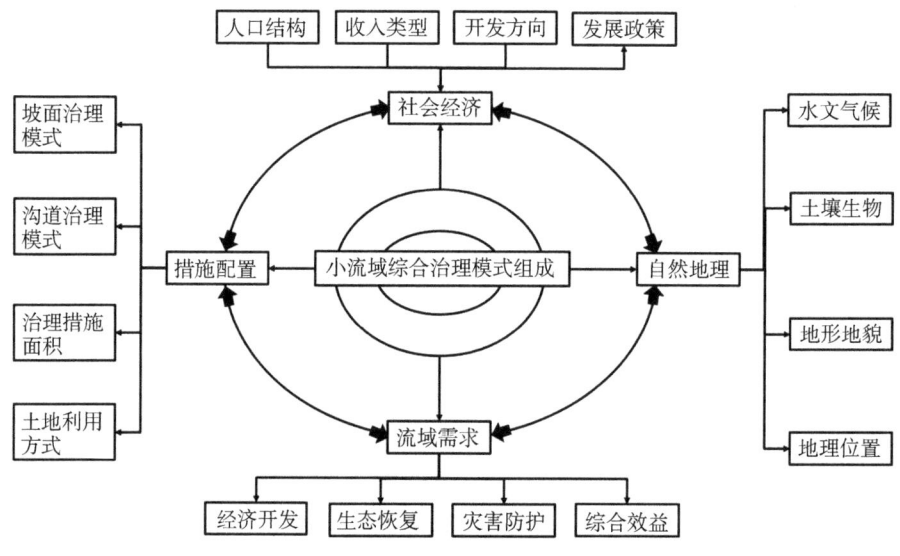

图 1　小流域综合治理模式

保土、增产作用十分显著。梯田的通风透光条件较好，有利于作物生长和营养物质的积累。按田面坡度不同而有水平梯田、坡式梯田、复式梯田、隔坡梯田等（李宗善 等，2019）。梯田能够蓄水保土、减轻土壤侵蚀、改善农作物生长条件、提高产量，并有利于改进耕作制度、促进土地利用结构调整。为了发挥机修梯田功效高、节省劳力的优势，20世纪50年代后期和60年代初期，兰州水土保持科学试验站和天水水土保持科学试验站分别开始了用推土机修梯田的试验，70年代开始扩大试验和推广。随后，人们加强了对机修梯田的规划设计、施工技术、功效计算、提高功效途径和机具研制等技术要点的研究，机修梯田技术得到迅速推广应用（图2）。

（3）淤地坝治理技术：淤地坝是指在水土流失地区各级沟道中，以拦泥淤地为目的而修建的坝工建筑物，其拦泥淤成的地叫坝地。一条沟内修建多个淤地坝是中国黄土高原水土流失严重地区重要而独特的治沟工程体系（李宗善 等，2019）。主要目的是滞洪、拦泥，淤地、蓄水、建设农田、发展农业生产、减轻黄河泥沙（图3）。

（4）治沟造地治理技术："治沟造地"治理技术是以小流域为单元，通过人工削斩山脚边坡，取土填沟、筑坝，辅以水库、排洪渠和边坡护理等，

图 2　黄土高原水土流失——梯田治理技术

图 3　黄土高原水土流失——淤地坝治理技术

将沟谷中低产分散的耕地扩增为大面积的、可机耕的优质高产良田。此工程实施区域主要位于黄土丘陵坡麓和沟道。首先取沟道两侧山脚的土壤（斩坡），用于填平沟道（造地），并沿着平整的沟道修建水库、排洪渠和生产道路，然后对斩坡和水库大坝进行生物防护以控制侵蚀，最后将新造耕地进行分配及产业配套（余云龙，2019）。治沟造地工程在原本耕地的基础上平整耕地并扩展面积，成为黄土丘陵沟壑地区增加耕地面积和扩展土地资源的重要举措，改变了小流域地形地貌和土地利用格局，同时治沟造地工程的实施有利于减少沟道的水土流失，缓解黄土地区用地紧张的问题，在改善生态环境问题的同时保障民生，带动当地居民经济的发展。当地政府把治沟造地工程作为增加耕地面积和扩展土地资源的重要举措，以实现扩展土地资源，达到景观更协调、结构更稳固、功能更高效、利用更持续的目标。同时治沟造地工程体现了社会发展的需求及农业发展方式的转变，对于保障国家粮食安全、促进城乡统筹发展具有重要支撑作用(图4)。

图 4　黄土高原水土流失——治沟造地治理技术

4　黄土高原水土流失治理成效评估

（1）2000—2015 年，黄土高原共完成退耕还林工程建设任务

581.12万hm²，其中退耕还林215.07万hm²、荒山造林328.65万hm²、封山育林37.5万hm²。退耕还林还草工程的大规模实施使黄土高原生态环境条件明显改善，一个突出特征是区域植被覆盖度显著增加，从植被覆盖指数来看，20世纪80年代以来黄土高原植被覆盖指数上升了11.5%，2000—2015年，黄土高原植被指数增长率远高于全国平均水平。退耕还林还草工程也显著提升了区域生态系统服务功能，在土壤保持方面，从2000年到2015年，平均土壤侵蚀由47.37 t/hm²下降到18.77 t/hm²，年减少土壤侵蚀量34.4亿t；黄河黄土高原段输沙量呈显著下降趋势，黄河年平均输沙量从20世纪70年代的13亿t下降到不足3亿t。在固碳方面，黄土高原净生态系统生产力显著增加，且主要集中在黄土丘陵沟壑区等退耕还林还草工程实施区域；黄土高原在退耕还林还草工程实施以来，实现了从碳源向碳汇的转变，区域累计固碳量约为960万t（李宗善 等，2019）。

（2）淤地坝作为控制水土流失的重要措施，经过50年的建设，黄土高原的淤地坝数量已经超过了10万座，主要分布于陕西（36 816座）、山西（37 820座）和内蒙古地区（17 819座），淤地坝有效控制了黄土高原的水土流失，每年减少入黄泥沙为300万~500万t，目前已经截留了280亿t水土流失总量。淤地坝中的土壤有机质含量较高，达到了3.4 g/kg，黄土高原淤地坝的碳蓄积量可达到9.52亿t，相当于中国森林植被碳蓄积量的18%~24%，是黄土高原1998—2004年退耕还林植被碳储量的400倍。当淤地坝淤满以后，因为具有良好的土壤养分和水分条件，可以转化为优质农田，在2002年，淤地坝农田规模达到了3 200 km²。通过遥感数据分析可以推算出，淤地坝农田的土壤水分含量是坡耕地农田的1.86倍，粮食产量是梯田的2~3倍，是坡耕地农田的6~10倍，淤地坝农田平均单产可以达到4.5 t/hm²，有些地段淤地坝产量可以达到10.5 t/hm²，黄土高原淤地坝农田只占总农田面积的9%，粮食产量却占总粮食产量的20.5%

（3）截至2017年，黄土高原梯田面积占总耕地面积达到60%左右，梯田建设和相应的植被恢复措施可有效减少坡地水土流失，改善区域生态环境，并使景观要素配置趋于优化。梯田也使耕地质量得到明显改善，梯田粮食平均单产可以达到坡耕地的2~3倍，由于梯田建设的高效农田，黄土高原在大规模退耕还林还草工程实施背景下，粮食总产量仍有波动性上升的趋势。另外,梯田苹果是黄土丘陵沟壑区经济发展的支柱产业,仅延安地区梯田苹果种植面积近 16.67 万 hm²,价值超过百亿,是"绿水青山就是金山银山"在黄土高原生态产业发展的重要体现。黄土高原大规模的梯田建设,形成了保障这一地区粮食和生态安全、推进乡村振兴战略实施的重要资产储备。

总而言之,70 年的不断实践和总结,黄土高原生态治理取得的效益显著。一是水土保持治理程度显著提高。经过几代人持续奋斗,黄河流域黄土高原水土保持累计投资 560 多亿元,已初步治理水土流失治理面积 22 万 km²,其中:修建梯田 5.5 万 km²,造林 10.8 万 km²,人工种草 2.2 万 km²,封禁治理 3.5 万 km²。建设淤地坝 5.9 万座,其中骨干坝 5 899 座。经分析计算,70 年来,黄土高原水土保持措施累计保土量超过 190 亿 t,实现粮食增产 1.6 亿 t,累计实现经济效益 1.2 万亿元;水土保持措施年均减少入黄泥沙 4.35 亿 t,减少了黄河下游河道淤积,改善了流域的生态环境,改善了农业生产条件,提高了农业产量、增加了农民收入,显著推动了区域经济社会发展和进步。水力侵蚀面积较 1990 年减少了 1/3,强烈以上水蚀面积较 1990 年减少了 60%。林草植被覆盖率普遍增加了 10~30 个百分点(刘国彬,2017)。总体上看,黄土高原近一半的水土流失面积得到初步治理,主色调渐次由"黄"变"绿",土壤侵蚀强度逐步下降,生态向好发展。由原来跑水、跑土、跑肥的"三跑田"变成保水、保土、保肥的"三保田",昔日山光水浊的黄土高原迈进山川秀美的新时代(刘国彬,2017)。

5 黄土高原水土流失治理前景及展望

(1) 践行新时代水土流失治理新理念:黄土高原水土流失治理应该走出传统水土流失治理理念,赋予水土流失治理更多使命,建立新时代大水保理念。水土流失治理不仅能减少土壤侵蚀,增加耕地面积,更重要的是能提升景观品质,改善人居环境,优化经济产业结构,助推区域社会经济增长。以山水林田湖草沙作为一个生命同体理念为指导,践行绿水青山就是金山银山的绿色发展观,通过区域水土流失治理与社会经济发展深度耦合,构建新型水土流失治理模式,提升区域社会经济持续发展能力,助力稳定脱贫机制形成与构建,促进乡村振兴(姚文艺 等,2020)。

(2) 加强水土保持工程经营维护与功能提升:黄土高原水土流失治理

工程保有量巨大，对减缓黄土高原水土流失起控制性作用，当前须从水土流失治理数量上增长转到质量上巩固、提高和改善。迫切需要开展黄土高原水土流失治理工程现状普查，摸清水土保持工程存在的问题，开展水土保持效益评估。开展梯田淤地坝等水土保持工程措施保存情况及其抵御暴雨能力评估，摸清低效水土保持林和经济林的规模与空间分布，进而为水土保持工程措施经营维护和功能提升提供基础，也为新型水土流失治理模式构建提供科学依据（李宗善 等，2019）。

（3）智能化构建黄土高原水土流失治理新模式：黄土高原水土流失治理具有漫长的历史，积累了丰富、系统的水土流失治理宝贵经验。黄土高原不同区域现已形成的水土流失治理模式，是当地人民长期开展水土流失治理实践的结晶，是长期经受实践筛选和考验的结果，对当前和今后黄土高原水土流失治理具有重要指导作用。借助大数据挖掘、地理空间分析、地学信息图谱等现代信息技术，对黄土高原水土流失治理宝贵经验进行深度挖掘并形成新知识和新规则，以此为基础，研发黄土高原水土流失治理模式构建平台。平台以山水林田湖草统筹系统治理为科学原则，以统筹水土流失治理、增加经济收入、改善人居环境、提升景观、休闲旅游、山地灾害防治等为目标，加强水土流失治理与区域社会经济发展的融合，实现黄土高原水土流失治理模式智能化构建（李宗善 等，2019）。

（4）黄土高原水土流失治理新模式研发与示范：经过近半个世纪水土流失实践工作，每个区域已积累了较为成熟有效的水土流失治理模式。除此之外，近年来黄土高原经济开发过程中，已逐步形成若干新型水土流失治理模式。这些水土流失治理模式大多面向市场以企业为主导，通过区域生态环境修复和经济开发而逐步形成，例如美丽乡村休闲旅游、生态经济驱动乡村振兴、高科技含量经果林、山地灾害治理、矿山修复等水土流失治理模式。根据生态文明建设和区域社会经济发展需求，筛选对区域水土流失治理具有示范作用的水土流失治理新模式，通过对新型水土流失治理模式优化，开展多目标新型水土流失治理模式国家示范园区建设，实现水土流失治理技术集成、治理理念集中展示、治理新模式的示范推广（李宗善 等，2019）。

（5）水土流失治理支撑乡村振兴战略：遵循山水林田湖草统筹系统治

理原则，通过水土流失治理支撑美丽乡村建设，促进区域经济发展，实现乡村振兴战略。通过土地、产业、税费等相关政策供给，提高农民、企业参与水土流失治理积极性，鼓励民间资本参与水土流失治理工作，提高水土保持治理多方参与度。通过对现有水土流失治理工程进行提升增效，盘活现有水土保持工程存量，释放生态经济潜能，优化区域生态资源配置和区域经济发展结构。以水土流失治理为依托，通过培育提升农业、旅游等产业，实现区域产业结构优化，形成具有鲜明地域特色的稳定脱贫机制（李宗善 等，2019；赵东晓 等，2020）。

思考问题

1. 为什么进行黄土高原水土流失治理？
2. 如何探寻黄土高原水土流失治理模式？
3. 黄土高原水土流失治理的技术的应用有何不同之处？
4. 现如今黄土高原水土流失治理有何不足之处，如何完善？

参考文献

李敏，张长印，王海燕，2019. 黄土高原水土保持治理阶段研究［J］. 中国水土保持，2：1-4.

李宗善，杨磊，王国梁，等，2019. 黄土高原水土流失治理现状、问题及对策［J］. 生态学报，39（20）：7398-7409.

刘彩霞，2013. 小流域综合治理的模式与技术——以黄土高原为例［J］. 甘肃农业，17：52-54.

刘国彬，上官周平，姚文艺，等，2017. 黄土高原生态工程的生态成效［J］. 中国科学院院刊，32（1）：11-19.

刘国彬，王兵，卫伟，等，2016. 黄土高原水土流失综合治理技术及示范［J］. 生态学报，36（22）：7074-7077.

姚文艺，刘国彬，2020. 新时期黄河流域水土保持战略目标的转变与发展对策［J］. 水土保持通报，40（5）：333-340.

余云龙，2018. 治沟造地对陕北黄土丘陵小流域氮循环的影响及内在机制［D］. 北京：中国科学院大学.

袁和第，信忠保，侯健，等，2021. 黄土高原丘陵沟壑区典型小流域水土流失治理模式[J].生态学报,41(16):6398-6416.

赵东晓,蔡建勤,土小宁,等,2020.黄土高原水土保持植被建设问题及建议[J].中国水土保持,5:7-9.

左仲国,肖培青,黄静,2016.黄河流域水土保持科研进展及展望[J].中国水土保持,9:63-67.

案例三　三江源生态保护和修复工程技术

本案例介绍了三江源地区综合治理背景和三江源地区综合治理前生态环境状况，分析了该区生态退化的原因，梳理了三江源生态保护和修复的主要配套技术，反映了三江源地区在2000—2020年的20年间通过生态保护和修复，成功实现了环境质量的改善。本案例适用于生态环境建设与管理、森林生态系统理论与应用等课程教学。

摘要：三江源区位于青藏高原腹地，行政区域涉及青海省玉树、果洛、海南、黄南四个藏族自治州的16个县和格尔木市的唐古拉乡，总面积36.6万 km^2，是我国和亚洲最重要河流的上游关键源区，其生态系统服务功能、自然景观、生物多样性具有重要的保护价值。近年来，受全球气候变化及人类活动的共同影响，该区人与自然的矛盾逐渐突出，通过实施三江源生态保护和修复工程，实现了该区生态环境良性循环与可持续发展，提高了人民生活水平。本案例通过对关键措施和效果进行分析，给面临相似挑战的江河治理提供借鉴。

关键词：三江源地区；退化生态修复；综合治理；生态建设

Abstract: The Three Rivers Source Region is located in the hinterland of the Qinghai-Tibet Plateau. The administrative area involves 16 counties of the four Tibetan autonomous prefectures of Yushu, Guoluo, Hainan and Huangnan in Qinghai Province, with a total area of 366000 km^2. It is the upstream key source area of the most important rivers in China and Asia, and its ecosystem service function, natural landscape and biodiversity have important protection value. In recent years, due to the joint influence of global climate change and human activities, the contradiction between man and nature in this region has become increasingly prominent. Through the implementation of the ecological protection and restoration project of the Three Rivers Source Region, the virtuous circle and sustainable development of the ecological environment in this area have been realized, and the living standards of the people have been improved. Through the analysis of the key measures and effects, this case provides a reference for the river governance facing similar challenges.

Keywords: The headwaters of the Three Rivers, Restoration of degraded ecology, Comprehensive treatment, Ecological construction

1 背景

三江源位于青藏高原西北部,是长江、黄河、澜沧江的发源地,是中国淡水资源的重要补给地,长江总水量的25%、黄河总水量的49%和澜沧江总水量的15%都来自这一地区,因而三江源地区也被誉为"中华水塔"(李生寿和马丽萍,2022;李屹峰 等,2013)。

受全球气候变化及人类活动的共同影响,三江源地区人与自然的矛盾逐渐突出。20世纪50年代,为扭转三江源生态环境持续恶化的现状,国家开始了三江源的生态恢复工作。2000年,三江源自然保护区批准设立,2003年,三江源自然保护区被升级为国家级自然保护区。从2005年开始,青海省政府大力争取国家专项资金,实施了三江源生态保护和建设一期、二期工程,三江源国家公园体制试点建设等一系列生态文明建设实践,并取得了巨大成就。

2005—2013年,国家投资75亿元实施了三江源生态保护与建设一期工程,包括退牧还草、退化草地治理、草地鼠害治理、水土流失治理等生态保护项目。2013—2020年,国家投资160.6亿元,实施三江源生态保护和建设二期工程,主要包括围栏封育、黑土滩治理、鼠害防治等工程措施。2015年起,青海开展了三江源国家公园体制试点工作,这是我国第一个国家公园体制试点,也是一种全新体制的探索。2020年5月,中共中央、国务院印发了《关于新时代推进西部大开发形成新格局的指导意见》,将西部的生态文明建设提升到了国家安全的高度。结合三江源地区的现状,以

"三江源"川甘青藏四省（区）的毗连区生态保护为抓手，把"三江源"毗连区融入了国家战略层面进行统筹保护与发展（李后强和黄进，2020）。

2 综合治理前三江源区生态环境状况

2.1 水土流失日趋严重

三江源地区是青海省最严重的土壤风蚀、水蚀、冻融地区之一，中度以上水土流失面积为9.62万km^2，占该区总面积的26.5%。重度以上侵蚀面积达3.45万km^2，其中黄河源区55万km^2，年均输沙量8 814万t，长江源区1.02万km^2，年均输沙量1 613万t，澜沧江源区0.88万km^2，年均输沙量1 392万t（德科加和周青平，2009；王金南，2013）。

2.2 草原鼠害猖獗

三江源区发生鼠害面积约644.4万hm^2，占三江源区总面积的17%，占可利用草场面积的33%，高原鼠兔和高原鼢鼠的数量急剧增多。黄河源区有50%以上的黑土型退化草场是因鼠害所致，如达日县高原鼠兔的平均数量高达374只/hm^2（罗朝阳，2004；青海省林业局，2001）。

2.3 源头产水量逐年减少

三江源区产水量逐年减少，尤以黄河流域更为严峻。水文观测表明：黄河上游连续7年出现枯水期，年平均径流量减少22.7%，其中源头的鄂陵湖和扎陵湖水位下降了近2m，源头产水量减少不仅制约了源区社会经济发展和农牧民的生产生活，还将影响中下游地区的社会经济发展（罗朝阳，2004；王明宁 等，2006）。

2.4 生物多样性急剧减少

三江源区的物种多样性面临严峻形势，部分生物及其种群数量呈现锐减状态，生境破碎岛屿化。受到威胁的生物物种占总数的15%~20%，高于世界10%~15%的平均水平，生物多样性将在基因、物种和生态系统三个层次上蒙受巨大损失（王玉蓉，2005；马洪波，2011；张立，2014）。

2.5 "生态难民"逐年增加

三江源区地表水径流日益减少引起一些居民点水资源危机，甚至到了"守着源头没水喝"的尴尬境地。另外，严重的草场退化使可放牧利用的草地资源减少，牧民为了维持生活，只得增加放牧压力，进一步引起草地退化，使三江源区的社会经济运行模式陷入了"贫穷—破坏草地生态环境—

更贫穷"的恶性循环之中，最终产生大量的生态难民（兰玉蓉，2005）。

3 三江源区生态环境退化成因

3.1 过度放牧利用是导致植被退化的主要原因

20世纪50年代以来，三江源区畜牧业发展中片面追求牲畜存栏数，1960年以后数量急剧增长，在70年代末80年代初达到最高峰。由于天然草场载畜能力有限，出现超载过牧现象，严重破坏了原生优良牧草、禾草的生长发育规律，导致土壤、草群结构变化，给鼠害的泛滥提供了条件，进一步加剧了草地退化（陈文业 等，2008；赵新全，2009；赵新全，2011）。

3.2 气候的异常扰动加速了退化进程

三江源区近几十年来气候变化十分明显。据青海省气象局对果洛、玉树两州9个典型地区40年来气象资料分析认为，三江源地区年平均气温变化倾向率为0.019℃，明显高于全国0.011℃平均值。从降水倾向率来看，40年来冬春两季降水量呈明显增加趋势，夏季呈减少趋势。通过对干燥指数分析发现，20世纪70年代以后该区域开始干旱，90年代后明显趋于暖干化（张继福，2006；中国科学院地理科学与资源研究所和青海省旅游局，2009）。

气候的异常扰动变化对草地植被的影响主要表现在物种丰富度、牧草生育期、草群结构、产草量和群落演替等方面。整个三江源区的暖干化气候导致产草量下降，草群矮化，草畜矛盾加剧，为草地退化演替提供了条件。这种气候扰动对广布于该区的高寒草原和高寒沼泽化草甸植被生长极为不利，气温升高，干燥指数增大，造成了该类型植被因干旱而退化（张继福，2006）。另外，这种气候变化也影响该区的冻土分布，导致多年冻土退化，表土干燥，沼泽疏干，冻土层的上界下降为鼠虫的越冬生存提供了温床，加速了鼠虫害的形成与发生，并使土壤结构、养分发生变化，从而使高寒草甸、沼泽化草甸植被退化（张继福，2006）。

3.3 鼠害是植被退化的产物

三江源区鼠害的发生与人类活动关系密切。超载过牧所导致的中轻度退化草地，为害鼠提供了适宜的栖息地和生存环境，为鼠害猖獗创造了条件。三江源区绝大部分退化高寒草甸都不同程度与鼠害有关。过牧引起的草地退化，若没有伴生鼠害出现，一般不容易演变为裸土化。尽管三江源区人口密度低（小于 2 人/km²），草地面积大，但由于草场承包到户导致家畜数量的急剧增加，加上草场季节分布不平衡和人为的草场利用不合理，导致该区域绝大部分冬春草场超载过牧严重，造成植被退化，继而引发严重的鼠害（王俊伶，2009；赵新全，2009；中国科学院地理科学与资源研究所和青海省旅游局，2009）。

3.4 高寒草地植被和土壤退化生态过程

随着高寒草甸退化程度加大，植被覆盖度草地质量指数和优良牧草地上生物量比例逐渐下降，草地间的相似性指数减小，而植物群落多样性指数和均匀度指数则随着退化程度增加。随着退化程度加剧，杂草生物量增加，莎草和禾草生物量减少，导致根系具有浅层化特点。中度退化草地的土壤种子库密度最大，土壤种子库密度下降。随着草地的退化程度加大，土壤理化性状恶化，其中土壤有机质、速效磷和速效钾的含量以及土壤湿度减小，土壤容重增加，土壤速效氮含量在极度退化阶段不能满足植物生长的需要（吕志祥 等，2018；张继福，2006）。

4 三江源区生态系统综合治理技术

4.1 退化草场修复技术

（1）实施退牧还草：通过将牧民从退化草场迁出，实现永久性禁牧，以恢复草地植被。对退化不太严重地区，采取阶段性禁牧措施，禁牧时间 5~10 年为宜。政府以租赁其草场的形式，对这些牧民提供 5~10 年的生活补助，实现阶段性禁牧草场的目的，达到草畜平衡，资源合理配置（陈国明，2005）。

（2）建植多年生人工草地：在水热条件较好、地势平坦便于机械作业、土层在 30 cm 以上原生植被盖度不足 10% 的地段，建植多年生人工草地是治理退化草地的最佳措施。草种选择多年生禾本科牧草如老芒麦、披碱草、中华羊茅等作为混播草种，采取"围栏+灭鼠+翻耕+耙平+撒播+施肥+轻耙"的农艺措施，使种子与土壤紧密结合，有利于种子破土萌发，能起到保墒、减少风蚀、提高牧草苗期耐旱的作用。建植后第一至第二年内牧草返青期要绝对禁牧，建植后牧草的鲜草产量可达 500 kg/亩，植被覆盖度达到 80%，以此缓解草畜矛盾，维持饲料平衡，促进草地生态良性循环（陈国明，2005；董世魁 等，2013）。

4.2 鼠害治理技术

（1）化学药剂捕杀：高原鼠兔、高原田鼠防控技术主要采用"CD 生物毒素+燕麦"混配毒饵人工投饵的方法，部分地区采用架设鹰架巩固其成效；另外，部分县采用植物源新贝奥杀鼠颗粒毒饵，人工投放防控高原鼠兔；果洛州玛多县、玛沁县新近又采用人工建造洞穴吸引害鼠天敌防治害鼠也取得了初步成效。高原鼢鼠主要采用人工捕捉的物理防控方法和人工洞穴投饵法进行防治（李迪强和李建文，2002；周立志 等，2002）。

（2）"以草定畜+休牧轮牧"从源头遏制：对于鼠兔和鼠等群居性害鼠，退化的草场成为其适宜的栖息环境，而植被发育良好的草场却不利其生存。可以通过下列途径治理退化的草场：①以草定畜。控制载畜量。要采取适当的政策，引导自然保护区缓冲区和实验区中的牧民合理利用草场资源。②休牧轮牧。对缓冲区退化草场实行大面积的休牧和轮牧，如围栏封育，从而为草场提供休养生息机会，遏制草场退化。③退牧还草。对于核心区，以及退化严重的草场，实行退牧还草制定切实可行的天然草场保护工程方案，使这部分草场远离放牧活动。在有效控制载畜量的基础上对严重退化的草场可以通过人工种草和飞播种草，使植被逐步得到恢复。从而使害鼠的适宜生境逐步丧失（李迪强和李建文，2002；周立志 等，2002）。

4.3 畜牧污染治理

畜牧污染治理放牧+短期牛羊饲养的"暖牧冷饲"畜牧业生产模式。该模式解决了草畜矛盾及季节不平衡、提高了草地资源利用效率，缩短了饲养周期，降低了单位产品碳排放，比传统经营模式碳密度降低了 41%~84%，提高了畜牧业的经济效益，促进草地畜牧业可持续发展。"暖牧冷饲"畜牧业生产模式的核心就是缩短饲养周期，增加出栏率，主要包括：①放牧育肥：为最经济的育肥方法，在牧草丰盛时期，放牧 80~90 d，体重可增加 20%~30%，秋末冬初屠宰。②混合育肥：在秋末，对没有抓好膘的架子羊，进行合饲饲养，补饲精料，30~40 d 后屠宰。③含饲强度育肥：羔羊饲育肥不受季节限制，当年羔羊在越冬前经过 3 个月的合饲强度育肥，可达到传统草地畜牧业管理模式下 2 岁羊体重（赵亮 等，2014）。

5 三江源退化环境治理典型案例

5.1 三江源退化草场治理案例

自从青海省启动了"退牧还草"工程后,总面积72万km^2的青海省将近半省域划入三江源国家级自然保护区,开展应急式生态保护,近10万名牧民陆续搬离了草原,超过70万户农牧民主动减少牲畜养殖数量。玉树藏族自治州作为青海省第一个实施退牧还草政策的地区,截至2009年,已有31 084名定居牧民,占定居总人数的50%以上。以玉树州结古镇为例,2009年青海省生态移民工程中就有仲达乡、安冲乡、小苏莽乡共528户搬迁到结古镇。党的十九大以来,政府加大了三江源地区的生态投资,根据2016年称多县农牧局底册数据显示,仅珍秦镇禁牧草原面积达10.991万hm^2,禁牧补助资金小计1 378.3305万元,草畜平衡面积9.484万hm^2,奖励资金小计213.39万元;享受牧民生产资料补贴的户数有1 915户,补贴资金小计95.75万元,三项资金总计已经达到1 687.4705万元。全镇生态移民224户,每户燃料补贴3 000元,总计发放燃料补贴672 000元(拉毛求占,2019)。

5.2 三江源鼠害治理案例

青海省玛多县通过"筑巢引兽",修复生物链有效控制鼠害,重新构建草原生态平衡,通过给鼠类天敌修建暗堡式人工洞穴、"筑巢引兽"修复食物链以达到生态平衡,这一国家发明专利现在已被省内外有关专家肯定和推荐,在三江源国家公园管理局、省内一些牧区州县和农区林场获得认可,先后纳入2014年、2015年两年的草原和林场有害生物防控建设项目。玛多县第一期防治175.53万hm^2,第二期巩固73.8万hm^2,鼠害经过"十五"期间和"十一五"的群防群治及在各级行政管理部门和技术部门的通力合作下,草地鼠害得以有效控制,三江源一期鼠害防治项目顺利通过了省级验收,使鼠害规模得到了有效控制(杨晓慧 等,2015)。

5.3 三江源畜牧污染治理案例

青海省玉树州的玉树县(今玉树市)、赛谦县,果洛州的久治县和班玛县,以及黄南州的河南县天然草地总面积为361.20万hm^2,其中未退化和中轻度化地面积为279.79万hm^2,占天然草地总面积的77.46%,是三江源区草地状况最好的地区。在该区域重度退化草地上建植的人工、半人工草地以及饲草基地地势较为平缓，有利于机械作业，可对人工草地牧草进行刈割青贮，用于家畜的冬补饲季育肥。因此，夏秋季节对未选育的公犊牛（羔羊）淘汰母牛在天然地上进行放牧育肥，10月下旬转场之前对它们继续进行暖棚育肥淘汰母牛（母羊），12月底出栏公牛（羔羊）第二年继续在夏季草场育肥，转场之前（10月下旬）出栏（董全民 等，2011）。

6 治理成效

党的十八大以来，三江源地区生态保护力度持续加大，生态系统保护和修复统筹推进，生态环境保护成效逐步显现。目前，三江源地区草地平均盖度、产草量比10年前分别提高11%和30%以上。可治理沙化土地治理率由45%提高到47%。湖泊面积有所扩大，平均每年增加70多平方千米（王仁宏和初梓瑞，2021）。同时，三江源地区生态系统逐步改善，湖泊和湿地面积明显扩大，林草植被覆盖度快速增加，水源涵养能力稳定提升，水资源量持续增加。数据显示，1956—2000年，三江源地区多年平均水资源总量约为428亿m^3；2005—2013年，通过实施三江源生态保护和建设一期工程等，三江源地区多年平均水资源总量约为512亿m^3；2013—2020年，三江源生态保护和建设二期工程实施后，三江源地区多年平均水资源总量增加到约523亿m^3，比1956—2000年平均水资源量增加约95亿m^3。2020年，青海省内地表水净水量达到954.98亿m^3，比2016年增加463.58亿m^3；近5年来，年均增加水量超过92亿m^3（王仁宏和初梓瑞，2021）。

7 经验总结

由于综合采取了法律、政策、经济和生态技术手段，不断强化三江源生态治理，充分认识三江源地区生态环境的退化现状，分析生态环境退化的成因、机理与生态过程，在实践中遵循自然规律和因势利导的原则，采用封育、施肥、鼠害防治、人工草地建设技术集成措施防治结合，综合治理。只有尊重自然规律，制定科学发展规划，以草定畜，优化控制放牧生态系统，发展集约生态畜牧业，加大对草场的投入，提高广大牧民的文化素质，实现生态环境保护与区域经济发展的共赢，才能有效防止草地退化，实现三江源区草地畜牧业的可持续发展（傅伯杰和于秀波，2010）。

思考问题

1. 引起三江源生态退化的主要原因是什么？
2. 三江源生态治理的关键技术措施有哪些？
3. 三江源国家公园承载的生态文明意义有哪些？
4. 三江源综合治理给我们的最大启示是什么？

参考文献

陈国明，2005. 三江源地区"黑土滩"退化草地现状及治理对策［J］. 四川草原，(10)：37-39，44.

陈文业，郑华平，戚登臣，等，2008. 玛曲县生态环境退化、恢复重建及畜牧业可持续发展［J］. 草业与畜牧，(5)：36-40.

德科加，周青平，2009. 草畜耦合技术在三江源地区生态畜牧业可持续发展中的应用分析［J］. 草业与畜牧，(9)：32-34.

董全民，赵新全，徐世晓，等，2011. 畜牧业可持续发展理论与三江源区生态畜牧业优化经营模式［J］. 农业现代化研究，32(4)：436-439.

董世魁，蒲小鹏，胡自治，2013. 青藏高原高寒人工草地生产—生态范式［M］. 北京：科学出版社.

傅伯杰，于秀波，2010. 基于观测与试验的生态系统优化管理［M］. 北京：高等教育出版社.

拉毛求占，2019. 青海省珍秦镇牧民的草场治理实践探究［J］. 南方农业，13(23)：154-156，158.

兰玉蓉，2005. 青海三江源区生态恢复需要解决的几个问题［J］. 国土与自然资源研究，(3)：51-52.

李迪强，李建文，2002. 三江源生物多样性：三江源自然保护区科学考察报告［M］. 北京：中国科学技术出版社.

李后强，黄进，2020-8-13. 推进"三江源"毗连区融入国家级自然保护区［N］. 学习时报.

李生寿，马丽萍，2022. 三江源在生态保护与经济发展间寻找平衡［J］. 环境经济，(15)：54-59.

李屹峰，罗玉珠，郑华，等，2013. 青海省三江源自然保护区生态移民补偿标准

[J]. 生态学报, 33 (3): 764-770.

罗朝阳, 2004. 21 世纪青海经济发展问题研究: 2003 年度报告 [M]. 西宁: 青海人民出版社.

吕志祥, 潘志伟, 毛清芳, 等, 2018. 西北生态法治专题研究 [M]. 北京: 光明日报出版社.

马洪波, 2011. 青海省实施生态立省战略研究 [M]. 北京: 中国经济出版社.

青海省林业局, 2001. 青海三江源自然保护区总体规划 [Z].

王金南, 2013. 国家十二五环境规划技术指南 [M]. 北京: 中国环境科学出版社.

王俊伶, 2009. 青海省互助县高原鼢鼠危害及防治 [J]. 养殖与饲料, (1): 96-97.

王明宁, 马金祥, 胡琳, 等, 2006. 三江源区植物多样性与保护 [J]. 青海草业, 15 (2): 24-27.

王仁宏, 初梓瑞, 2021-11-12. 永远保持"一江清水向东流"三江源重大生态保护和修复工程深入推进(势所必然) [N]. 人民日报 (9).

杨晓慧, 唐俊伟, 张明, 等, 2015. 果洛州草地鼠害危害及防治调查 [J]. 青海草业, 24 (4): 28-32.

张继福, 2006. 依靠科技支撑 推动三江源自然保护区生态保护与建设 [J]. 青海畜牧兽医杂志: 1.

张立, 2014. 三江源自然保护区生态保护立法问题研究 [M]. 北京: 中国政法大学出版社.

赵亮, 李奇, 陈懂懂, 等, 2014. 三江源区高寒草地碳流失原因、增汇原理及管理实践 [J]. 第四纪研究, 34 (4): 795-802.

赵新全, 2009. 高寒草甸生态系统与全球变化 [M]. 北京: 科学出版社.

赵新全, 2011. 三江源区退化草地生态系统恢复与可持续管理 [M]. 北京: 科学出版社.

中国科学院地理科学与资源研究所, 青海省旅游局, 2009. 2009—2025 年青海省三江源地区生态旅游发展规划 [M]. 北京: 中国旅游出版社.

周立志, 李迪强, 王秀磊, 等, 2002. 三江源自然保护区鼠害类型、现状和防治策略 [J]. 安徽大学学报(自然科学版), (2): 87-96.

案例四　丘陵红壤区人工林碳库测定与增汇技术

本案例真实反映了我国南方丘陵红壤区人工林碳库的现状和重要增汇技术的情况，未经过掩饰处理，适用于生态环境建设与管理、森林生态系统理论与应用等课程案例教学。

摘要：人工林生态系统的碳汇能力对减缓全球气候变暖具有重要作用。因此，人工林碳库的准确测定和增汇技术研究十分必要。人工林碳库主要包括乔木碳库、土壤碳库、凋落物和灌草碳库3个部分。乔木碳库可以通过生物量和器官的碳含量乘积来估算。皆伐实测法、平均标准木法和回归估计法是乔木生物量测定的主要方法。土壤碳库包括有机碳库和无机碳库两部分，其中土壤无机碳很少分解，而有机碳却通过分解作用直接影响着全球碳平衡，土壤有机碳库通过剖面容重和有机碳含量的乘积计算。凋落物、草本和灌木碳库测算时，主要通过小样方样品收获法，称鲜质量烘干获得生物量，再分析样品碳含量，计算碳储量。通过调查树种及其组成配置、林分密度及密度调控、林下植被和残落物管理、氮磷添加对人工林碳库的影响，评价了丘陵红壤区不同人工林管理措施的固碳增汇效果，提出丘陵红壤区人工林碳增汇技术。

关键词：人工林；碳储量；有机碳测定；森林管理；固碳增汇

Abstract: Carbon sink ability of plantation ecosystem plays an important role in mitigating global warming. Therefore, it is necessary to accurately determine the carbon pool of plantation and study the technology of increasing carbon sink. The carbon pool of plantation mainly includes tree carbon pool, soil carbon pool, litter, shrub and grass carbon pool. Tree carbon pool can be estimated by the product of tree biomass and carbon content. The main measurement methods of biomass are clear cutting, average standard wood and regression estimation. Soil carbon pool includes organic carbon and inorganic carbon. Soil inorganic carbon is rarely decomposed, while organic carbon decomposition directly affects the global carbon balance by mineralization. Soil organic carbon pool is calculated by bulk density and organic carbon concentration along the 100 cm profile. When calculating the carbon pool of litter, herbs and shrubs, we obtain the biomass by the harvesting method and calculate the carbon pool associated with the carbon concentration in their samples. By investigating the effects of tree species and their composition, stand density and density control, understory vegetation and debris management, nitrogen and phosphorus additions on the carbon pool of plantation, the carbon sequestration and sink enhancement effects of different management measures were evaluated in plantation forest of hilly red soil area. Finally, we put forward the carbon sink enhancement technology of plantation in hilly red soil area.

Keywords: Forest plantation, Carbon stock, Organic carbon measurement, Forest management, Carbon sequestration and improvement

1 人工林简介

人工林是采用人工播种、栽植等方法和技术措施营造培育而成的森林。根据人工林繁殖和培育方法的不同，可分为播种林、植苗林和插条林等。按用途可分为用材林、薪炭林、经济林和防护林等。按树种分为人工马尾松林、人工杉木林和人工湿地松林等（图1）（戴任知，2013）。

自工业革命以来，人类活动导致大气 CO_2 等温室气体浓度上升、气候变暖等一系列全球环境问题。森林是陆地生态系统中最大的碳库，在全球碳循环和平衡中具有重要意义。人工林生态系统的碳蓄积对减缓全球气候变暖具有重要作用。许多欧美国家将弃耕地恢复成森林来增加陆地生态系统碳汇，以应对国际碳贸易和履行《京都议定书》的有关义务（刘正刚和洪祖荣，2011）。我国经过多年的植树造林，不仅提高了森林面积和森林蓄积量，也吸收固定了大量的 CO_2。研究发现人工林面积增加和树木生长使我国森林起着 CO_2 "汇"的作用，对减缓全球气候变暖作出了贡献（洪贺，2011）。因此，人工林碳库的准确测定和增汇技术研究十分必要。

图1 亚热带地区杉木和马尾松人工林

2 人工林碳库的组成

人工林碳库主要包括乔木碳库、土壤碳库、凋落物和灌草碳库3个部分。

生物量是指某一区间某一特定区域内生态系统中绿色植物净第一性生产量的累积量。某一时刻的生物量就是在此时间以前生态系统所积累下来的活有机物质量的总和。乔木碳库可以通过器官的生物量及其对应的碳含量的乘积来估算。生物量主要测定方法有皆伐实测法、平均标准木法和回归估计法（黄小波和唐春云，2013）。土壤碳库是陆地碳库的重要组成部分，包括土壤有机碳库和无机碳库两部分，土壤无机碳很少分解，对全球碳循环影响不大，而有机碳测则通过分解和积累过程直接影响着全球碳平衡。凋落物、草本和灌木碳库是人工林碳汇的重要组成部分。测算时，主要采用小样方样品收获法，即在样地中对角线方向上设置小样方，采集新鲜样品，烘干计算生物量，并计算对应样品的碳含量，通过生物量与碳含量的乘积计算碳储量（黄小波和唐春云，2013）。

3 土壤和植物有机碳的测定方法

（1）重铬酸钾容量法：在加热的条件下，用过量的重铬酸钾—硫酸（$K_2Cr_2O_7$—H_2SO_4）溶液，来氧化土壤有机质中的碳，$Cr_2O_7^{2-}$等被还原成Cr^{3+}，剩余的重铬酸钾（$K_2Cr_2O_7$）用硫酸亚铁（$FeSO_4$）标准溶液滴定，根据消耗的重铬酸钾量计算出有机碳含量（穆叶赛尔·吐地 等，2013）

(图2)。

图2　重铬酸钾容量法测定有机碳含量的步骤

（2）干烧法：土壤样品经酸化处理后其中的无机碳转化为 CO_2，在富含氧气的载体中加热土壤样品至 900 ℃ 以上，有机碳被氧化为 CO_2，产生的 CO_2 采用滴定法或非分散红外法进行测定。干烧法可以使土壤有机质全部分解，不受还原物质的影响，因此可获得较为准确的结果（史娜娜 等，2015）。科研中经常使用的全碳自动分析仪大多基于干烧法的原理。

4　土壤碳库的计算

土壤碳库的计算通常使用挖坑法，取样深度为 100 cm（图3）。使用环刀按不同层次采集土壤样品，获得容重数据，之后测定对应土层的有机碳含量。土壤碳储量计算公式为（徐芷君 等，2019）：

$$ST = \sum_{i=1}^{n} \frac{C_i \times \rho_b \times d_i}{100} \tag{1}$$

式中，ST 为研究区域 0~100 cm 深度土壤碳储量（kg/m²）；i 为土层深度，C_i 为第 i 层土壤有机碳含量（g/kg）；ρ_b 为第 i 层土壤容重（g/cm³）；d_i 为第 i 层土壤厚度（cm）。

5　凋落物和灌草碳库的计算

在标准样地中设置调查样方，其中凋落物样方和草本样方面积为 1 m×1 m，灌木样方面积为 2 m × 2 m，收获灌草层和枯落层样品，带回实验室

图 3　土壤剖面挖掘及其样品采集

低温烘干，测定单位面积的生物量，之后将部分样品磨碎后作为分析样品，测定有机碳含量，用生物量和碳含量的乘积计算对应碳库的碳储量。

6　乔木碳库的计算

在典型人工林中设置标准样地，面积为 20 m × 20 m。对样地内乔木进行每木检尺，调查树木的胸径、树高和冠幅等因子，按平均胸径、树高选取标准木，采集各个器官的鲜样混合，烘干后测定有机碳含量。利用树高和胸径的相对生长方程，估测单株生物量。之后用生物量和有机碳含量的乘积求得单株乔木碳储量，再结合样方调查数据，推算整个林分的乔木碳储量。

7　人工林碳库的估算

人工林碳储量为乔木碳储量、土壤碳储量和凋落物灌草碳储量之和。

8　树种及其组成配置对人工林碳库影响的调查

研究地点位于江西省泰和县螺溪乡。该区地带性植被为常绿阔叶林，但由于长期人为干扰，20 世纪 60 年代之前已退化为灌草丛群落。1991 年，选择马尾松、湿地松、木荷、枫香等针阔叶树种进行植被恢复试验示范。2006 年 9 月，选择马尾松和湿地松纯林开展阔叶树补植试验，疏伐后补植 2 年生木荷苗木，补植后马尾松—木荷及湿地松—木荷的针阔混交比例约为 1∶1。2017 年 7 月，选取马尾松纯林和湿地松纯林，以及 2006 年在马尾松和湿地松林林中补植木荷的马尾松—木荷混交林（马尾松混交林）及湿地松—木荷混交林（湿地松混交林）为对象开展调查（徐芷君 等，2019）。

样方调查并采集样品后,带回实验室测定有机碳含量,并计算人工林碳储量。

结果显示,混交增加了 2 个针叶林的土壤碳储量;但对于乔木碳储量、凋落物和灌草碳储量,混交后马尾松林呈增加趋势,而湿地松林减少;混交增加了马尾松林生态系统的碳储量,但对湿地松林影响不显著(图 4)。这些数据说明,混交作为人工林提质增效的重要管理措施,能够对生态系统固碳产生积极影响,但在使用时要考虑树种间的差异。

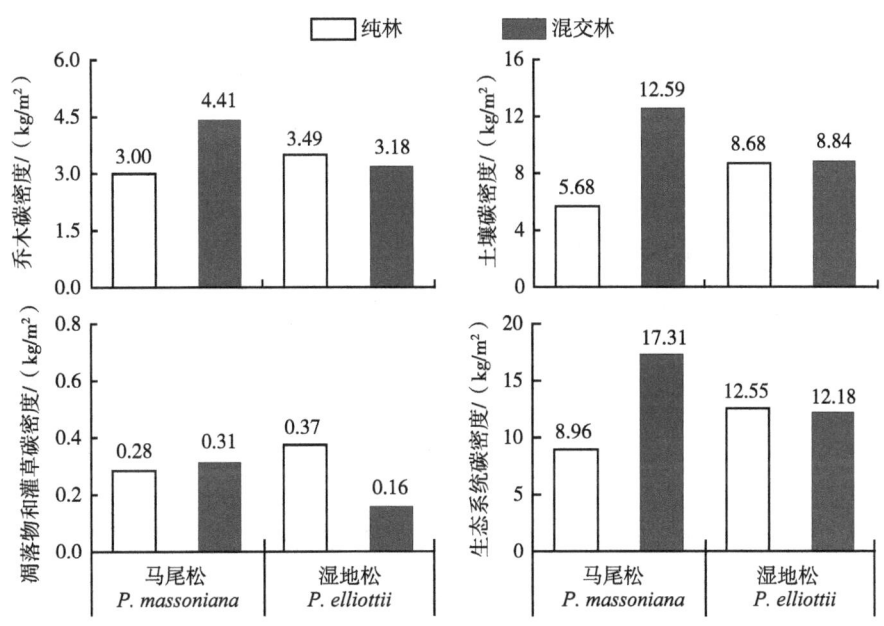

图 4　针阔混交对人工林碳库的影响

9　林分密度及密度调控对人工林碳库影响的调查

研究区位于江西省泰和县螺溪乡,该区具体情况见本案例第 8 节。本研究中所用马尾松林为 1991 年种植,2010 年对马尾松林进行不同强度疏伐处理,处理后样地有 4 个密度梯度:对照(3 750 株/hm^2)、轻度疏伐(2 400 株/hm^2)、中度疏伐(1 500 株/hm^2)和重度疏伐(900 株/hm^2)。疏伐一年以后开展样地调查并计算碳储量。

结果显示疏伐降低了乔木碳储量,且乔木碳储量随疏伐强度的增加而降低,但疏伐增加了土壤碳储量、凋落物和灌草碳储量,且整体上疏伐降低了整个生态系统的碳储量（图5）。这个数据说明，疏伐在短期内由于大量干物质的移出会对生态系统固碳产生消极作用，但低强度的疏伐可在保证碳储量不受较大影响的前提下，促进目标树种的生长，长期来看有积极效应。

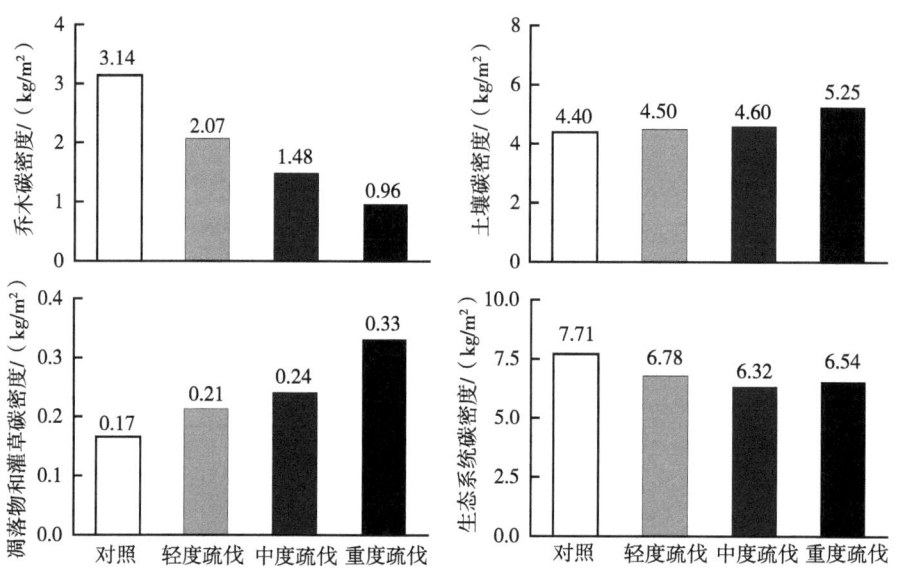

图5　林分密度调控对人工林碳库的影响

10　林下植被和残落物管理对人工林碳库影响的调查

2015年1月，在江西省泰和县石溪林场杉木人工林设置凋落物去除（LR）、林下植被去除（UR）、凋落物去除+林下植被去除（LR+UR）和对照（凋落物和林下植被保留）4种处理样地。于2019年7月进行样方调查、样品采集，计算碳储量。

结果表明林下植被去除对乔木层碳、土壤和生态系统碳储量无影响，虽然林下植被去除降低灌草和凋落物层的碳储量，但是占整个生态系统碳储量比例较小，因此林下植被去除对人工林整体的碳储量影响较小；凋落物去除对杉木人工林中的乔木层碳储量影响不显著，但降低灌草、凋落物、土壤和生态系统的碳储量；林下植物和凋落物同时去除处理下，灌草、凋落物、土壤层和生态系统的碳储量均为最低，说明林下植被可放大凋落物去除的负面效应，加剧人工林生态系统碳流失（图6）。

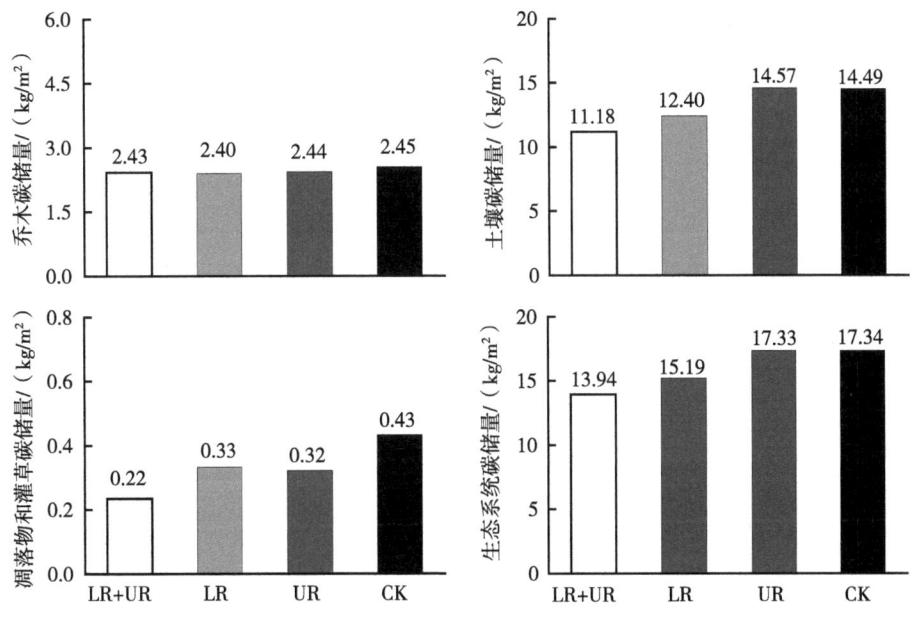

图 6 林下植被和残落物管理对人工林碳库的影响

注：LR 为凋落物去除（Litter Remove）；UR 为林下植物去除（Understory Remove）；CK 为不作处理的空白对照。

11 氮沉降和磷添加对人工林碳库影响的调查

本研究于江西省泰和县中国科学院千烟洲试验站。2011 年底，选择 12 年生杉木人工林进行 N、P 添加处理，进行以下 6 种处理：N1 [50 kg N/（hm²·年）]，+N2 [100 kg N/（hm²·年）]，+P [50 kg P/（hm²·年）]，N1P [50 kg N+50 kg P/（hm²·年）]，N2P [100 kg N+50 kg P/（hm²·年）] 和 CK（不添加 NP）。于 2020 年进行样地调查，采集样品，计算碳储量。

氮添加提高乔木层、灌草和凋落物的碳储量，说明氮添加可为杉木人工林提供氮源，促进其人工林中的植被生长从而提高碳储量，但降低土壤中的碳储量，说明植物和土壤碳的相互转化维持生态系统的碳平衡。P 添加可显著提高乔木层、灌草层和凋落物的碳储量，但是降低土壤碳储量（图 7）。整体来看，施氮磷肥降低了生态系统的碳储量。

12 丘陵红壤区人工林固碳增汇的有效措施与关键技术

通过以上分析，可以发现针阔混交、林分密度、林下管理和施肥管理

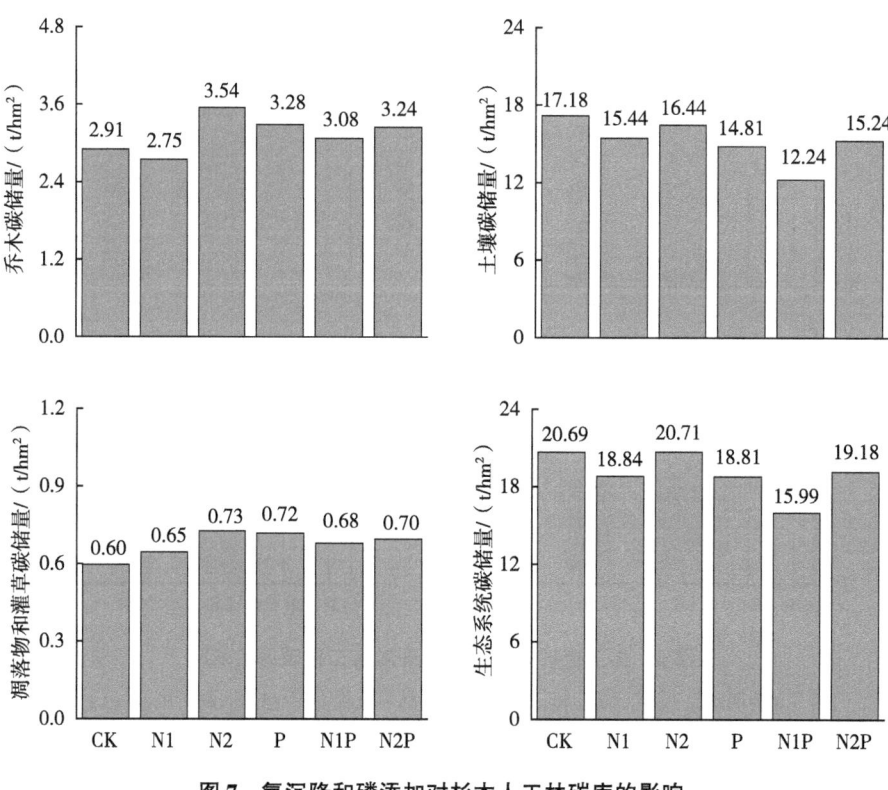

图 7　氮沉降和磷添加对杉木人工林碳库的影响

注：CK 不作施肥处理；N1 添加 50 kg N/（hm²·年）；N2 添加 100 kg N/（hm²·年）；P 添加 50 kg P/（hm²·年）；N1P 添加 50 kg N/（hm²·年）+50 kg P/（hm²·年）；N2P 添加 100 kg N/（hm²·年）+50 kg P/（hm²·年）。

都会影响整个森林生态系统的碳密度，混交阔叶树后马尾松木混交林生态系统碳储量显著增加，说明疏伐后混交阔叶树可作为人工林固碳增汇的有效措施，但也需要注意混交可能有树种效应，因为湿地松—木荷混交林生态系统碳密度无显著增加；疏伐增加了土壤碳储量、凋落物和灌草碳储量，但降低了乔木碳储量和整个生态系统的碳储量，从短期效应来看，疏伐不是人工林固碳增汇的有效措施。林下灌草和凋落物去除会加剧人工林生态系统碳流失，保留灌草和凋落物有利于生态系统碳汇。施肥增加乔木碳储量，说明施肥有利于树木生长，但对生态系统的碳储量有负面影响。

思考问题

1. 如何采集土壤、凋落物和植物样品？
2. 如何计算人工林生态系统的碳储量？
3. 如何提炼出森林固碳增汇的关键技术？
4. 如何撰写丘陵山区人工林固碳增汇的技术规程？

参考文献

戴任知，2013. 长沙城市绿地人工桂花林小气候特征研究［D］. 长沙：中南林业科技大学.

洪贺，2011. 黑龙江省发展碳汇林业对策研究［J］. 东北农业大学学报（社会科学版），9（3）：14-18.

黄小波，唐春云，2013. 中国人工林碳汇研究进展［J］. 经济研究导刊，（19）：179-181.

刘正刚，洪祖荣，2011. 华西雨屏区退耕还林地杂交竹林碳储量特征研究［J］. 安徽农业科学，39（17）：10287-10288，10293.

穆叶赛尔·吐地，吉力力·阿不都外力，姜逢清，2013. 天山北坡东西段林沿土壤有机质含量特征对比分析［J］. 水土保持研究，20（1）：70-75.

史娜娜，韩煜，王琦，等，2015. 采煤塌陷区土壤碳储量变化及其影响因素分析［J］. 水土保持研究，22（6）：144-148，154.

徐芷君，刘苑秋，方向民，等，2019. 亚热带2种针叶林土壤碳氮磷储量及化学计量比对混交的响应［J］. 水土保持学报，33（1）：165-170.

案例五　长江经济带农业面源污染治理技术

本案例参考 2021 年生态环境部与农业农村部联合印发《农业面源污染治理与监督指导实施方案（试行）》，反映了我国长江经济带农业面源污染的现状和南方红壤丘陵区农业面源污染治理的关键技术的应用情况，适用于生态环境建设与管理等课程案例教学。

摘要："十四五"时期是我国农业面源污染防治的深入推进期，也是长江经济带生态环境保护和实现绿色发展的攻坚期。本案例围绕监测评估、治理技术模式构建、治理绩效评估等方面剖析长江流域农业面源污染监督管理工作中存在的重点问题，结合我国未来深入推进长江流域农业面源污染综合治理的实际需求，从强化管理支撑的角度，提出加强全链条防控技术体系建设、推进污染控制技术模式分类分区构建、开展以环境质量改善为核心的污染治理绩效评估等有关建议，为持续推动我国农业面源污染治理能力提升，探索建立长江流域农业面源污染治理与监督指导体系提供参考。

关键词：农业面源污染；长江流域；长江经济带；污染防控

Abstract: The 14th Five Year Plan period is a period of deepening the prevention and control of agricultural non-point source pollution in China, as well as a crucial period for ecological environment protection and green development in the Yangtze River Economic Belt. This case analyzes the key issues in the supervision and management of agricultural non-point source pollution in the Yangtze River Basin from the perspectives of monitoring and evaluation, construction of governance technology models, and evaluation of governance performance. Based on the actual needs of China's future in-depth promotion of comprehensive control of agricultural non-point source pollution in the Yangtze River Basin, from the perspective of strengthening management support, it is proposed to strengthen the construction of a full chain prevention and control technology system, promote the classification and zoning construction of pollution control technology models. Carry out pollution control performance evaluation with environmental quality improvement as the core, and other relevant suggestions. To continuously promote the improvement of China's agricultural non-point source pollution control capabilities and explore the establishment of a guidance system for agricultural non-point source pollution control and supervision in the Yangtze River Basin, reference will be provided.

Keywords: Agricultural non-point source pollution, Yangtze River Basin, Yangtze River Economic Belt, Pollution prevention and control

1 长江经济带农业面源污染现状

长江流域在我国区域发展总体格局中具有重要的战略地位，流域总面积180万 km^2，占我国陆域国土面积的18.8%，长江流域拥有耕地约2 420万 hm^2，占全国耕地总面积的25%，粮食产量占全国的34%，水稻产量约占全国的70%，流域内的成都平原、江汉平原、洞庭湖地区、鄱阳湖地区、巢湖地区和太湖地区都是我国重要的商品粮基地，也是我国最主要的农业生产基地。随着近年来经济快速发展，水资源量的不足和质的恶化，已经成为制约流域经济可持续发展的重要因素之一。长江水环境恶化可概括为点源污染和农业面源污染，其中农业面源污染则是造成流域湖泊水体富营养化的主要原因，农业面源污染主要是由于化肥农药污染、畜禽养殖业污染、农村生活污水排放和山林地区径流污染所致，其中造成湖泊富营养化的主要物质是农村污水所含的氮、磷等有机物（图1）（数据引自《长江流域农业面源污染治理对策探讨》）。近年来，随着工业和城镇点源污染问题得到有效控制，长江流域水环境质量持续改善，但农业面源污染呈加重趋势，逐渐从次要矛盾上升为主要矛盾，成为长江流域水生态环境保护工作的难点。

目前长江流域农业面源污染存在排放量大、汛期水质变化明显和污染

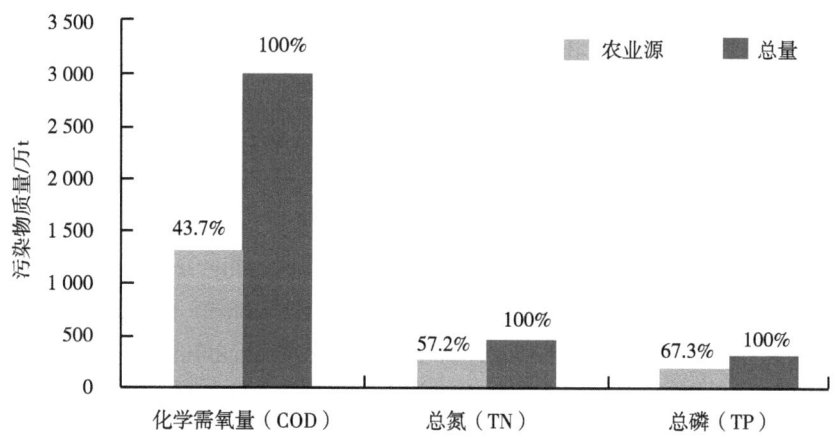

图 1 农业源排放的污染物负荷与地表水体污染总负荷的对比
(来源：生态修复网)

区域差异显著三个亟待解决的问题。农业面源排放量大，污染加重的原因一方面是因为土地利用及耕作措施不合理，存在过度垦殖和乱砍滥伐现象，流域内水土流失严重；另一方面是随着经济的快速发展、流域内人口增加，加速了城镇化进程，并导致耕地持续减少。为增加粮食生产，农田中化肥、农药的使用量越来越大，这些农业面源污染引起的水体富营养化问题越来越突出。农业面源排放的污染物随径流进入地表水体，成为汛期长江流域水环境污染的重要诱因。例如太湖、巢湖、滇池等重点湖泊蓝藻水华暴发态势尚未彻底扭转，部分断面汛期水质下降严重。同时，长江流域也是我国生猪和淡水水产品的主产区，畜禽养殖造成的总磷排放量占流域农业面源总磷排放总量的68%；淡水池塘养殖分布广泛，但污染处理设施配套不完善，养殖尾水不达标排放等，也是面源污染的重要来源。

此外，长江流域横跨多种地势和气候带，沿江各区域资源禀赋差异明显、产业分布不均、经济发展水平差距大，导致流域内农业面源污染具有显著的空间差异性。长江流域中上游地区以丘陵山区为主，地形破碎、地势落差大、降水集中，加之陡坡过度垦殖，导致水土流失严重。长江流域中上游水土流失面积占流域水土流失总面积的2/3，为农业面源污染迁移进入水体提供了载体。相对而言，长江中下游平原河网区地势低平、水系发达，但往复流严重、水体自净能力差。不同区域农业面源污染特征及成因差异显著，给流域内农业面源污染精准防控带来严峻挑战。

2 长江经济带农业面源污染治理模式

农业面源污染治理是生态环境保护的重要内容，与生态文明建设、国家粮食安全和农业绿色发展息息相关。经过不断探索与实践，形成了以下长江经济带农业面源污染治理模式（以下部分数据来源和案例引自《中国水环境治理产业发展研究报告 2019》）。

2.1 畜禽养殖污染防治典型模式

以种养结合和农牧循环为基本方向，推进畜禽标准化规模养殖并要求配套建设粪污处理设施，或在散养密集区实行粪污分户收集、集中处理。在此基础上，实现畜禽粪污资源化利用。具体包括：粪污收集还田利用模式，粪污专业化能源利用模式，固体粪便堆肥利用模式，异位发酵床处理模式。

2.2 农田面源污染防治典型模式

通过"源头控制、过程拦截、末端消纳"等措施，构建农田生态系统，减少向水体排放的氮磷等污染负荷。同时，对秸秆等农田废弃物进行回收利用。具体模式包括：化肥农药减量增效模式，稻田综合种养模式，农田尾水生态净化模式，农田秸秆、地膜回收利用模式。

2.3 水产养殖污染防治典型模式

发展绿色生态养殖，减少养殖用药，严格限制投肥养鱼和冰鲜杂鱼等直接投喂，提高养殖设施和装备水平，推进养殖尾水循环利用或达标排放。具体模式包括：池塘循环流水养殖模式，鱼菜共生养殖模式。

2.4 其他综合性治理模式

在实行分类治理的同时，积极创新体制机制，因地制宜开展多产业链融合循环、区域综合治理等治理模式，并探索通过第三方治理、工程总承包等方式，提高农业面源污染治理成效。具体模式包括：多产业链融合循环模式，区域综合治理模式，第三方治理模式，工程总承包（EPC）模式。具体模式见图 2。

3 长江经济带农业面源污染治理技术

农业面源污染物治理技术包括源头减量、过程控制和末端治理。源头减量主要是对化肥、农药、生活污水和养殖等污染源进行削减或处理，从

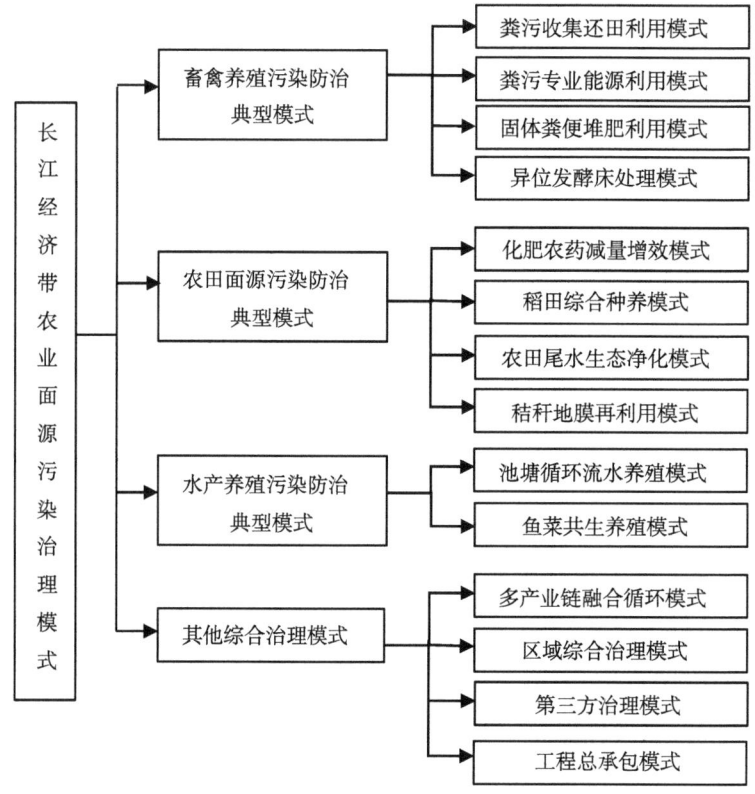

图 2　长江经济带农业面源污染治理模式

根本上减少排入水环境的农业面源污染物；过程控制主要是削减径流面源污染；末端治理主要是对面源污染进行治理。

3.1　源头减量技术

源头减量技术主要包括：化肥和农药减量技术，即采取有机肥替代化肥，施肥机械深耕，绿肥种植肥田和施用缓控施肥等为主的化肥减施增效技术，实现农田化肥源头减量；养殖防控技术，即采用规模化养殖，科学粪肥利用技术等如干式清粪、固液分离和发酵堆肥等实现源头养殖污水减量；农村生活污水治理技术，如建立小型分散污水处理装置。

3.2　过程控制技术

过程控制技术主要是采用植被缓冲带、生态廊道和生态沟渠等生态系统对农田排水、初期雨水等径流面源污染物进行拦截、吸收和处理。植被缓冲带为坡度较缓的植被区，主要是采用灌木、草坡和湿地植物的拦截和土壤的下渗作用削减地表径流流量和流速，削减面源污染物。生态沟渠包括沉淀池和生态净化单元，沉淀池主要是去除农田径流的悬浮物，生态净化单元是采用人工湿地表面流的原理，利用沟渠和廊道内的植物对地表径流面源污染物进行吸收和吸附。

3.3 末端治理技术

末端治理技术主要是利用流域农村的闲置低涝洼地和废弃池塘等，通过生态改造，强化其生态功能，形成人工湿地处理系统和多级串联的生态多塘调控系统，有效地调控和处理农业面源污染物。生态多塘调控技术由水塘和进出水系统组成，前端设置格栅和沉淀段以拦截粗大杂质和大颗粒悬浮物，主要是利用土壤、动植物和微生物等通过一系列物理、化学和生物反应对面源污染物进行拦截、吸收和降解等，实现面源污染物的综合处理。

4 长江经济带农业面源污染治理的典型案例

4.1 畜禽养殖污染防治典型案例

事例1：安徽省焦岗湖农场，规模化猪场存栏生猪1.3万头，现有耕地面积6 800亩，主要种植水稻、小麦、大豆和瓜果蔬菜。采用粪污专业化能源利用技术，农场建设1.3万 m^3 的覆膜式氧化塘和4万 m^3 的敞开式氧化塘，粪污贮存9个月后，液体粪肥通过农田管网进行水肥一体化施肥。

事例2：湖南省岳阳县枫树湾规模化生物天然气工程，利用粪污专业化能源技术，每年处理养殖场畜禽粪污12万t，沼气提纯后生产生物天然气，进入城镇天然气管网378万 m^3，生产有机肥18万t，加工液肥50万t，直接施用农田800 hm^2。

事例3：四川玉冠鸡粪集中处理中心，采用固体粪便堆肥技术，"公司+农户"饲养肉鸡，存栏种鸡35万只，养殖户年出栏肉鸡3 000万只。公司建成年生产能力4万t的颗粒有机肥生产线，将收集的鸡粪和蘑菇渣等辅料按照一定比例混合后，堆肥、腐熟生产商品化有机肥。

事例4：温氏中小规模家庭农场，生猪常年存栏500头，采用异位发酵床处理技术，将猪粪便和尿液清理到舍外的大棚，大棚内建有发酵床，底部铺设木屑、稻壳、蘑菇渣等，采用机械（管道）或人工将粪尿均匀撒入并翻堆,定期加入菌种,经过一段时间后生成有机肥,养殖场不排放污水。

4.2 农田面源污染防治典型案例

事例1:云南洱海流域,采用化肥农药减量增效技术,2018年压减大蒜种植面积10.2万亩,调增种植蚕豆、油菜等低肥作物9.6万亩;推广使用商品有机肥10.8万t、测土配方施肥296万亩次;实施绿色防控315万亩次、统防统治192万亩次。2018年化肥、农药使用量分别比2017年下降39%和10%。

事例2:江西省采用稻田综合种养技术,调整水稻主产区种植—养殖联合模式,发展了稻鱼、稻蟹、稻虾、稻蛙、稻鸭共作等新技术,形成了一水两用、一田双收的稻田综合种养模式。2019年稻田综合种养面积突破150万亩,比2016年增长了近两倍。调查显示,与单一种植水稻相比,典型稻田综合种养示范区,每年可增加水稻产量5%以上,亩均收益增加90%以上,减少化肥农药使用量20%以上。

事例3:湖北安陆市采用农田尾水生态净化技术,利用现有沟、塘、窖等,建设生态缓冲带、生态沟渠、地表径流集蓄与再利用等设施,有效拦截和消纳农田尾水中氮磷等有机物,净化农田退水及地表径流。在3个乡镇5个村建设超过20 000 m农田生态沟渠和生态塘、生态湿地等项目,辐射农田面积1.6万亩,对农田退水进行净化,项目区农田氮磷外排减少50%以上。

事例4:湖南省益阳市赫山区采用农田秸秆、地膜回收技术,建设秸秆收储运体系,开展秸秆肥料化、饲料化、能源化、基料化、原料化利用。合理应用地膜覆盖技术,推进地膜捡拾机械化,推动废旧地膜回收加工再利用。利用在菱角汊村建立秸秆收储加工车间,配备秸秆打捆机、秸秆粉碎机、秸秆制肥机等设备,大力推广稻田秸秆机械粉碎还田;在新安山村建设田间回收池20座,物业管理站2处,组建专业队伍对农膜等废弃物进行回收利用。

4.3 水产养殖污染防治典型案例

事例1:浙江省湖州市南浔区采用池塘循环流水养殖技术,将传统池塘改造,在池塘中固定位置建设养殖系统,系统内养鱼,系统外池塘用于净化水质。养殖系统前端的推水装置可产生由前向后的水流,结合池塘中间建设的两端开放式隔水导流墙,使整个池塘的水体流动起来,达到流水养殖的效果。实施小池养鱼、大塘养水,将大量的饲料残渣、鱼类粪便等污染物分离出,有效减少了养殖污水排放,并显著提高了养殖产量。

事例2:重庆市针对养殖池塘小而散、水质富营养化比较严重等问题,采用鱼菜共生养殖技术,在同一水体中将水产养殖与蔬菜种植有机结合,利用蔬菜根系发达、生长时对氮磷需求高等特性,在池塘内形成"鱼肥水—菜净水—水养鱼"的循环系统,既净化了养殖池塘水质,又增加了鱼类和蔬菜产量及品质。

4.4 其他综合性治理案例

事例1:重庆万州区采用多产业链融合循环技术,建立家庭农场,同时发展生猪养殖、柑橘种植和池塘养殖,农场建设了沼气工程及还田管网设施,既解决了生猪粪便污染难题,又将沼渣沼液施用于柑橘,满足了果园用肥需要。柑橘园形成的地表径流水通过沟渠汇集到池塘,池塘放养鲢鱼、鳙鱼等鱼类,不投放饲料,对水体起到了较好的净化作用,同时又具有较好的经济价值。

事例2:湖南省桃源县青林回维乡采用区域综合治理技术,启动农业面源污染治理项目,项目区以古堤水库为起点,以白洋河向沅水的汇入口为终点,形成一个基本闭合的小流域。通过建设沼气工程消纳生猪养殖污染,所产沼渣沼液用于发展果菜种植或加工成商品有机肥,实现种养循环。在集水区和流域末端建设绿狐尾藻人工湿地,配合建设生态沟渠、小型水坝等措施,对农田排水、居民生活污水、地表径流污水中的氮磷污染物和非用肥季节的沼渣沼液进行拦截和生态消纳,实现污水的循环利用或达标排放。同时,对湿地中的绿狐尾藻进行定期收获,将其加工成畜禽青绿饲料,实现废弃物的全面资源化循环利用。

事例3:浙江省龙游县开启能源科技有限公司,建立第三方治理技术,委托第三方专业公司负责设施设备建设运营解决畜禽养殖等污染问题,定期到各养殖场收集固体粪便,年收集量18万t,占龙游全县的70%以上。公司建设大型沼气工程,所产沼气发电并网,沼渣生产有机肥,通过政府集中采购发放给农户使用,沼液一部分生产液体浓缩有机肥,剩余部分通过深度处理达标排放。

事例4：湖南省在农业面源污染治理项目实施过程中，探索推行工程总承包（EPC）模式。项目县政府通过政府购买服务，招投标选定具备条件的承包商，承包商按照合同约定对工程设计、采购、施工、试运行等实行全过程管理，对工程的质量、安全、费用、进度和治理效果负责。同时，强化事中事后监管，项目县招标确定第三方监理机构进行全过程监理；项目竣工后，省级有关部门委托专业机构对全省项目进行统一监测评价。

5 长江经济带农业面源污染治理的成效

党中央、国务院高度重视农业面源污染防治工作，"十三五"以来，生态环境部、农业农村部大力实施《农业农村污染治理攻坚战行动计划》《打好农业面源污染防治攻坚战的实施意见》等系列攻坚行动，全国化肥农药使用量持续减少，三大粮食作物化肥农药利用率分别达40.2%和40.6%；农业废弃物资源化利用水平稳步提升，畜禽粪污综合利用率达75%，秸秆综合利用率、农膜回收率分别达到86.7%、80%。全国地表水优良水质断面比例提高到83.4%，同比上升8.5个百分点，劣V类水体比例下降到0.6%，同比下降2.8个百分点。

在污染治理方面，全面启动长江干流、九条主要支流及太湖入河排污口底数摸排，共发现入河排污口60 292个，比之前掌握的数量增加约30倍。完成长江经济带城镇人口密集区危险化学品生产企业搬迁改造558家，完成率97.2%。完成沿江化工企业"搬改关"228家，其中沿江1 km范围内落后化工产能已全部淘汰。在遏制农业面源污染方面，整县推进农村人居环境整治项目，开展农村生活垃圾收运处理的行政村占比超过98%，推进化肥农药减量增效，加强农业面源污染防治。同时，加强航运污染治理，持续推进长江经济带港口船舶使用新能源、清洁能源（以上数据引自《安庆晚报》）。

在立法和财政支持污染治理方面，2021年全面贯彻落实长江保护法，依法推动长江流域生态环境保护。此外，推进长江流域生态保护修复以及强化生态系统的保护。支持湖北、江西等8个省份开展生态保护修复工作工程试点。2018年至2021年，累计下达长江经济带省份林业相关资金1 203亿元，重点支持开展国土绿化、天然林资源保护和退耕还林还草，加强森林资源管护和湿地等生态保护工作。同时，财政部大力支持农村环境整治。

2018年至2021年，中央财政下达资金183亿元支持长江经济带相关省份开展农业面源污染治理以及农村生活污水垃圾和黑臭水体治理，加快补齐农村生态环境建设短板。在中央有关部门以及地方共同努力下，长江生态保护修复攻坚战取得明显成效。2020年长江流域的水质优良断面比例达到96.7%，高于全国平均水平13.3个百分点。干流首次全线达到Ⅱ类水质，地级及以上的城市集中式饮用水的水源水质优良比例达到97.6%。在各方共同努力下，长江经济带农业面源污染治理取得了阶段性成效（以上数据引自《中国财经晚报》）。

思考问题

1. 我国为什么要开展农业面源污染治理？
2. 如何治理长江经济带农业面源污染？
3. 长江经济带农业面源污染治理有哪些关键技术？
4. 林业在农业面源污染治理中有何作用？

参考文献

柴世伟，裴晓梅，张亚雷，等，2006. 农业面源污染及其控制技术研究 [J]. 水土保持学报，20（6）：192-195.

金书秦，邢晓旭，2018. 农业面源污染的趋势研判、政策评述和对策建议 [J]. 中国农业科学，51：593-600.

冷罗生，2009. 我国面源污染控制的立法思考 [J]. 环境与可持续发展，2：21-23.

李海生，杨鹊平，赵艳民，2022. 聚焦水生态环境突出问题，持续推进长江生态保护修复 [J]. 环境工程技术学报，12：336-347.

刘录三，黄国鲜，王璠，等，2020. 长江流域水生态环境安全主要问题、形势与对策 [J]. 环境科学研究，33：1081-1090.

刘甜，胡道华，左若兰，2016. 长江经济带农业面源污染的控制策略 [J]. 中国国情国力，7：36-38.

王民浩，孔德安，2020. 中国水环境治理产业发展研究报告2019 [M]. 北京：中国环境出版社.

武淑霞，刘宏斌，刘申，等，2018. 农业面源污染现状及防控技术 [J]. 中国工程科学，20（5）：23-30.

许继军,刘志武,2011. 长江流域农业面源污染治理对策探讨 [J]. 人民长江,42:23-27.

杨滨键,尚杰,于法稳,2019. 农业面源污染防治的难点、问题及对策 [J]. 中国生态农业学报,27:236-245.

杨林章,吴永红,2018. 农业面源污染防控与水环境保护 [J]. 中国科学院院刊,33:168-176.

殷培红,耿润哲,王萌,等,2019. 长江经济带农业面源污染治理中的关键问题及建议 [J]. 环境与可持续发展,44:22-25.

张新月,2021. 辽河流域农田面源污染治理技术评估 [D]. 沈阳:沈阳大学.

赵健,2022. 长江流域农业面源污染现状、问题与对策 [J]. 环境保护,50:30-32.

朱洋洋,黄大勇,2022. 长江经济带农业面源污染的时空分异及影响因素研究 [J]. 无锡商业职业技术学院学报,22:1-8.

案例六　土壤污染修复技术

本案例总结了我国土壤资源与土壤环境现状、土壤环境监测技术和土壤环境保护与管理的相关技术措施，适用于生态环境建设与管理、森林生态系统理论与应用等课程案例教学。

摘要：土壤作为生命载体、物质储存库和生态功能场所，在我国经济高速发展和城市化进程加快的背景下，土壤污染和环境恶化问题成为制约社会经济可持续发展的重要因素。因此，积极有效地开展土壤环境管理保护与修复对推进生态文明建设至关重要。近年来，土壤环境监测技术不断革新发展，涵盖了土壤监测布点采样、样品制备、分析方法、结果表征、数据统计和质量评价等方面。污染土壤的修复技术主要包括物理修复、化学修复、生物修复和综合修复等方法。而评估污染土壤修复效果的主要方法包括植物毒性评估、陆生无脊椎动物评估、土壤微生物评估和生物标志物评估等途径。污染土壤修复是一项具有挑战性且有前途的技术，将有助于保障人类的健康和实现经济的可持续发展。

关键词：土壤污染修复；土壤环境监测；土壤修复评定；生态文明建设

Abstract: As a carrier of life, a repository of materials and a place of ecological function, soil pollution and environmental degradation have become important factors constraining sustainable socio-economic development against the backdrop of China's rapid economic development and accelerated urbanization. Therefore, it is crucial to actively and effectively carry out the management, protection and restoration of soil environment to promote the construction of ecological civilization. In recent years, soil environmental monitoring technology has been constantly innovated and developed, covering soil monitoring sampling, sample preparation, analytical methods, results characterization, data statistics and quality evaluation. The remediation technology of contaminated soil mainly includes several types of methods such as physical remediation, chemical remediation, bioremediation and comprehensive remediation. And the main methods for assessing the remediation effect of contaminated soil include phytotoxicity assessment, terrestrial invertebrate assessment, soil microbial assessment and biomarker assessment and other ways. Contaminated soil remediation is a challenging and promising technology that will help to safeguard human health and realize sustainable economic development.

Keywords: Soil pollution restoration, Soil environment monitoring, Soil restoration evaluation, Construction of ecological civilization

1 全国土壤污染现状简介

全国土壤环境状况整体令人担忧，一些地区的土壤污染问题尤为严重。主要源于人类活动，如工矿业和农业以及土壤本身的较高背景值。根据统计数据显示，全国土壤超标率总体上达到16.1%，其中轻微、轻度、中度和重度污染点位比例分别为11.2%、2.3%、1.5%和1.1%（龙红明 等，2023）。超标污染主要以无机污染物为主，有机污染物居其次，而复合型污染的比例相对较小。就污染分布情况而言，南方地区的土壤污染程度比北方更为严重。长江三角洲、珠江三角洲、东北老工业基地等地区的土壤污染问题较为突出，而西南地区和中南地区的土壤重金属超标范围相对较大（李兴杰，2019）。镉、汞、砷、铅4种无机污染物的含量分布呈现从西北到东南、从东北到西南逐渐升高的趋势（姚诗音，2017）。

2 土壤的主要污染物及其来源

土壤中的污染物可分为无机物和有机物两类。无机物主要包括盐、碱、酸、氟、氯、汞、镉、铬、砷、铅、镍、锌、铜等重金属，还包括铯、锶等放射性元素。有机物方面主要包括有机农药、石油类物质、酚类物质、氰化物、有机洗涤剂、病原微生物以及寄生虫卵等（表1）（陈晶中 等，2003）。

2.1 土壤主要污染物

2.1.1 按理化生物特性分类

①物理：热能、电磁辐射等；②化学：一氧化碳、氮氧化物、碳氢化合物、氧气、反式丙烯酸、磷酸根、硝酸盐、亚硝酸盐、亚硝胺、氟代烃、多氯联苯、过氧乙酰硝酸酯、砷；③石油类：重金属、稀有金属、可生物降解物质；④生物：病原菌、病毒、真菌毒素、寄生虫及其卵等；⑤综合：烟尘、废水、病原微生物等（陈晶中 等，2003）。

2.1.2 按存在形态分类

①阳离子形态：汞、镉、铅、铜、锌、锰、铁、氨根离子、硝基物质；②阴离子形态：氰化物、氟化物、硫化物、磷化物、氧化物；③分子形态：二氧化硫、一氧化碳、二氧化碳、氯气、氢氰酸、碳氢化合物、氧气；④简单有机物：酚、苯、芳香烃、醛、六六六、清洁剂；⑤复杂有机物：3,4-苯并[a]芘、石油、多氯联苯、蒽、萘；⑥粒子物质：烟尘、金属尘、矿石尘、粉尘、碳颗粒、有机颗粒（陈晶中 等，2003）。

2.1.3 按污染范围的广度分类

①局部污染物；②区域污染物；③全球污染物。

表1 土壤主要污染物质

污染物种类		主要来源
有机污染物	有机农药	农药生产和使用
	酚	炼油、合成苯酚、橡胶、化肥、农药等工业废水
	氰化物	电镀、冶金、印染等工业废水、肥料
	苯并[a]芘	石油、炼焦等工业废水
	石油	石油开采、炼油、输油管道漏油
	有机洗涤剂	城市污水、机械工业
	有害微生物	厩肥、城市污水、污泥

(续表)

污染物种类		主要来源
重金属污染物	Hg	制碱、汞化物生产等工业废水和污泥、含 Hg 农药、金属汞蒸气
	Cd	冶炼、电镀、染料等工业废水、污泥和废气、肥料杂质
	Cu	冶炼、铜制品生产等废水、废渣和污泥、含 Cu 农药
	Zn	冶炼、镀锌、纺织等工业废水、污泥和废渣、含 Zn 农药、P 肥
	Cr	冶炼、电镀、制革、印染等工业废水和污泥
	Pb	颜料、冶炼等工业废水、汽油防爆燃料排气、农药
	As	硫酸、化肥、农药、医药、玻璃等工业废水和废气、含 As 农药
	Se	电子、电器、油漆、墨水等工业的排放物
	Ni	冶炼、电镀、炼油、染料等工业废水和污泥
放射性	^{137}Cs	原子能、核动力、同位素生产等工业废水和废渣、大气层核爆炸
	^{90}Sr	原子能、核动力、同位素生产等工业废水和废渣、大气层核爆炸
其他	F	冶炼、氟硅酸钠、磷酸和磷肥等工业废物气，肥料
	盐、碱	纸浆、纤维、化学等工业废水
	酸	硫酸、石油化工，酸洗、电镀等工业废水、大气

2.2 土壤污染来源

2.2.1 按土壤污染物的来源将土壤污染源分类

①自然污染源可分为两类。生物污染源：昆虫和动物以及霉菌、病原体等。非生物污染源：火山喷发、地震、泥石流、岩石碎裂等。

②人为污染源主要分为两类。生产性污染源：工业、农业、交通和科研等。生活性污染源：住宅区、学校、医院和宾馆等地（胡滨，2007）。

2.2.2 按土壤污染物的特性将人为污染源分类

①工业污染：冶金、动力、化工、纺织印染和食品等行业。②农业污染：农药、化肥和农业废弃物等因素。③生活污染：住宅、医院、宾馆等场所。④交通污染：汽车、火车、飞机和轮船等交通工具。

2.2.3 按土壤污染物的形态特征将土壤污染源分类

①点源：固定源；②面源：固定源；③线源：移动源或固定源。

3 土壤环境监测技术

土壤环境监测技术规范规定了土壤环境监测的各项技术要求。包括采样点的布置、样品的制备、分析方法、结果的描述和统计以及质量评价等内容。在进行土壤环境监测时，需要进行采样准备工作，确定采样点位，并采集样品。随后对样品进行处理和测定，最后进行监测报告的分析，并与土壤环境质量评价标准进行比较，以确保监测数据的可靠性。

4 污染土壤修复技术

近年来，污染土壤修复研究已成为国际环境工程等领域的学科前沿和重要研究领域。目前，已经发展出了几种理论和技术上可行的修复方法，主要包括物理修复、化学修复、生物修复和综合修复等（李燕，2016）。相较于物理和化学方法，生物修复具有保持土壤理化特性、污染物完全降解、处理成本低和应用广泛等优势。然而，生物修复也存在一些局限性，如污染物种类的限制、受环境因素影响大和修复时间较长等问题。为了解决这些限制，可以结合物理和化学方法与生物修复相结合（陈玉成，2005）。

4.1 重金属污染土壤修复

4.1.1 物理方法

重金属污染土壤的修复可以采用物理方法，其中包括换土法和热处理法等。换土法通过在土壤中深翻、覆盖或替换污染土壤，实现与生态系统的隔离，从而减少对环境的影响。由于换土法需要大量工程和高费用的投入，因此仅适用于小面积且严重受污染的土壤（孟丽华，2009）。另一种物理修复方法是热处理法，它通过加热土壤来解吸挥发性重金属（如汞、砷）或进行热固定等处理，该方法具有工艺简单的优点，但能源消耗大、操作费用高，并且仅适用于易挥发的污染物。

4.1.2 化学方法

化学方法是一种利用改造剂与重金属发生化学反应来固定、分离和提取污染土壤中重金属的技术。目前，使用新的固定化材料、生物淋洗试剂和电动修复等方法来修复重金属污染土壤（肖锦华，2009）。

化学固定：是通过向污染土壤中加入化学试剂或化学材料，与重金属发生反应，形成不溶性或移动性差、毒性小的物质，从而降低重金属在土壤中的生物有效性，减少其向土壤、植物和其他环境元素的迁移，实现对污染土壤的化学修复。

化学淋洗：利用化学或生物试剂增强重金属在土壤中的迁移性，并通过化学洗脱方式集中处理淋洗液，有效去除土壤中的重金属。

电动修复：该方法将污染土壤样品放置在施加直流电压的电场梯度电解池中，通过电迁移、电渗流或电泳的方式将土壤中的污染物质带到处理室，并通过进一步处理实现清洁污染土壤的目标。电动修复具有低成本、高效率和方便后处理等优点，特别适用于处理点源污染和突发事故等情况。

4.1.3 植物修复

污染土壤的植物修复是利用植物吸收和固定土壤中的污染物，以清除或降低土壤中的污染物含量。这种方法具有低成本、易于回收和处理重金属富集植物的优势。污染土壤植物修复主要包括：①植物稳定：是指植物通过根部吸收、沉淀或还原，将重金属固定在土壤中，降低有毒金属在土壤中的迁移性。然而，重金属的生物有效性受环境条件的影响，因此受到一定的限制。②植物挥发：是指植物吸收污染物后将其转化为气态物质释放到大气中，主要用于类金属元素如汞和硒。这种方法会将土壤中的污染物转移到大气中，因此对人类和生物造成一定的风险。③植物提取：是指植物从土壤中吸收重金属，并将其转移到地上部分进行贮存，通过收获来去除污染物。这包括连续植物提取和螯合剂辅助的植物提取（周东美，2004）。

4.1.4 微生物方法

微生物无法直接降解和破坏金属，但它们可以通过改变金属的化学或物理特性来影响金属在环境中的迁移与转化。微生物在金属修复过程中的机理包括胞外络合、沉淀、氧化还原反应和胞内积累等（周东美，2004）。

4.2 有机污染土壤修复

4.2.1 物理化学修复方法

物理化学修复方法是通过一系列物理化学过程，从有机污染土壤中去除有机化合物，以实现土壤修复（周东美，2004）。土壤淋洗技术是一种注入含有化合物或冲洗助剂的土壤溶液到被污染土壤中，促进污染物的溶解或迁移，随后将含有污染物的土壤溶液抽取并进行处理。热脱附法通过热处理将土壤中的污染物转化为气体，从土壤表面或孔隙中去除。热处理方法包括土壤蒸馏、高频电流加热和微波增强热净化等。化学降解方法通过将土壤中的有机化合物分解或转化为无毒或低毒性物质，从而达到去除的目的。常用的化学降解技术包括化学修复、光催化修复、电化学修复、微波分解和辐射分解修复等（周东美，2004）。

4.2.2 植物修复方法

有机污染土壤的植物修复是一种经济、有效且非破坏性的修复技术，通过植物的生长过程吸收、转化和搬运污染物，以达到修复土壤的目的。首先，植物能直接吸收污染物，并在其组织中积累非毒性代谢产物。其次，植物释放酶到土壤中，促进土壤的生物化学反应。最后，植物与根际微生物共同代谢，通过联合作用加速有机污染物的分解和清除。

4.2.3 微生物修复方法

在土壤污染的情况下，一些微生物通过自然突变形成新的变种，并通过基因调控生成特定酶，这些酶在新的微生物中起作用，使其具备了降解新污染物的能力，从而适应环境。通过添加氮磷等营养物质，并引入经过驯化培养的高效微生物，这些微生物可以将残留在土壤中的农药等有机污染物降解或去除，使它们转化为无害物质或分解为二氧化碳和水。目前，用于修复污染的微生物主要分为三类：土著微生物、外来微生物和基因工程菌。

4.3 广州某钢铁厂地块污染土壤修复案例介绍

4.3.1 土壤污染背景

广州某钢铁厂于1958年建厂，占地约168万 m^2，是一家涉及黑色冶金、钢铁加工、物流、电子商务等多业务领域的地方钢企。2013年，企业停产转型。经调查，场地土壤主要受重金属、多环芳烃污染，污染面积约占场区面积的90%以上，需要进行修复。污染面积约15.8万 m^2，土壤修复量约51万 m^3。

4.3.2 主要污染物及污染程度

重金属类：Pb、As、Cu、Zn和Ni，最大超标倍数为5~74倍。

多环芳烃类：萘、苊、芴、蒽、荧蒽、芘、苯并[a]蒽、苯并[b]荧蒽、苯并[k]荧蒽、苯并[a]芘、茚并[1, 2, 3 - cd]芘、二苯并[a, h]蒽、菲、苯并[g, h, i]芘和苊烯（二氢苊），最大超标倍数为4~1 084倍。

总石油烃类：最大超标倍数为43倍。

4.3.3 土壤地质条件

地下土壤为海陆交替层孔隙土壤，土壤位埋深一般小于1.5 m，具有弱承压性；土壤层以中细为主，局部为粗砾砂，埋深 2~4 m，厚度 1~15 m。场区内地形平坦，地形绝对标高在 5.76~8.75 m，总体地势由西北向东南微倾。

4.3.4 技术选择

筛分破碎技术：主要用于污染土壤的破碎筛分预处理，便于后续处理。

土壤洗脱技术：主要有土壤洗净处理、减量化和污染浓缩等作用。针对 75 μm 以上较大粒径的土壤，经土壤洗脱后干净达标，污染物被富集浓缩于 75 μm 以下粒径较小的土壤黏粒中，减量化可达 70%~80%。洗脱后富集各类污染物的土壤再经异位热脱附和固化稳定化分别进行处理，合格达标后进行原场地回填处置。

4.3.5 工艺流程

复合污染土壤修复采用以下步骤：首先，将污染土壤经过筛分预处理，使其颗粒大小均小于 50 mm。然后，使用土壤洗脱设备对处理后的土壤进行减量化处理，将粒径大于 75 μm 的粗颗粒进行清洗，直到达到现场标准，然后将其填埋处置。对于粒径小于 75 μm 的细颗粒泥饼，它们被送入热脱附设备，以去除其中的多环芳烃污染物。随后，通过固化/稳定化处理方法控制土壤中重金属的环境风险，以降低其达到可接受土壤污染水平。经过验收合格的含重金属土壤可以回填至指定区域。

单一有机污染土壤修复的步骤大致相同：首先，通过筛分预处理将污染土壤处理成颗粒大小均小于 50 mm 的颗粒。接下来，使用土壤洗脱设备进行减量化处理，将粒径大于 75 μm 的粗颗粒进行清洗，直到达到处理标准，然后进行填埋处置。对于粒径小于 75 μm 的细颗粒泥饼，将它们送入热脱附设备以去除多环芳烃污染物。一旦污染物被清除，经过验收合格后的土壤可以回填。（此案例来源于北京建工环境修复股份有限公司）

5 污染土壤修复标准

污染土壤修复标准具有重要的法律意义，可作为评估农业土地（尤其是耕地）是否可转作为工业用地、建设用地或其他用途的科学依据，从而维护耕地土壤的保护。

5.1 概念与内涵

评估污染土壤修复效果需要有效的化学分析方法。通过观察土壤生态系统中不同物种的生物组分受损程度，可以定性或定量地预测修复后土壤可能对生态系统和人类健康产生危害的可能性。因此，结合生物分析和化学分析，运用污染土壤生态毒理学诊断方法，为评估修复效果和土地再利用的风险提供可靠依据。

5.2 污染土壤修复效果评定的主要方法

5.2.1 植物毒性评定法

利用植物的生长状况来监测土壤污染，是评估污染土壤修复效果的重要方法之一，从植物生态学的角度进行评定。植物毒性评定方法主要包括植物受害状况评定、植物体内污染物含量评定和藻类毒性评定这三种方法。植物受害状况评定方法主要通过肉眼观察植物在受污染后发生的形态变化来评估影响；植物体内污染物含量评定方法则是通过分析在修复后土壤中生长的植物体内污染物的含量来判断污染土壤的修复效果；而藻类毒性评定方法则是利用藻类作为土壤生态系统污染诊断的指示生物来评定污染土壤的修复效果（崔芳，2010）。

5.2.2 陆生无脊椎动物评定法

利用不同陆生无脊椎动物进行毒理试验来评估土壤修复状况，是一种将对土壤污染具有敏感指示作用的物种作为指示动物的方法。这种方法通过暴露这些指示动物于土壤污染物中，并利用适当的试验系统准确、精确地记录土壤污染对栖息动物的危害和风险，从而评估土壤修复状况（污染或清洁）。通过使用陆生无脊椎动物评估修复后的土壤，不仅依靠存活率等单一指标进行测定和分析，还包括生长、繁殖、动物群落构成等重要参数的分析（崔芳，2010）。

5.2.3 土壤微生物评定法

微生物参与了动植物残体的分解、养分的储存和转化、土壤水分的渗透、气体交换、土壤结构的形成和稳定、有机物的合成以及异源生物的降解等关键生态过程。当土壤遭受污染后，污染物可能对土壤微生物产生各种不同的影响。因此，微生物学参数可以作为评估污染土壤修复效果的重要指标。

5.2.4 生物标记评定法

生物标记物能够同时指示母体污染物和代谢产物的暴露以及其对生物

体产生的毒性效应。通过综合不同层次生物（个体、种群和群落）的一系列测定结果，生物标记物的短期变化可以预测污染物的长期生态效应。

思考问题

1. 为什么超积累植物或耐性植物对重金属具有很强的耐性？
2. 植物的抗金属机制有哪些？
3. 土壤污染监测和修复的主要流程有哪些？
4. 土壤污染修复效果评定的主要方法有哪些？

参考文献

陈晶中，陈杰，谢学俭，等，2017. 土壤污染及其环境效应 [J]. 土壤，35（4）：298-303.

陈玉成，2005. 表面活性剂对植物吸收土壤重金属的影响 [D]. 武汉：武汉大学.

崔芳，袁博，2010. 污染土壤修复标准及修复效果评定方法的探讨 [J]. 中国农学通报，26（21）：341-345.

胡滨，2007. 污染土壤再利用影响因子及模拟研究 [D]. 天津：天津大学.

李兴杰，2019. 耐镉植物促生菌的分离、鉴定及其对镉吸附效应与机理研究 [D]. 上海：上海交通大学.

李燕，2016. 污染土壤修复标准及修复效果评定方法的探讨 [J]. 农村经济与科技，27（19）：33-34.

龙红明，武皓天，于先坤，等，2023. 钢渣用于土壤修复与改良的研究进展 [J]. 中国冶金，33（2）：1-7.

孟丽华，2009. 胶体二氧化钛对水土环境重金属污染控制研究 [D]. 合肥：中国科学技术大学.

肖锦华，2009. 无机萃取剂去除污染土壤中重金属的研究 [D]. 长沙：中南林业科技大学.

姚诗音，2017. 超富集植物青葙对土壤镉的修复性能及强化措施研究 [D]. 桂林：桂林理工大学.

周东美，郝秀珍，薛艳，等，2004. 污染土壤的修复技术研究进展 [J]. 生态环境，13（2）：234-242.

案例七 三江平原湿地保护工程及技术

本案例在参考中国科学院东北地理与农业生态研究所编写《三江平原湿地保护工程生态成效科学评估报告》及何兴元等编著的《东北地区重大生态工程生态成效评估》的基础上编写完成，全面总结了湿地保护工程实施前后三江平原生态系统宏观结构变化和主要生态系统服务能力变化，适用于生态环境建设与管理等课程案例教学。

摘要：20世纪中叶以来，三江平原原生沼泽湿地发生了巨大变化。随着大面积开荒，人类活动加剧，该区域农田面积逐步增加，而沼泽湿地迅速减少。如果不加以控制，这些仅存的沼泽湿地也将消失殆尽。《全国湿地保护工程规划（2002—2030年）》对三江平原的湿地保护也进行了重点部署，针对此类农业开发区域，全面监测评估了由于农田开发导致的天然湿地丧失及湿地生态系统功能变化情况；通过湿地保护与恢复及生态农业等方面的示范工程，建立湿地保护和合理利用示范区，提供了湿地生态系统恢复和合理利用模式。自湿地保护工程实施以来，三江平原新增国际重要湿地3个，新增国家级湿地自然保护区3个（升级或新建），建成国家级湿地公园13个，退耕还湿48 919 hm^2，并加强了对各保护区的管理，同时在一定程度上了完善了宣教培训体系。

关键词：沼泽湿地；退耕还湿；湿地保护；三江平原

Abstract: Since the middle of 20th Century, great changes have taken place in the original marsh wetland of Sanjiang Plain. With the large-scale reclamation and intensified human activities, the area of farmland in this region gradually increased, while the marsh wetland rapidly decreased. If left unchecked, these remaining swamps will disappear. The National Wetland Protection Project Plan (2002—2030) also focuses on the protection of wetlands in Sanjiang Plain. For such agricultural development areas, the loss of natural wetlands and the function changes of wetland ecosystem caused by farmland development are comprehensively monitored and assessed. Through demonstration projects of wetland protection and restoration and ecological agriculture, demonstration areas of wetland protection and rational utilization will be established to provide a wetland ecosystem restoration and rational utilization model. Since the implementation of the wetland protection project, three internationally important wetlands have been added to the Sanjiang Plain, three national wetland nature reserves have been added (upgraded or newly built), 13 national wetland parks have been built, and 48,919 hm^2 of farmland has been returned to wetland. The management of the protected areas has been strengthened, and the education and training system has been improved to a certain extent.

Keywords: Marsh, Returning farmland to wetland, Wetland protection, Sanjiang plain

1 引言

三江平原地处中国东北边陲,是由黑龙江、松花江、乌苏里江冲积形成的低平原。该区西起小兴安岭,东至乌苏里江,北起黑龙江,南抵兴凯湖,与俄罗斯隔江相望,土地总面积为 10.89×10^4 km^2。该区西南高东北低,广阔的冲积低平原和河流形成的阶地,河漫滩上广泛发育着沼泽和沼泽化草甸,是我国最大的淡水沼泽湿地分布区,是独特的、具有代表性江河型湿地生态系统。三江平原共建立国家级自然保护区14个,国际重要湿地6个,是我国平原地区沼泽分布最大、最集中的地区之一,自然湿地面积大,湿地生态系统类型多样,生物多样性丰富。

20世纪以来,三江平原原生沼泽湿地发生了巨大变化。1954年沼泽湿地面积为 35 270 km^2,占区域总面积的 1/3,农田面积为 14 613 km^2。但随着大面积开荒,人类活动加剧,该区域农田面积逐步增加,而沼泽湿地迅速减少(Wang et al.,2011)。2002年,国家林业局会同多部委编制了《全国湿地保护工程规划(2002—2030年)》(以下简称《规划》),并于2003

年经国务院批准通过。《规划》对三江平原的湿地保护也进行了重点部署，针对此类农业开发区域，全面监测评估该区域由于农田开发导致的天然湿地丧失及湿地生态系统功能变化情况。通过湿地保护与恢复及生态农业等方面的示范工程，建立了湿地保护和合理利用示范区，提供湿地生态系统恢复和合理利用模式。

本案例依据中国科学院东北地理与农业生态研究所编写《三江平原湿地保护工程生态成效科学评估报告》及何兴元等编著的《东北地区重大生态工程生态成效评估》，系统梳理了三江平原湿地保护工程体系建设情况，评估了湿地保护工程成效，总结了湿地保护和合理利用的成功经验和做法，可为湿地保护及区域生态安全提供科学参考和决策支持。

2　三江平原湿地保护工程建设情况

2.1　国际重要湿地和湿地自然保护区建设

截至2015年底，三江平原新增国际重要湿地3个，分别为黑龙江七星河国家级自然保护区、黑龙江珍宝岛国家级自然保护区和黑龙江东方红湿地自然保护区，至此三江平原地区的湿地在国际重要湿地名录中增加至6个，占我国总数的12%。三江平原国家级湿地自然保护区增加3个（新建或升级），分别为黑龙江东方红湿地自然保护区（升级）、黑龙江珍宝岛自然保护区（升级）和黑龙江三环泡自然保护区（升级），至此三江平原国家级湿地自然保护区增加至9个。另外，省级湿地自然保护区增加14个（升级或新建），分别为黑龙江嘟噜河自然保护区（升级）、黑龙江勤得利鲟鳇鱼自然保护区（新建）、黑龙江富锦沿江湿地自然保护区（升级）、黑龙江黑鱼泡湿地自然保护区（新建）、黑龙江桦川湿地省级自然保护区（新建）、黑龙江佳木斯沿江湿地自然保护区（新建）、黑龙江大佳河自然保护区（新建）、黑龙江宝清东升自然保护区（新建）、黑龙江倭肯河自然保护区（新建）、黑龙江细鳞河自然保护区（升级）、黑龙江安兴湿地自然保护区（升级）、黑龙江水莲自然保护区（新建）、黑龙江乌苏里江自然保护区（新建）和黑龙江绥滨两江湿地自然保护区（新建），至此三江平原省级湿地自然保护区增加至21个。

2.2　湿地公园建设

自2005年国家林业局公布第一批国家湿地公园试点单位开始，全国范围内湿地公园如雨后春笋般涌现,在湿地保护、合理利用和宣传教育等诸多方面发挥着重要作用。三江平原地区是湿地公园建设的重点区域,截至2015年底国家级湿地公园已达13个,已经超额完成《规划》和《实施规划(2011—2015)》任务。目前三江平原的国家级湿地公园有:黑龙江富锦国家湿地公园、黑龙江安邦河国家湿地公园、黑龙江密山塔头湖河国家湿地公园、黑龙江同江三江口国家湿地公园、黑龙江黑瞎子岛国家湿地公园、黑龙江白桦川国家湿地公园、黑龙江鹤岗十里河国家湿地公园、黑龙江虎林国家湿地公园、黑龙江七台河桃山湖国家湿地公园、黑龙江饶河乌苏里江国家湿地公园、黑龙江东宁绥芬河国家湿地公园、黑龙江牡丹江沿江湿地公园和黑龙江牡丹江市海浪河国家湿地公园。

2.3 湿地保护区工程建设

在《规划》实施之前,许多湿地保护区周围农业开发综合影响较大,管护基础设施薄弱,湿地萎缩和生态质量降低,导致湿地生态系统的逆向演替或丧失,严重影响区域内珍稀野生动植物的生存环境,并且在科教宣传方面的能力非常薄弱,这些不足限制了湿地保护和科学管理,影响了区域生态安全。因此,《实施规划(2005—2010年)》和《实施规划(2011—2015年)》针对这些存在的问题,选取多个国家级和省级自然保护区进行湿地保护工程建设,以恢复和重建被破坏的湿地,从而实现保护水资源、维持生态平衡和促进生态文明建设。概括来看,以上两项《实施规划》重点包括退耕还湿(及其耕地补偿)、植被恢复、生态移民、保护站和道路建设、科研监测设施、蓄水和补水设施等。目前,《实施规划(2005—2010年)》和《实施规划(2011—2015年)》的许多建设项目都取得了突出成绩。

(1) 截至2015年,受"退耕还湿"工程影响,三江平原已实现48 919 hm^2的耕地转化为湿地,还有26 291 hm^2的森林转化为湿地,其中黑龙江三江国家级自然保护区核心区已完成退耕还湿600 hm^2以上,黑龙江珍宝岛国家级自然保护区退耕还湿面积已达900 hm^2以上,黑龙江七星河国家级自然保护区退耕还湿面积达500 hm^2以上,黑龙江安邦河自然保护区湿地恢复面积1 000余公顷,黑龙江兴凯湖国家级自然保护区的退耕还湿面积也接近1 000 hm^2。

(2) 黑龙江黑瞎子岛自然保护区、富锦沿江湿地自然保护区、黑鱼泡湿地自然保护区、勤得利鲟鳇鱼自然保护区和水莲自然保护区等都完成了保护区管理局办公楼以及管护站等的建设项目，黑龙江珍宝岛国家级自然保护区科研监测管护平台也已于 2011 年顺利完成建设，这些管护设施的建设显著提高了保护区的管理能力，应对突发情况（例如火灾）的能力也显著增强。

（3）黑龙江细鳞河自然保护区、黑龙江嘟噜河自然保护区和黑龙江东升自然保护区内的道路和管理站建设已顺利完成。

（4）黑龙江兴凯湖国家级自然保护区和珍宝岛国家级自然保护区都进行了候鸟迁徙通道优化建设。总体来看，《实施规划（2005—2010 年）》的保护区建设工程执行情况良好，而《实施规划（2011—2015 年）》的多数工程项目也已超额完成。

2.4 宣教培训体系建设

依据《规划》的指导思想，《实施规划（2005—2010 年）》和《实施规划（2011—2015 年）》在三江平原开展湿地宣教培训体系建设，相关建设内容得到了积极推进。三江平原湿地宣教馆于 2009 年 12 月建成并投入使用，总投资 3 800 万元，当年被国家确定为黑龙江省唯一、北方最大、全国湿地整体展示效果最好，集展示、宣传、教育、科研为一体的专业生态展馆，被中国野生动物保护协会命名为全国野生动物保护科普教育基地。三江平原湿地宣教馆由概览厅、景观厅、生物多样性厅、功能与保护厅四个主题展厅组成，展出的动物标本分别为鸟类、兽类、鱼类、昆虫类、爬行类等。该馆通过典型湿地复原，采用电子翻书、触摸屏、幻影成像等高科技多媒体的应用，生动地展示了三江平原湿地重要的生态系统功能及丰富的生物多样性、独特的自然景观。另外，所有国家级和多数省级自然保护区均设立了科研宣教科，建设了标本馆，并配套了相关基础设施和电教仪器设备等。其中，黑龙江兴凯湖自然保护区和东方红湿地自然保护区更是成为了野外培训基地，建设有报告厅、标本室、野外湿地动植物展示区和水鸟观测台等，并配套了相应的仪器设备。为提高管理者、公众的湿地保护意识，普及相关知识，目前已依托湿地保护区和培训基地组织相关教育培训超过 5 万人次，主要内容包括：湿地保护与管理、国际交流、野生动植物保护、法律法规、病虫害防治、信息系统和社区发展等。为了加大对黑龙江湿地资源的保护力度，提升湿地保护管理的决策、治理能力，黑龙江湿地培训中心于2016年底成立，实现了湿地宣教培训能力质的飞跃。

3 典型湿地保护工程成效

3.1 东方红国家级保护区

（1）湿地格局分布：东方红湿地国家级自然保护区位于黑龙江省虎林市，是在2001年8月经国家林业局和省政府批准建立的。东方红湿地保护区位于长白山系老爷岭余脉，1990—2000年，保护区内湿地面积略微减少，由130 km²减少到127 km²。2000—2015年，保护区内湿地面积保持不变，湿地得到有效保护。对东方红湿地保护区外6 km做缓冲区，缓冲区内湿地面积在1990—2010年，呈持续下降趋势，2000—2015年湿地面积减少幅度变缓，湿地减少得到有效控制（表1和表2）。

表1 1990—2015年东方红湿地保护区内各类型面积 （km²）

类型	1990年	2000年	2010年	2015年
林地	126	125	126	127
草地	2	2	1	1
湿地	130	127	127	127
耕地	18	21	21	21
人工表面	1	1	1	1
水体	6	6	6	6

表2 1990—2015年东方红湿地保护区外6 km缓冲区 （km²）

类型	1990年	2000年	2010年	2015年
林地	178	182	182	183
草地	0	0	0	0
湿地	147	124	120	116
耕地	19	39	42	46
人工表面	2	2	2	2
水体	11	11	11	11

（2）生态系统服务能力变化评估：东方红湿地保护区1990—2000年碳储量总量呈现减少的趋势，由9.51 Tg C减少到9.36 Tg C，减少率为2%；

平均碳储量的变化与碳储量总量的变化保持一致，1990—2000 年表现为减少的趋势，由 30 159.56 t/km² 减少到 29 662.22 t/km²，减少了 2%。2000—2015 年碳储量总量轻度增加了 0.02 Tg C，平均碳储量的变化与碳储量总量的变化保持一致，2000—2015 年由 29 662 t/km² 增加到 29 716 t/km²。结果表明，湿地保护工程实施后，保护区内生态系统固碳功能下降趋势得到了有效控制（图 1）。

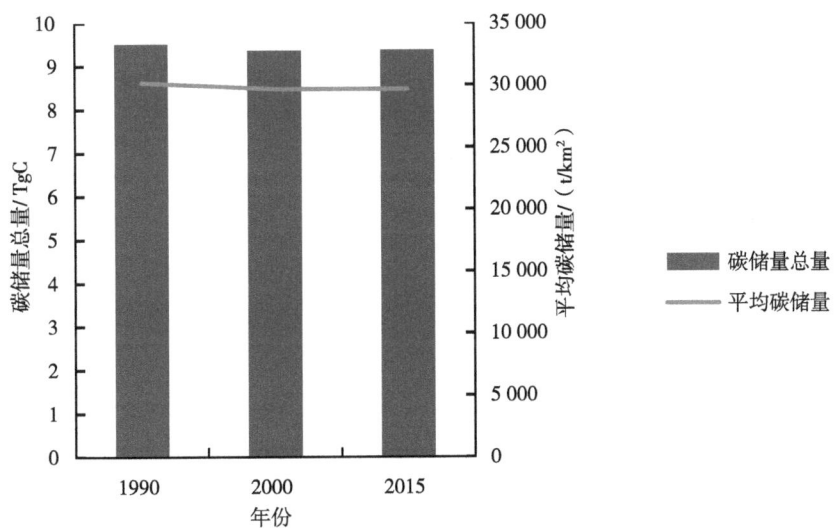

图 1　1990—2015 年东方红湿地保护区碳储量变化

3.2　八岔岛国家级保护区

（1）湿地格局分布：2003 年 6 月 6 日国务院批准八岔岛自然保护区为国家级自然保护区。八岔岛国家级保护区位于黑龙江省同江市东北部八岔乡境内西部 2 km 处，1990—2000 年，保护区内湿地面积大幅减少，由 168 km² 减少到 86 km²，减少了 50.1%。2000—2010 年，保护区内湿地面积不变。2010—2015 年保护区内湿地面积略微增加，增加了 9 km²。对八岔岛国家级保护区外 8 公里做缓冲区，缓冲区内湿地面积在 1990—2000 年，呈大幅下降趋势，2000—2015 年湿地面积略微增加，湿地得到了有效保护（表 3 和表 4）。

表3 1990—2015年八岔岛湿地保护区内各类型面积　　　　　　　　（km²）

类型	1990年	2000年	2010年	2015年
林地	5	13	15	15
草地	0	0	0	0
湿地	168	86	86	95
耕地	27	85	92	93
人工表面	1	2	2	2
水体	63	78	69	60

表4 1990—2015年八岔岛湿地保护区外8 km缓冲区　　　　　　　　（km²）

类型	1990年	2000年	2010年	2015年
林地	1	16	10	10
草地	0	0	0	0
湿地	285	70	88	91
耕地	40	229	221	222
人工表面	1	3	2	2
水体	7	16	12	8

（2）生态系统服务能力变化评估：八岔岛湿地保护区1990—2000年碳储量总量呈减少趋势，由7.32 Tg C减少到4.54 Tg C，减少率为38%；平均碳储量的变化与碳储量总量的变化保持一致，1990—2000年表现为减少的趋势，由24 683.87 t/km²减少到15 331.11 t/km²，减少了38%。2000—2015年碳储量总量呈现增加的趋势，由2000年的4.54 Tg C减少到2015年的5.25 Tg C，上升率为15.61%；平均碳储量的变化与碳储量总量的变化保持一致，2000—2015年呈增加趋势，由15 331.11 t/km²增加到17 723.33 t/km²，增加了15.60%（图2）。

3.3 富锦国家湿地公园

（1）湿地格局分布：富锦国家湿地公园地处三江平原腹地，是在佳木斯市级湿地自然保护区的基础上规划建设的，总面积约22 km²，该公园于2009年开园，在该公园内开展的湿地保护工程也主要集中于2009年以后。1990—2000年，公园内湿地面积减少，由21.3 km²减少到14.34 km²，

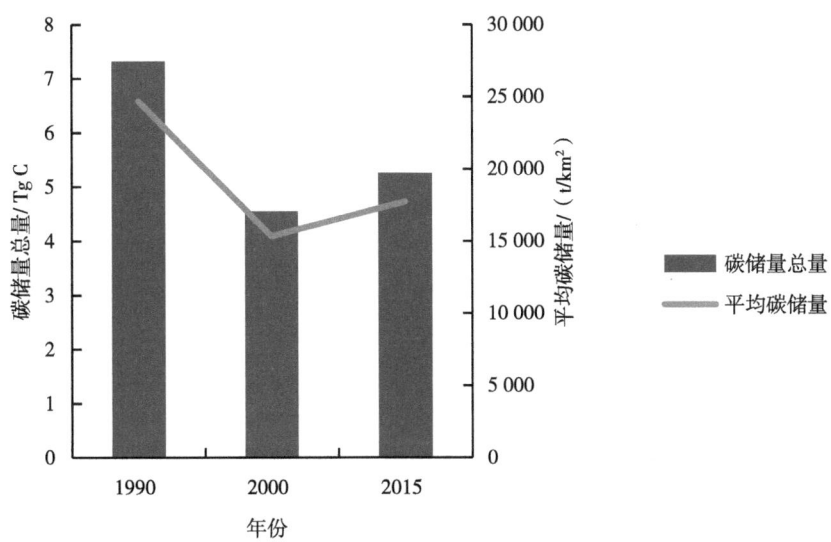

图 2　1990—2015 年八岔岛湿地保护区碳储量变化

2000—2010 年，公园内湿地面积持续减少，减少了 4.33 km²。2010—2015 年，公园内湿地面积略微增加，增加了 1.90 km²，退耕还湿效果显著，湿地退化得到有效控制（表 5）。

表 5　1990—2015 年富锦国家湿地公园内各类型面积　　　　　（km²）

类型	1990 年	2000 年	2010 年	2015 年
耕地	0.97	7.94	12.26	10.36
林地	0.15	0.09	0.09	0.09
湿地	21.30	14.34	10.01	11.91
人工表面		0.05	0.05	0.05

（2）生态系统服务能力变化评估：2000—2010 年，富锦国家湿地公园碳储量总量由 0.67 Tg C 减少到 0.44 Tg C，下降率为 34.03%；2010 年后，碳储量总量显著上升，2015 年为 0.54 Tg C，上升率为 23.10%（图 3）。

4　经验总结

自 2004 年以来，三江平原湿地保护工程尽管仍然存在很多不足，但总

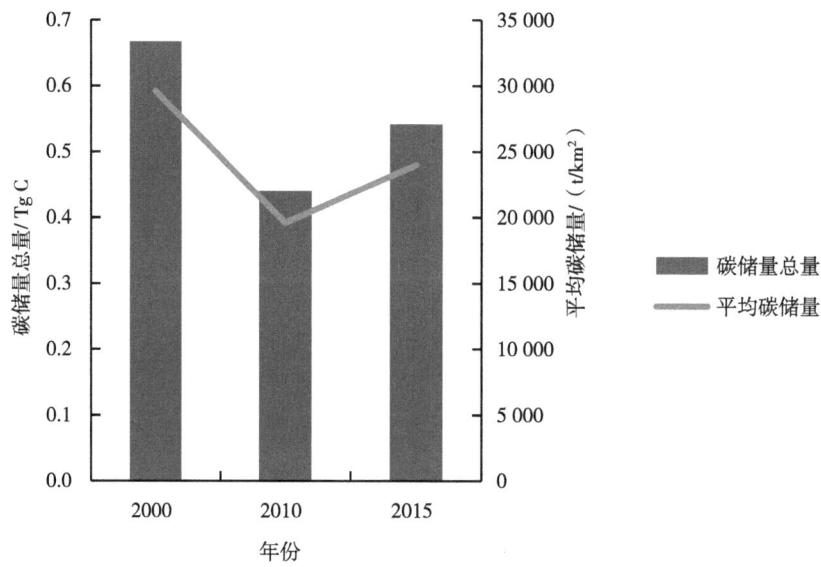

图3 2000—2015年富锦国家湿地公园碳储量总量及平均碳储量变化

体来看已经取得了一定的成效。分析原因，主要包括以下几个方面：

（1）三江平原是全国湿地保护工程的重点区域：根据《全国生态功能区划》的指导方案，三江平原的主导生态调节功能为生物多样性保护和洪水调蓄，并以生物多样性保护为主。此外，在湿地保护的同时，三江平原同样在产品提供方面发挥着重要作用，属于农产品提供工程区。针对农业开发区域，各级部门通过湿地保护与恢复及生态农业等方面的示范，提供湿地生态系统保护、恢复和合理利用模式，并在三江平原的农田与湿地交错区实施农区湿地污染物源头控制、农区湿地生态恢复工程、农区湿地可持续利用工程。

（2）湿地保护区建设是湿地保护的关键：目前来看，建立湿地保护区对湿地资源进行抢救性保护仍然是现阶段湿地保护的最有效手段。截至2015年底，三江平原国家级湿地自然保护区增加3个（新建或升级），至此三江平原国家级湿地自然保护区增加至9个。另外，省级湿地自然保护区增加14个（升级或新建），至此三江平原省级湿地自然保护区增加至21个。湿地保护工程实施以来，湿地保护区内的湿地受到了良好保护，总面积有所增加，而消失和退化的湿地主要发生于湿地保护区之外，由此可见湿地保护区建设对湿地保护的意义。另外，截至 2015 年底，三江平原国家级湿地公园已达 13 个。湿地公园的建设，在湿地保护、合理利用和宣传教育等诸多方面发挥着重要作用。

（3）"退耕还湿"是湿地保护和恢复的有效途径：在《规划》实施之前，三江平原许多湿地保护区周围农业开发综合影响较大，管护基础设施薄弱，湿地萎缩和生态质量降低，导致湿地生态系统的逆向演替或丧失，严重影响区域内珍稀野生动植物的生存环境，这些不足限制了湿地保护和科学管理，影响了区域生态安全。《实施规划》针对这些存在的问题，选取多个自然保护区进行湿地保护工程建设，以恢复和重建被破坏的湿地，从而实现保护水资源、维持生态平衡和促进生态文明建设。

（4）洪水资源的安全利用是促进退化湿地恢复的有效手段：对于湿地的形成和分布来说，水分的聚集是十分关键的因素，水分的聚集和消耗达到平衡或略有积累的状态是湿地发育的理想条件。在季节性水大量输入时，湿地和高地之间的水文联系常以地表径流为主。天然条件下，湿地在汛期滞蓄大量洪水资源，在干旱季节通过蒸散发和地下水转化等作用调节和维持局部气候及局部生态系统。对于季节性积水的湿地系统，经过旱季土壤水分的亏损为随后的汛期洪水腾出了有效的蓄滞空间，因此对洪水季节的径流具有较大的缓冲作用。

（5）湿地保护管理能力提升：首先，各保护区基础设施逐步完善。2005 年以来，各保护区根据《规划》的要求，在原有基础管护设施的基础上，进行了修建和保养，包括道路、桥梁、瞭望塔、防火设施和管护站等。这些管护设施的建设显著提高了保护区的管理能力，应对突发情况（例如火灾）的能力也显著增强。其次，湿地保护区人才队伍也逐渐健全，管理体系也日趋完善。随着《实施规划》的推行，许多湿地保护区积极开展员工培训和岗位认证，着重引进人才，优化人员结构，协调各部门之间通力合作，提升保护区管理能力的软实力。最后，法律法规逐步健全。许多新的法律法规的制定和实施确定了各级部门的职责，也提高了湿地保护工作的管理能力。

（6）湿地宣教培训能力提升：依据《规划》的指导思想，《实施规划》在三江平原重点进行湿地宣教培训中心能力建设，普及湿地知识，提升公众湿地保护意识，增进了公众对湿地保护的认可和参与程度。

思考问题

1. 湿地保护工程主要措施有哪些？
2. 三江平原湿地保护工程的经验教训是什么？

参考文献

何兴元，王宗明，郑海峰，等，2020. 东北地区重大生态工程生态成效评估 [M]. 北京：科学出版社.

中国科学院东北地理与农业生态研究所，2018. 三江平原湿地保护工程生态成效——科学评估报告 [R].

WANG Z M, SONG K S, MA W H, et al., 2011. Loss and fragmentation of marshes in theSanjiang Plain, Northeast China, 1954—2005 [J]. Wetlands, 31：945-954.

案例八　红树林蓝碳减排增汇技术

本案例介绍了红树林在海洋生态系统中固碳增汇的重要性，分析了红树林多样性降低和碳汇功能衰退的原因，梳理了红树林蓝碳的主要减排增汇技术，探讨了红树林蓝碳的主要监测技术和分析方法，阐述了红树林蓝碳的发展前景与展望。本案例适用于生态环境建设与管理、森林生态系统理论与应用等课程教学。

摘要：红树林（Mangroves）是生长在热带、亚热带海岸潮间带或海潮可以到达的河口地区的，以红树植物为主体的独特木本植物群落。红树林具有极高的生态系统服务功能，更重要的是具有很高的固定和存储二氧化碳的能力，在海陆之间的物质交换、碳循环和维持全球碳平衡中发挥着重要作用，红树林蓝碳生态系统可能在未来仍具有较高的碳汇功能和固碳潜力，这将成为缓解全球气候变化的长期解决方案之一。本案例针对红树林蓝碳增汇理念，重点围绕土壤碳减排技术、植物固碳增汇技术、土壤微生物固碳技术、碳沉积埋藏技术这4个关键技术，阐述蓝碳增汇技术体系与途径，以及相关蓝碳收支监测的定量研究方法，为制定蓝碳增汇途径和提升碳汇功能提供理论和技术支持。

关键词：红树林；蓝碳；减排增汇技术；蓝碳监测方法

Abstract: Mangroves are unique woody plant communities that are naturally distributed in tropical and subtropical coastal intertidal zone, or in estuary where tides can reach and inundate. Mangroves have extremely high ecosystem services, such as the important roles in the exchange of materials between the land and sea. They have high capacity in fixing and storage carbon dioxide (CO$_2$), contributing to the carbon (C) cycle in coastal area and the maintenance of the global carbon balance. Mangrove blue carbon ecosystems may still have a high carbon sink function and sequestration potential in the future, which will be one of the long-term solutions to mitigate global climate change. This case focuses on four key technologies, soil carbon reduction technology, plant carbon sequestration and enhancement technology, soil microbial carbon sequestration technology and carbon deposition and burial technology, to illustrate the system and ways of blue carbon sequestration technology, as well as the quantitative research methods for monitoring the related blue carbon income and expenditure. It would provide theoretical and technical support for the development of blue carbon sink pathways and the enhancement of carbon sink functions.

Key word: Mangroves, Blue carbon, Emission reduction and sink enhancement technologies, Blue carbon monitoring methods

1 红树林蓝碳简介

海岸带蓝碳，作为地球上最密集的碳汇之一，指的是海岸生态系统所能够捕获和储存的大量永久埋藏在海洋沉积物里的碳。目前公认被纳入海岸带蓝碳碳循环的滨海湿地生态系统包括红树林、滨海盐沼和海草床等，但不包括珊瑚礁（李捷 等，2019）。滨海盐沼广泛存在于中高纬度地区，海草床则是由一类开花的草本高等植物海草所组成的大面积的、连片的生态系统，但对于海岸带蓝碳而言，最为重要的还是红树林。

红树林普遍生长在纬度范围为 25°N~25°S 的热带和亚热带地区，据 2000 年的数据，全球红树林总面积约为 $1.38 \times 10^7 \ hm^2$，分布于 118 个国家和地区，是具有高生产力的木本植物群落。全世界约有 75% 的热带海岸带（$>1.50 \times 10^7 \ hm^2$）覆盖着红树林，是陆地和海洋环境的主要交错过渡生态系统，因此具有陆地和海洋生态系统的特征（何斌源 等，2007）。红树林湿地生态系统生境独特，是重要的自然生物和生态资源，具有保护物种多样性、维持生态平衡、提供食物和原材料、净化水质环境、调节碳汇和气候、防洪固堤及提供休闲旅游和科普宣传教育场所等功能。红树林湿地生态系统不仅具有重要的生态功能，而且由这些生态服务功能产生的经济效益巨大，据估算，全球红树林湿地每公顷每年可给人类带来的经济效益高达9 990美元。红树林湿地极为脆弱，一旦遭受破坏就很难恢复原状，并将造成巨额的经济损失和导致严重的生态环境效应。随着经济的发展，我国沿海地区普遍存在开发过度的问题，如填海等工程建设，砍伐红树林进行水产养殖，来自工业、生活及农业生产的污水未经处理直接排入红树林区，红树林湿地生态系统遭受了严重的破坏，红树林占地面积急剧减少，水体富营养化严重，生物多样性降低。全国红树林总面积在经历了 20 世纪 50—90 年代的围海造田、毁林造塘和城市建设等影响后急剧减少，只有 22 752 hm^2，不到历史上最高时期的 1/3。

红树林湿地是海洋重要的"蓝碳"生态系统，它们的面积虽不及全球海洋面积的 2%，但每年埋藏到沉积物中的有机碳分别约占全球海岸带和海洋碳埋藏量的 46.9% 和 45.7%，在减缓全球气候变暖中发挥着重要的碳汇功能。由于红树林在固碳方面的重要作用，其生态保护和修复被认为是应对气候变化中"基于自然的解决方案"的重要内容（段晓男 等，2008）。自 21 世纪以来，我国在加强红树林湿地保护的同时也大力开展红树林种植等修复工程，红树林面积较 21 世纪初有了显著提高，在提高湿地生物多样性和固碳增汇等方面也发挥着重要的作用。在红树林生态修复中，适宜的生境条件是红树林生态修复成功与否的关键因素，决定了修复后红树植物是否成活和定植，以及湿地的有机碳累积、初级生产等过程，最终决定了红树林生态系统的固碳能力。此外，红树植物物种和种植方式等也影响着修复后生态系统结构和功能的发展（陈顺洋 等，2021）。

2　红树林生态系统增汇技术

红树林生态系统减排增汇技术主要通过退化生态系统的生态修复来实现，具体包括 4 方面技术：土壤碳减排技术、植物固碳增汇技术、微生物固碳技术、碳沉积埋藏技术（图1）。

2.1　土壤碳减排技术

在湿地厌氧条件下，硫酸盐还原菌与产甲烷菌的竞争会抑制 CH_4 的产生；另外，盐分升高会增加土壤中电子受体的数量，电子受体对产甲烷菌产生一定的毒害作用，并与产甲烷菌竞争底物来源时处于优势，能够有效

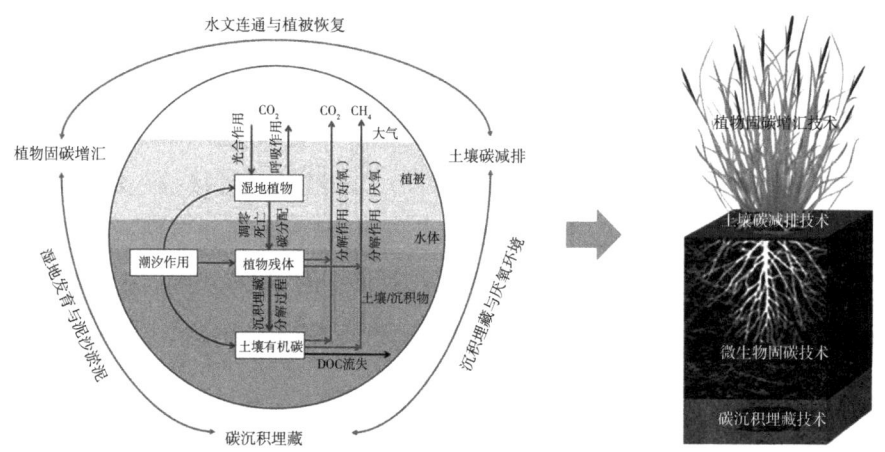

图 1　红树林生态系统蓝碳增汇理念和技术体系

抑制产甲烷菌的活性，所以湿地可在一定程度上减少 CH_4 排放。互花米草防治、新型绿色防波堤修建、水文连通恢复、微地形改造等自然恢复与人工修复相结合的改造方式，是实现海岸带土壤碳减排的有效手段，可减缓土壤有机碳的分解速率，增加海岸带土壤固碳能力。传统防波堤的建设，阻碍了潮汐运动通道，造成海岸带生态系统退化；相比传统防波堤，新型绿色防波堤通过恢复红树林自然生态系统，促进潮汐水文连通，扩大滨海湿地面积，抑制土壤 CO_2 和 CH_4 排放。

2.2　植物固碳增汇技术

人工改造恢复实质上是人工促进生态系统修复过程，当红树林生态系统受到较为严重的干扰，处于生态系统结构和功能等半瘫痪状态时，可通过一定的生物、物理、化学等方法人工干预，促进其自然定植和次生演替过程，增强退化红树林生态系统的自我恢复能力。例如，彭辉武等采用生物与物理相结合的控制方法，成功在珠海淇澳岛种植了无瓣海桑和海桑，并以其短期速生成林的特性，减少林下植被光照，进一步达到了治理互花米草的效果。应注意的是，虽然大量种植外来速生树种（如无瓣海桑和拉关木）有利于实现短期、高效的人工改造红树林修复，但是这也容易引起病虫灾害、生物入侵和生态破坏加剧等问题。因此，为确保红树林生态系统的安全，宜优先推广本土红树植物树种的应用。

为缓解红树林面积快速下降的趋势，我国自21世纪初以来开展了大量的滩涂造林工作。造林主要发生在2种情形：①红树林受损超过生态系统承载力，生态系统结构和功能彻底瘫痪；②为扩增红树林生态系统面积，在无红树林生长记录的崭新区域新建。无论是何种情况，造林的技术要求基本一致。首先是选址问题。红树林大多生长在风平浪静的滩涂，对潮滩高程、海岸冲淤、敌害生物等自然因素有着较为严格的要求。其次是树种选择。不同潮滩的环境条件往往相差较大，且不同树种对于生长环境的要求也各有差别，需因地制宜地选取合适树种进行种植，以确保红树植物的存活和正常生长。最后，与前两者相比，造林强调"从无到有"的质变，因而需要极高的成本进行宜林生境构建。

通过人工撒播法、物理和化学保护播种法和人工种子（胚轴）萌发法等多种技术手段，可以有效提高种子萌发率和成苗率，在短时间内快速实现海岸带植被重建和生态恢复。研究表明种子法修复技术具有对海草床干扰小、播种成本低、劳动力需求少等优点，成为当前规模化海草床修复的首选方法（李娜 等，2013）。通过种植幼苗可以快速高效地重建原生植被种群，这也是海岸带植被恢复工程中最为普遍的技术措施。群落稳定性与物种多样性互相支撑保障，提高抗干扰能力和恢复能力，提升海岸带生态系统碳汇功能。植被群落稳定性是海岸带植被固碳增汇的重要支撑，而群落物种多样性又为群落的稳定性提供了一个强有力的保障，一般随着物种多样性的升高，群落抵抗外界干扰的能力就会越强，恢复能力也越强。因此，在开展植被恢复时，应注重利用生物多样性原理，多选取适宜的本地物种并辅以合理配置，构建多物种的植被群落，提升植被对自然和生物胁迫的抵抗力、恢复力和稳定性，以发挥更大的碳汇功效。遗传育种措施，提升植物光合作用效率、培育高效固碳植物和改善生态系统储碳能力是一个技术攻关热点。结合分子育种技术，开展优势基因挖掘和优良品种选育，培育高产、高光效、高抗逆和适应性强的盐生植物新品种。

2.3 土壤微生物固碳技术

生物碳泵是以浮游植物光合作用固定的碳通过微食物环和经典食物链的逐级传递、转化，形成向海底沉降的以颗粒有机碳为主的碳，因此生物碳泵也被称为"沉降生物泵"。以微生物为核心的土壤固碳增汇技术，通过增加微生物的碳固定,将成为蓝碳增汇的新兴方向(图2)。首先,强化微生物功能,红树林中植物促生菌的分离、培养、菌剂制备及应用提高了蓝碳生态系统碳合成和固定潜力。通过筛选溶磷菌和固氮菌,制备单一或者组合的菌液、菌粉和微胶囊等剂型促生菌,在不同组合促生菌对红树植物幼苗生长促进作用明显,同时发现菌剂与肥料的配施是促进红树林植物生长的最佳模式(何雪香 等,2012)。其次,通过人为有效干预,如水文连通及植被恢复,提高海岸带生态系统稳定性,间接调控固碳微生物种类、丰度及功能,同样是提高生态系统固碳潜力的有效策略。水文连通有利于形成良好的厌氧环境,降低植物源和微生物源碳的矿化分解,利于老碳的积累和保留。另外,淹水过程可激发微生物产生并储存大量电子,这类还原力可被以沼泽红假单胞菌(*Rhodopseudomonas palustris*)为代表的微生物利用,进而完成固碳过程(韩广轩 等,2023)。

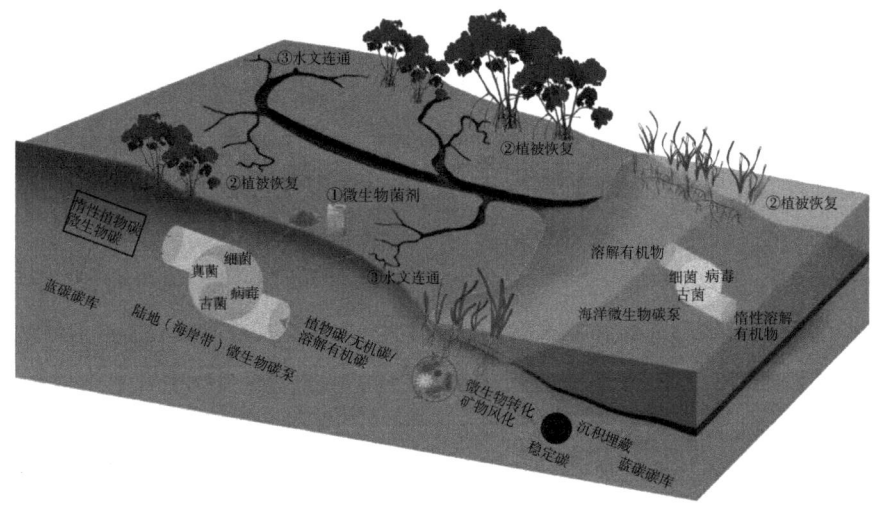

图 2　土壤微生物固碳技术

2.4　碳沉积埋藏技术

碳沉积埋藏技术主要以恢复泥沙补给为基础,通过提高河流或潮流的泥沙输入量、增加海岸带生境的泥沙截留量、降低泥沙侵蚀量等技术手段,以维持海岸带生境的碳沉积埋藏能力(图3)。通过恢复海岸带水沙供给,可促进蓝碳生境的纵向堆积和横向延伸,扩展其向陆或向海的生存空间,提高有机碳沉积埋藏速率。第一，通过重新引入河流水沙或提高河口的泥沙输入量，可提升河口三角洲的固沙能力，维持蓝碳生境健康；第二，在河流输入较弱的区域，可在保持防护作用下将海堤向陆退缩，通过恢复海洋潮流的沉积作用塑造或改变海岸带蓝碳生境类型，提高碳埋藏速率；第三，提高泥沙截留量并降低侵蚀效应还可通过建造沙岛、阶地等技术措施来实现；第四，改造防洪堤、丁字坝等硬质堤坝为咸水植物、牡蛎礁等生物堤坝，建设生物堤坝促进泥沙供给、降低波浪侵蚀（韩广轩 等，2023）。

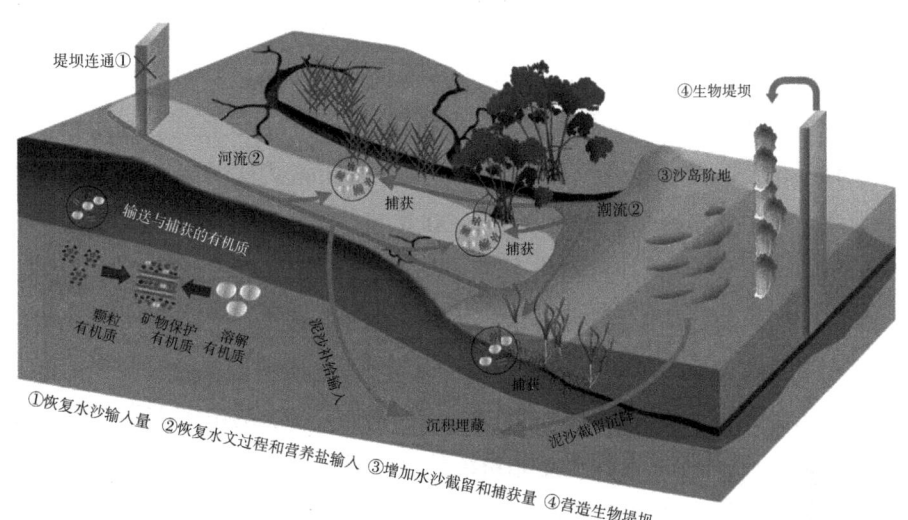

图3　碳沉积埋藏技术

3　红树林蓝碳的定量研究方法

红树林蓝碳收支的监测又分为通量的观测和碳库的观测。底泥里的碳库的变化是源于碳通量的变化，包括垂直和水平的流动，即

$$\mathrm{d}C/\mathrm{d}t = \sum F \tag{1}$$

式中，C 表示一个系统的碳库（g C/m²），t 表示时间，F 表示各类碳通量［垂直或水平的汇和源，g C/（m²·s）］。

流动研究蓝碳的量，既可以观测各类通量，算出总量，也可以直接观测碳库的变化。通量的观测属于瞬时观测，比较复杂，误差大，但优点是可以了解具体碳库变化的机理和过程，为建模提供数据基础。碳库的测量相对简单,可以得出一年或几年的变化量,但无法给出季节性变化或各个碳通量的贡献(唐剑武 等,2018)。

3.1 密闭箱法测定碳通量

原理是利用一定大小的密闭箱(透明的和黑色的),将密闭箱的气体用气泵联通到CO_2或其他气体测量仪上。密闭箱盖住植被或土壤后,利用内部CO_2浓度单位时间的增加来测量CO_2通量。其基本公式是:

$$F = \frac{\Delta c}{\Delta t}\frac{V}{A} = \frac{\Delta c}{\Delta t}H \tag{2}$$

式中,F 是 CO_2 通量 [$\mu mol/(m^2 \cdot s)$],Δc 是密闭箱内 CO_2 浓度在一定时间内的变化($\mu mol/m^3$),Δt 是间隔时间(s),V 是密闭箱的有效体积(m^3),A 是密闭箱覆盖的面积(m^2),H 是密闭箱的有效高度。密闭箱一般都开有一小孔以保持箱内气压与外界相似。密闭箱式法的误差已经被广泛认识到。其主要原因是密闭箱增加了 CO_2 浓度,从而改变了箱内 CO_2 与外界 CO_2 的浓度梯度,从而使测量出来的 CO_2 通量不一定是真实的外界 CO_2 通量。另外,密闭箱会改变温度、光照等,从而影响测量值。所以在使用密闭箱时,一定要选择最佳时间间隔(一般为几分钟),使箱内浓度升高到能够测量其变化,但又不过度影响内部环境。利用透明箱能测出生态系统的净产量(NEP),利用暗箱能测出生态系统的总呼吸量(R),因此可以测出光合作用总量(初级生产力 GPP=NEP+R)。目前密闭箱可分为手动和自动(能连续观测)两种(彭聪姣 等,2016)。密闭箱测出的瞬时通量数据需要叠加到日总量和年总量,以算出某一植被类型的年通量(邬建国,2007)。

3.2 涡度相关法测定碳通量

该方法提供大尺度的自动通量测量法,能够全年连续运行,提供日尺度和年尺度的通量值。该方法要求面积较大(1 hm^2 以上)的均一植被和平坦地形,无法测量各类小区模拟实验。目前全球已经有几百个涡度相关法碳通量监测站,分布在各种生态系统,从陆地到近海岸,组成了全球通量网 FLUXNET。涡度相关法是一种近似的、限制于特定气象和地形条件下的微气象测量法。其基本公式为:

$$F = \overline{w'c'} \tag{3}$$

式中,F [$\mu mol/(cm^2 \cdot s)$] 是 CO_2 平均通量(一般为 30 min 平均),

w 是垂直方向的风速（m/s），c 是 CO_2 瞬时浓度（$\mu mol/m^3$），$\overline{w'c'}$ 是 w 和 c 协方差在 30 min 的平均值。这里要求 c 和 w 能高频测量（10Hz 以上），以计算 30min 的协方差（唐剑武 等，2018）。

3.3 水平通量

上述方法（1）和（2）测量垂直方向的碳通量。为了准确了解一个系统的碳收支，潮汐和海水流动带来或带走的碳也需要测量，即水平通量，包括 DOC、DIC、POC。目前没有成熟的测量水平通量的方法。唐剑武和他的合作者最近在美国东北部开展了水平通量的测量，主要通过测量河口或潮沟里的海水流量和水里的 DOC、DIC、POC 浓度来计算碳水平通量（唐剑武 等，2018）。

3.4 碳库测量

红树林生态系统碳库主要包括植被碳库（包括地上和地下部）、土壤和底泥的碳库、水体生物量。植被地上、地下部分生物量主要通过植物各部分生物量干重乘以相应碳转换因子得到生物量碳汇。土壤碳含量可以通过总碳分析仪测定。为了测定土壤或底泥的多年变化，可以通过打土钻来测量分层的年代和碳含量。定年代一般用铅同位素或铯同位素方法。目前碳库测量以多深土壤为标准还没有一个通用的标准，所以在统计时必须汇报土壤深度。红树林和海草生态系统碳库计算较盐沼生态系统稍显复杂。红树林地上生物量包括乔木植物生物量碳库和林下灌丛生物量碳库。根据异速生长方程分别计算每棵树木叶片、树枝、树皮、主干、花果和根的生物量，乘以各组分相应的碳含量，把各个组分的总碳储量值相加除以样方面积，获得该样方内乔灌木生物量碳储量。一般红树群落中都会有发达的呼吸根，需将其作为一个单独的碳库来计算（唐剑武 等，2018）。

4 红树林蓝碳的发展前景与展望

（1）加强固碳增汇技术的监测与评估，不断提升优化固碳增汇技术体系：当前红树林蓝碳监测技术，还没有统一的规范和标准，碳储量核算存在较大的争议，亟待建立融合"卫星遥感观测—大气浓度监测—地面定位观测"为一体的"天—空—地"一体化碳汇观测体系，实现对红树林蓝碳精确与高效的监测和评估；同时，基于观测系统大数据、人工智能、高性能计算等技术，增强固碳过程观测数据的精细化管理，科学评估不同固碳增汇技术的增汇效果，实现红树林生态系统蓝碳碳汇的动态评估和科学预测（韩广轩 等，2023）。

（2）加快研发和布局前瞻性、颠覆性的红树林蓝碳增汇技术（韩广轩 等，2023）：红树林蓝碳增汇技术应兼顾生态保护和社会发展需求，聚焦海岸带生态系统碳汇格局、过程机制、演化趋势与潜力评估，构建以研发中心为支撑的创新平台体系，融合生物学、生态学、化学和物理工程等技术和方法，培育和发展包括土壤负排放、植物固碳增汇、土壤微生物固碳、碳沉积埋藏等技术体系，强化红树林蓝碳支撑固碳增汇的技术耦合优化与协同增效，建立红树林蓝碳增汇技术示范区，推动前瞻性、颠覆性增汇技术广泛推广实施。

（3）构建海岸带蓝碳开发流程及交易机制是海岸带蓝碳增汇技术体系的关键资金支撑：蓝碳潜力的维持既要对现有海岸带蓝碳生态系统进行保护和管理，也需要建立相应的开发流程及交易机制，以维持并强化蓝碳提供生计的能力。其中，生计一方面是指提高蓝碳生态系统周边居民的收入，另一方面是指海岸带蓝碳价值的生态资本化，以更好地实现社会化、市场化管理进程，减少国家日常维护所付出的成本。具体来说，首先要通过产权确权将海岸带碳汇资源转化为产权明晰的蓝碳资产；然后在现有碳排放权交易体系的基础上，解决交易覆盖范围、可监测、可报告、可核查体系构建等关键问题，建立符合国情的海岸带蓝碳价值评估体系，将规范量化后的碳汇进行认证并纳入市场交易，最终打通海岸带蓝碳碳汇生态产品的价值转换和实现路径（韩广轩 等，2023）。

（4）随着CO_2浓度升高、氮沉降全球变化的加剧使土壤碳、氮含量增加，碳磷比、氮磷比例失衡，全球变暖和降雨的变化改变了土壤质地和植物生长代谢水平，这些气候变化内容互相关联，已经影响并将持续影响红树林蓝碳的固定，揭示全球气候变化背景下潜热通量、感热通量等变化对海岸带蓝色碳汇影响的内在机理，是未来研究的重要方向和课题。

思考问题

1. 红树林在海岸带蓝碳减排增汇中的战略地位如何？
2. 如何运用红树林减排增汇技术？

3. 现如今红树林蓝碳的监测有何不足之处，如何完善？

参考文献

陈顺洋，安文硕，陈彬，等，2021. 红树林生态修复固碳效果的主要影响因素分析［J］. 应用海洋学学报，40（1）：34-42.

段晓男，王效科，逯非，等，2008. 中国湿地生态系统固碳现状和潜力［J］. 生态学报，28（2）：463-469.

韩广轩，宋维民，李远，等，2023. 海岸带蓝碳增汇：理念，技术与未来建议［J］. 中国科学院院刊，38（3）：492-503.

何斌源，范航清，王瑁，等，2007. 中国红树林湿地物种多样性及其形成［J］. 生态学报，27（11）：4859-4870.

何雪香，李玫，廖宝文，2012. 红树林固氮菌和解磷菌的分离及对秋茄苗的促生效果［J］. 华南农业大学学报，33（1）：64-68.

李捷，刘译蔓，孙辉，等，2019. 中国海岸带蓝碳现状分析［J］. 环境科学与技术，42（10）：207-216.

李娜，陈丕茂，乔培培，等，2013. 滨海红树林湿地海洋生态效应及修复技术研究进展［J］. 广东农业科学，40（20）：157-160，167.

彭聪姣，钱家炜，郭旭东，等，2016. 深圳福田红树林植被碳储量和净初级生产力［J］. 应用生态学报，27（7）：2059-2065.

唐剑武，叶属峰，陈雪初，等，2018. 海岸带蓝碳的科学概念、研究方法以及在生态恢复中的应用［J］. 中国科学：地球科学，48（6）：661-670.

邬建国，2007. 现代生态学讲座［M］. 北京：高等教育出版社.

案例九 亚热带山地草甸生态修复关键技术

本案例真实反映了亚热带地区江西武功山退化草甸治理的现状和关键技术的应用情况，适用于生态环境建设与管理、森林生态系统理论与应用等课程案例教学。

摘要：本案例针对亚热带山地草甸生态系统极端脆弱性、敏感性，以及人为干扰严重等问题，选取江西省武功山为典型区域，进行山地草甸生态修复的研究与示范。案例基于武功山山地草甸植物群落研究成果和退化类型评价结果，重点介绍了以武功山草甸为代表的亚热带退化山地草甸生态修复关键技术。在优先修复区，采取撒播不同草种、覆盖不同辅助物料、草皮移植及封育等措施进行人工建植草甸植被的修复；在重点修复区，根据草甸退化程度采取不同修复技术：重度退化采用覆盖措施与多种草种播种方式搭配；中度退化采取补播混播相结合；轻度退化以近自然恢复方式为主，同时结合混播草种。不同退化程度草甸采用不同的群落配置模式。分析对比了不同修复技术的植被生长效果，探讨适合在武功山特殊环境下进行山地草甸修复的关键技术。本案例为退化草甸生态修复提供技术指导，为亚热带山地草甸的经营规划与可持续发展提供参考。

关键词：山地草甸；生态修复；武功山；围封；群落配置

Abstract: In this case, the extreme vulnerability, sensitivity and serious human disturbance of mountain meadow ecosystem in subtropical China were studied and demonstrated in Wugong Mountain, Jiangxi province. Based on the research results of mountain meadow plant community and the evaluation results of degradation types, the case focused on the key technologies of ecological restoration of subtropical degraded mountain meadow represented by Wugong Mountains meadow. In priority restoration areas, measures such as sowing different grass species, covering different auxiliary materials, transplanting grass and sealing off would be taken for the restoration of artificially constructed grassland vegetation; In key restoration areas, different restoration techniques would be adopted based on the degree of grassland degradation: for severe degradation, coverage measures would be used in combination with various grass seed sowing methods; Moderate degradation adopted a combination of supplementary sowing and mixed sowing; Mild degradation was mainly achieved through near natural restoration, combined with mixed seeding of grass species. Different community configuration modes were adopted for mountain meadow with different degrees of degradation. The vegetation growth effects of different restoration technologies were analyzed and compared, and the key technologies suitable for mountain meadow restoration in the special environment of Wugong Mountains were discussed. This case provides technical guidance for the ecological restoration of degraded grasslands, and provides reference for the management planning and sustainable development of subtropical mountain meadow.

Keywords: Mountain meadow, Ecological restoration, Wugong Mountain, Grass seed, Turf transplantation, Covering enclosure, Community configuration

1 武功山山地草甸生态修复背景

江西武功山山地草甸以其面积广和分布基准海拔低的特点，在华东植被垂直带谱中具有典型性和特殊性，但气候变化和人为干扰已使其产生不同程度的退化（程晓，2014）。针对亚热带山地草甸生态系统极端脆弱性、敏感性和干扰严重等问题，选取武功山为典型区域，进行山地草甸生态修复关键技术的研究与示范。

生态修复分区是开展生态修复的前提，生态功能提升是生态修复的目标（蔡海生，2020）。武功山金顶山顶、仙境山庄等因游人频繁踩踏、旅游开发搭建客栈，水土流失严重，草甸已重度退化，设为优先修复区；金顶风景区因植被覆盖度高、生物多样性丰富而成为武功山的核心景区，气候变化和游人干扰使大面积的草甸产生不同程度的退化，设为重点修复区；

法云界景区、九龙山景区因放牧、发展农业而使草甸受到一定程度的破坏，设为一般修复区。

本案例的山地草甸植被修复技术研究以优先修复区、重点修复区为主。一般修复区则实施禁牧、禁耕，然后实行自然恢复。

2 优先修复区——金顶山顶修复措施

2.1 不同草种修复措施

试验区金顶山顶位于武功山山地草甸景观核心区域，海拔较高，地势复杂，不便于携带过多物料进行大规模恢复试验。而且这里游客众多，人为干扰最为严重，不适合规模大、周期长的植被恢复措施。因此采用直接撒播的方式进行植被恢复（李志 等，2018）。结合山顶气温较低，游客较多的特点，选择耐踩踏或耐低温的狗牙根、高羊茅、画眉草、黑麦草，以及在当地采集的优势草种芒等几种草种作为试验草种，在播种30 d后观测各草种长势。同时，选择相同面积的样方，采用无处理自然封育方式（CK）对照观测，结果如图1所示。

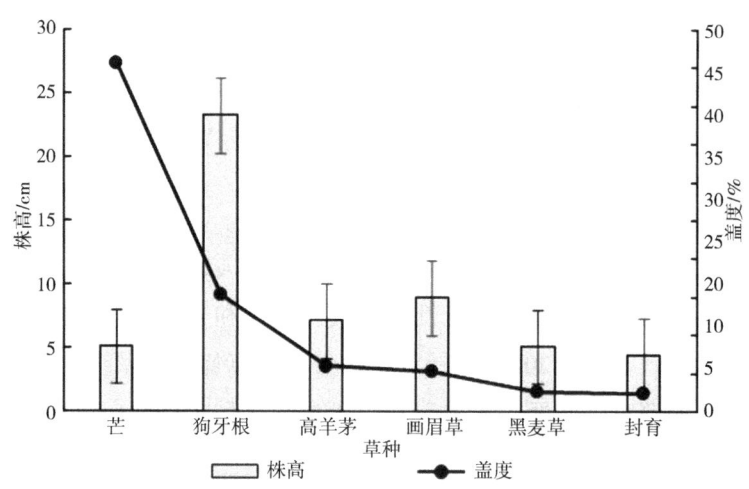

图1 不同草种恢复措施株高与盖度

由图1可知，从几种草种撒播后的长势来看，芒的盖度最大，达到36%，说明在无其他辅助措施下，撒施该草种在武功山退化土壤环境中发芽率最高，适应性较好。其次为狗牙根覆盖度达到15%。覆盖度最小的是黑麦草，仅为2%，甚至低于无任何草种撒施的封禁处理，说明该草种发芽率较低（李志 等，2018）。撒播的狗牙根株高最高，其次为画眉草，其他草种样方内的植被株高度差异不大。

方差分析显示，撒播不同草种的样方内植被株高存在极显著差异。为进一步对比确定撒播草种和封育植被株高长势差别，做了对比封育措施的几种草种株高单样本检验分析。几种撒播草种样方内植被与封育措施样方内植被株高（均值为4.36 cm，下同）对比，狗牙根和高羊茅与封育措施样方内存在明显差异，黑麦草样方内植被株高与封育措施有一定差异，画眉草和芒与封育植被株高差异不明显。

综合以上结果，在无任何其他辅助措施情况下，芒和狗牙根较适合在该区域进行撒播，高羊茅可以作为备选草种，这3种草种比封育措施能较好地对退化地表进行恢复。而画眉草和黑麦草的效果较差，可能是因为种子本身的生态特征或种子粒较为细小的原因造成的。

2.2 基于无纺布覆盖不同撒播修复措施

无纺布是一种新型环保材料，因其具有容易分解、透气、质轻、可循环利用、不助燃、无毒无刺激性、价格低廉等特点，近年来常作为作物保护布、育秧布、灌溉布、保温幕帘等，广泛应用于植被恢复工程。本试验中分别在4 m²样方内撒播芒、高羊茅、黑麦草、画眉草和狗牙根，然后，在样方表面覆盖无纺布，起到对种子保护及育苗、保温的作用。同时，将修复效果与封育措施相对比，观测在该措施下不同草种的生长成效。

由图2可知，在无纺布覆盖措施下，撒播芒草种的样方植被覆盖度最高，达到58.33%，与其他草种及封育差异显著。其次为撒播高羊茅种子的样方覆盖度为28.33%，说明在辅助无纺布的措施条件下，芒和高羊茅能较好发芽生长。狗牙根草种样方的覆盖度较之无覆盖措施下有所降低，撒播画眉草草种样方覆盖度则和封育措施相近。在该技术措施下，狗牙根的株高仍然最高，其次依然为芒，最后为黑麦草。说明狗牙根和芒草种生长在覆盖无纺布措施下比较适合区域环境。

撒播的几种草种生长株高与封育措施样方内自然生长的植被株高对比，芒和高羊茅草种样方的植被株高有明显差异，其他几种草种样方内植被株

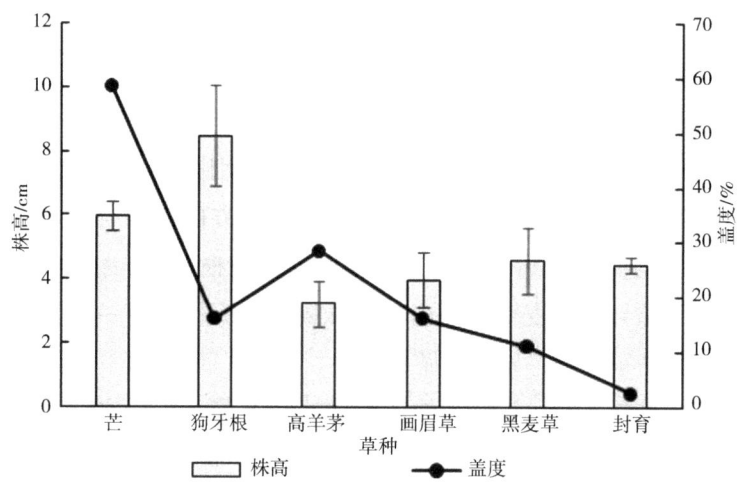

图 2　覆盖无纺布不同草种恢复措施株高与盖度

高与封育措施无显著差异。

综上所述，在覆盖了无纺布的保护措施下，高羊茅草种样方的覆盖度增大，发芽率提高，但是植株生长高度有所降低，可能是因为山上风力较大，吹在无纺布上面产生了一种压迫效应所致（李志 等，2018）。黑麦草草种在得到覆盖保护后，样方内的盖度和株高明显提高，说明在合适的辅助措施下，该草种可以作为武功山区域植被恢复的备选草种。狗牙根在覆盖作用下，盖度没有提升，但是株高依旧最高，说明该草种比较适合该区域气候特征。

2.3　基于草帘子覆盖不同撒播修复措施

武功山海拔 1 500 m 以上景观以草甸著称，在游人集中区域及坡度较大区域有不同程度退化，而其他的坡面地区则草甸茂盛。本研究因地制宜，从方便取材角度出发，分散采收其他长势良好区域的植被替代传统稻草制品的草帘子，散铺在撒播草种的样方上面，作为辅助草种生长的防护措施（李志 等，2018）。对比封育措施下撒播草种的修复效果，结果如下。

在覆盖草帘子的情况下，高羊茅样方的植被覆盖度达到 26.67%，长势比较好。其次为芒和狗牙根，最后是黑麦草、画眉草及封育，但之间差异不显著（$P > 0.05$）。几种草种及封育措施株高最高的为狗牙根，其次为封育和芒，最后为画眉草、黑麦草、高羊茅，差异也不显著（$P > 0.05$）。各草种修复后的覆盖度和株高与封育措施相比均无明显差异，说明覆盖草帘子对草种的保护效果不是很显著（李志 等，2018）（图3）。

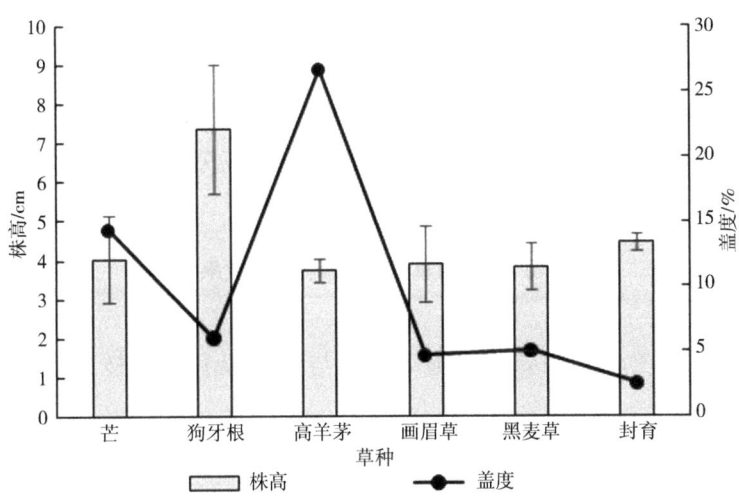

图3 草帘子覆盖不同草种恢复措施株高与盖度

2.4 基于裸地移植草皮修复措施

在游人踩踏严重的区域，存在大片的土壤严重侵蚀现象。人为干扰下再经风雨侵蚀，表土层被冲刷殆尽，或仅有较少的间断浅土层，地表岩石裸露，这种情况不适合进行撒播播种。本研究采取草皮移植的方案，即从其他草甸茂盛区分散铲取当地优势物种芒、薹草、飘拂草的草皮，另外，从山下购买人工培育的狗牙根草皮，作为岩石裸地或少土退化区的恢复措施，观测各种处理下植被生长情况（图4）。

由图4可知，几种草皮移植处理中华薹草草皮的长势最好，样方盖度达到了95%，其次为芒和飘拂草草皮，分别为94%和93.33%。说明本土草皮移植能较好的适应区域环境，成活率高。而外来草皮狗牙根的覆盖度为80.67%，且存在一定的死株现象。对比封育措施，草皮移植处理的效果明显，能快速的修复草甸退化情况（李志 等，2018）。

以上几种草皮移植后植株高度差异极显著。中华薹草最高，其次为芒

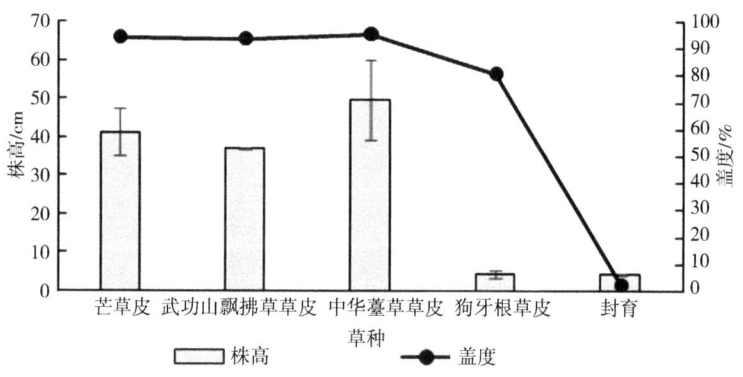

图 4　移植草皮不同草种修复效果

和飘拂草,这三者之间差异不显著,但与狗牙根和封育样方内株高差异显著。

综上所述,草皮移植的措施几种草种均能较好的恢复退化地表的严重裸露状况,对比封育措施亦有明显的优势,尤其是本土草种草皮的移植,效果更为明显(李志 等,2018)。

2.5　不同修复措施草甸恢复效果对比

通过直接撒播、覆盖无纺布、草帘子及草皮移植等修复技术的研究与示范,对山地草甸修复均有一定的成效。对比几种修复措施的效果,具体结果如表 1 所示。

表 1　不同修复技术山地草甸恢复效果

指标	草种	撒播	覆盖无纺布	覆盖草帘子	其他方式
盖度/%	芒	45.67±4.33 bc	58.33±10.14 cd	14.33±2.33 ab	93.33±1.67 $e_{1\#}$
	狗牙根	15.33±0.33 ab	16.00±6.66 ab	6.00±2.08 a	80.67de±0.67 $de_{2\#}$
	高羊茅	6.00±0.58 a	28.33±1.67 abc	26.67±21.67 abc	94.00±2.00 $e_{3\#}$
	画眉草	5.33±0.88 a	16.00±7.81 ab	4.67±0.88 a	95.00±0.01 $e_{4\#}$
	黑麦草	2.67±0.67 a	11.00±4.00 a	5.00±1.15 a	2.50±0.87 $a_{5\#}$

(续表)

指标	草种	撒播	覆盖无纺布	覆盖草帘子	其他方式
株高/cm	芒	5.14±0.28 a	5.97±0.80 a	4.03±1.93 a	36.88±0.51 cd$_{1\#}$
	狗牙根	23.25±1.55 bc	8.47±2.72 ab	7.37±2.85 a	4.29±1.63 a$_{2\#}$
	高羊茅	7.14±2.93 a	3.23±1.25 a	3.73±0.52 a	41.26±10.67 d$_{3\#}$
	画眉草	8.93±0.49 ab	3.98±1.48 a	3.90±1.67 a	49.53±17.81 d$_{4\#}$
	黑麦草	5.15±0.64 a	4.58±1.75 a	3.83±1.01 a	4.47±0.39 a$_{5\#}$

注：不同字母代表差异显著（$P<0.05$）。1#、2#、3#、4#、5#分别为中华薹草草皮移植、芒草皮移植、狗牙根草皮移植、飘拂草草皮移植、封育。

由表1可以看出，对比直接撒播、覆盖无纺布、覆盖草帘子这三种技术措施，芒在覆盖无纺布的措施中修复效果最好，比直接撒播草种的植被覆盖度高12.66%。而其他草种，狗牙根、高羊茅、画眉草及黑麦草，覆盖无纺布是三种措施中整体植被覆盖度最高的。芒、飘拂草、中华薹草草皮移植后的盖度较高，与草种撒播或覆盖物料的技术措施差异显著（$P<0.05$）。

就株高而言，覆盖无纺布修复措施比较适合用于撒播草种的前期。飘拂草和中华薹草草皮移植显著高于其他草种撒播及覆盖物料植被株高（$P<0.05$）。芒草皮移植与狗牙根外其他草种撒播及覆盖物料植被株高差异显著（$P<0.05$）。说明草皮移植修复技术，植株生长效果明显优于其他措施。

从综合效果来看，草皮移植是快速实现草甸恢复方案中最快的，也是效果最好的，且本地优势物种草皮的适应性尤其好。但在具体实施过程中需要多处采集草皮，避免在修复过程中对草甸造成新的干扰破坏（李志 等，2018）。其他几种辅助措施中，撒播后覆盖无纺布的效果较好。在草种的选择上，建议芒作为主要选用修复草种，狗牙根作为辅助的草种，并辅助覆盖无纺布进行植被恢复。

3 优先修复区——建筑破坏区坡面修复措施

选取武功山铁蹄峰景区内的"仙境山庄"客栈旁边的建筑破坏产生的土壤裸露坡面作为典型区域，采用不同的草种撒播、辅助防护、草皮移植、草株栽植等技术，对该坡面进行植被修复及水土保持工作，具体修复结果如图5所示。

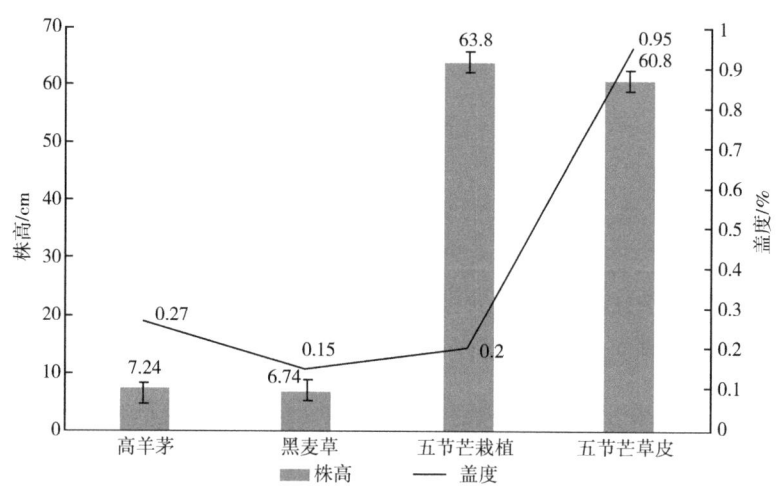

图 5　坡面不同恢复措施植被株高与盖度

由图 5 可知，在坡面不同植被恢复措施中，芒草皮移植的植被覆盖度最高，达到 95%，其次撒播高羊茅的样方，覆盖度为 27%，栽植芒和撒播黑麦草的盖度分别为 20% 和 15%。说明移植草皮是在该区域进行坡面植被恢复易于实施的最好措施。几种措施中，株高最高的为芒栽植，因为在栽植的过程中选择的都是较为优良、粗大的植株。之所以植被覆盖度低，是因为栽植后部分植株干枯，及株行距间隙较大等造成的。

总之，在严重破坏的建筑坡面修复过程中，移植草皮的修复效果最好，草株栽植也有较好的效果，但应注意合适的栽植方式和株行距。另外撒播高羊茅有较好的发芽率，可以作为备选草种使用。而黑麦草效果相对较差。对于坡度较大的区域，人工操作比较困难，建议使用机器喷播。试验成本的原因该技术没有示范研究。

4　重点修复区不同退化程度草甸区修复措施

在武功山退化草甸区域内，对轻度退化地块，实施以封育为主的近自然生态修复模式；在中度退化地块，通过草甸建群种、伴生种不同组合的补播、混播，促进草甸群落演替、缩短草甸生态系统自然恢复进程，改善草甸群落结构，增加山地草甸生态系统的多样性与稳定性（全国畜牧总站，2018）；在严重退化地块，通过选取适宜物料、基质、覆盖及喷播等技术集成进行草甸植被修复的研究与示范。

4.1 轻度退化：自然恢复方式和混播草种相结合

在轻度退化的地块主要以近自然恢复方式为主，采取围栏、树告示牌等引导游客，避免对该类型草甸区再进行深度的破坏。另外，选择狗牙根（1）、高羊茅（2）、画眉草（3）及黑麦草（4），根据草种生物学特性，实行多种混播（表2）。

播种方案：1×2×3×4（混播：狗牙根、高羊茅、画眉草、黑麦草）。

参考播种量：狗牙根单播 15 g/m²、高羊茅单播 30~40 g/m²、画眉草单播 0.1~0.3 g/m²、黑麦草单播 30~40 g/m²。

通过自然恢复及混播的方式，修复轻度退化草甸面积 330 余亩，植被覆盖度全部恢复至 100%。

表2 轻度退化草甸修复植物成活率调查 （%）

植物名	珍珠草	蓟	两歧飘拂草	紫萼	藜芦	艾	油点草	前胡
成活率	45.6	28.5	79.8	70.4	63.8	76.5	58.5	68.7

4.2 中度退化：补播、混播方式

在中度退化的区域，主要依靠补播与混播相结合的方式，对于区域内植被较丰富的退化草甸采用补播的方式，而对于植被种类较为单一的区域，则主要采用混播的方式。选择狗牙根（1）、高羊茅（2）、画眉草（3），根据草种生物学特性，实行单播或两两混播或多种混播。

播种方案：1（单播：狗牙根）、3（单播：画眉草）、1×2（混播：狗牙根、高羊茅）、2×3（混播：高羊茅、画眉草）、1×2×3（混播：狗牙根、高羊茅、画眉草）。

参考播种量：狗牙根单播 15 g/m²、高羊茅单播 30~40 g/m²、画眉草单播 0.1~0.3 g/m²。

通过补播与混播相结合的方式，在中度退化区域内完成植被修复面积 150 余亩，且修复区的植被覆盖度均达到了 80% 以上。

4.3 重度退化：覆盖措施与多种草种播种方式搭配

对于严重退化的地块课题组采取了多种修复措施，如单播狗牙根、黑麦草、画眉草、高羊茅、芒、野古草等，及不同草种的混播，另外搭配不同的覆盖方式对播入土壤的草种进行保护，同时采用移植草皮等方式，多途径开展修复措施研究，通过对严重退化地块进行修复，完成示范面积120余亩，严重退化草甸区域植被覆盖度均达到50%以上（表3）。

表3　重度和中度退化草甸生恢复植物成活率调查　　（%）

植物名	重度退化草甸	中度退化草甸	轻度退化
芒	—	60.2	86.7
毛秆野古草	—	68.7	89.5
群落覆盖度	52.6	83.5	100

注：重度退化草甸采取草种直播进行恢复，无法统计其成活率，只能用植被覆盖度进行描述。

4.4　群落配置模式

不同退化程度草甸采用不同的群落配置模式。针对不同退化草甸的特征和草种的成活率，筛选出武功山草甸2种主要建群种芒和毛秆野古草为主要恢复草种，并选择两歧飘拂草、艾、紫萼、前胡4种伴生草种进行随机种植进行恢复试验，不同退化程度的草甸采用不同群落配置模式（表4）（王伯民 等，2021）。

表4　武功山退化草甸群落配置模式

草甸退化类型	重度退化	中度退化	轻度退化
群落配置模式	芒与毛秆野古草混合播种	芒与毛秆野古草行状混交种植	芒与毛秆野古草块状混交，再将两歧飘拂草、艾、紫萼、前胡等按随机组合进行种植

思考问题

1. 山地草甸的生态屏障作用是什么？
2. 山地草甸为什么退化严重？
3. 如何根据山地草甸退化情况采取不同修复措施？
4. 山地草甸植被修复还有哪些修复技术与措施？

参考文献

蔡海生，陈艺，查东平，等，2020. 基于主导功能的国土空间生态修复分区的原理与方法[J]. 农业工程学报, 36 (15): 261-270, 325.

陈文业, 郑华平, 戚登臣, 等, 2008. 玛曲县生态环境退化、恢复重建及畜牧业可持续发展[J]. 草业与畜牧, 5: 36-40.

程晓, 2015. 武功山山地草甸植物群落特征及空间分布格局研究[D]. 南昌: 江西农业大学.

黎与, 胡振军, 魏占雄, 2008. 兴海县草地现状与畜牧业可持续发展对策[J]. 草业与畜牧, 12: 23-26.

李宇章, 王亚妮, 胡宜刚, 等, 2022. 不同植被恢复措施下高寒沙化草地植被与土壤变化特征[J]. 水土保持学报, 36 (4): 211-218.

李志, 袁颖丹, 张学玲, 等, 2018. 武功山退化草甸不同植被恢复措施生长效果及适应性研究[J]. 中南林业科技大学学报, 38 (2): 90-96.

彭辉武, 刘忠华, 李萍球, 等, 2016. 武功山退化山地草甸土壤种子库的研究[J]. 生态科学, 35 (1): 98-102.

全国畜牧总站, 2018. 草原生态实用技术 (2017) [M]. 北京: 中国农业出版社.

王伯民, 罗强, 李祥, 等, 2021. 武功山山地草甸生态恢复技术研究[J]. 南方林业科学, 49 (6): 32-35.

王芳, 龙启德, 2015. 浅析退化生态系统恢复与重建[J]. 贵州科学, 33 (1): 92-95.

亚森·吾甫尔, 2015. 退化防护林的现状分析与修复策略研究[J]. 农民致富之友, 12: 121.

姚小伟, 祖丽菲亚, 2014. 草地退化的危害与生态恢复措施的研究[J]. 草业与畜牧, 213 (2): 38-39.

张骞, 马丽, 张中华, 等, 2019. 青藏高寒区退化草地生态恢复: 退化现状、恢复措施、效应与展望[J]. 生态学报, 39 (20): 7441-7451.

张宪洲, 王小丹, 高清竹, 等, 2016. 开展高寒退化生态系统恢复与重建技术研究, 助力西藏生态安全屏障保护与建设[J]. 生态学报, 36 (22): 7083-7087.

赵新全, 2009. 高寒草甸生态系统与全球变化[M]. 北京: 科学出版社.

仲波, 孙庚, 陈冬明, 等, 2017. 不同恢复措施对若尔盖沙化退化草地恢复过程中土壤微生物生物量碳氮及土壤酶的影响[J]. 生态环境学报, 26 (3): 392-399.

周华坤, 周立, 刘伟, 等, 2003. 青海省玛多县草地退化原因及畜牧业可持续发展[J]. 中国草地, 6: 64-68.

案例十　塔里木沙漠公路防护林生态工程建设技术

本案例介绍的项目由塔里木石油勘探开发指挥部、中国科学院新疆生态与地理研究所、新疆生物土壤沙漠研究所、中国科学院寒区旱区环境工程研究所等20多个科研机构合作完成，真实反映了新疆塔里木沙漠公路防护林生态工程建设的核心技术，是干旱荒漠区植物资源迁地保育研究及其生态建设应用的典范，适用于生态环境建设与管理、森林生态系统理论与应用等课程案例教学。

摘要： 塔里木沙漠公路的贯通，对加快塔里木盆地油气勘探开发，促进新疆经济发展，尤其是对南疆地区的经济社会发展和政治稳定发挥了重要作用；而在沙漠公路两侧建设绿色长廊，才能保障沙漠公路的长期安全运行，实现生态防沙护路目标。因此，自沙漠公路修筑之日起，针对沙漠公路防护林生态工程建设需要解决的技术问题，塔里木油田就与中国科学院新疆生态与地理研究所和中国科学院寒区旱区环境工程研究所等20多个科研机构合作，在地貌勘察、植物引种、咸水育苗、造林技术、灌溉技术和维护管理等方面进行了深入的研究，极大地促进了我国治沙与沙产业技术的发展。如今，沙漠公路防护林生态工程实现了当年种植、当年成林、当年发挥防护效益的目标，有效治理了沙漠公路沿线风沙危害，彻底改变了塔里木沙漠公路沿线荒芜的生态景观；不仅从整体上完善、升华了修筑沙漠公路的意义，而且为沙漠公路畅通和长久安全运行提供了保障，成为人类治理荒漠与促进生态和谐的伟大创举。

关键词：塔里木沙漠公路；干旱荒漠区；防护林；绿色长廊；生态建设

Abstract: The completion of the Tarim Desert Highway had played an important role in accelerating the development of oil and gas exploration in the Tarim Basin, promoting the economic development of Xinjiang, especially the economic and social development and political stability in southern Xinjiang; Building green corridors on both sides of desert highways can ensure the long-term safe operation of desert highways and achieve the goal of ecological sand prevention and road protection. Therefore, since the construction of the desert highway, Tarim Oilfield has cooperated with more than 20 scientific research institutions, including the Xinjiang Institute of Ecology and Geography, and the Institute of cold and arid regions environmental and engineering research, Chinese Academy of Science. The work conducted in-depth research in geomorphological survey, plant introduction, saline water seedling raising, afforestation technology, irrigation technology, maintenance and management, etc, It had greatly promoted the development of sand control and sand industry technology in China. Today, the desert highway shelter forest ecological engineering has achieved the goal of planting and growing into forests in the same year. The goal of giving play to the protection benefits in the same year has effectively controlled the wind and sand hazards along the desert highway, and completely changed the deserted ecological landscape along the Tarim desert highway, Not only has it improved and sublimated the significance of building desert highways as a whole, but it also provides guarantees for the smooth and long-term safe operation of desert highways, and has become a great initiative for human governance of deserts and promotion of ecological harmony.

Keywords: Tarim desert highway, Arid desert areas, Protection forest, Green corridor, Ecological construction

1 塔里木沙漠公路简介

我国沙漠总面积约为 70 万 km^2，占国土总面积的 7.3%。国内沙漠主要分布于新疆、内蒙古等西部干旱、半干旱地区。塔克拉玛干沙漠位于新疆南疆的塔里木盆地中心地带，是中国最大的沙漠，同时也是世界第二大流动沙漠。整个沙漠东西长约 1 000 km，南北宽约 400 km，面积达 33 万 km^2，相当于两个河南省、一个德国的国土面积。这里平均年降水量不超过100 mm，最低只有4~5 mm；但蒸发量却高达3 000 mm以上，干旱的气候让这里的动物出现了"夏眠"的现象。沙漠里沙丘绵延，受风的影响，沙丘时常移动。金字塔形的沙丘屹立于平原以上300 m，狂风能将沙墙吹起，高度可达其3倍。千百年来，人类很难直接从沙漠中间穿过，"塔克拉玛干"在维语里的意思就是"进得去，出不来"，这是一片浩瀚的死亡之海（徐新文，2004；廉民 等，2018）。大沙漠南北边缘绿洲之间的来往只能靠沙漠周边的绿洲通道来实现；然而，沙漠公路的建成实现了沙漠南北的直接连通，大大缩短了里程。

沙漠公路是国家"八五"重点科技攻关项目，随着我国公路工程技术的高速发展，20世纪90年代，我国在塔克拉玛干沙漠中修建了新疆轮台—民丰沙漠公路，连续穿越流动沙丘446 km（世界最长），为我国沙漠地区交通工程的建设提供了宝贵的技术和经验。塔克拉玛干沙漠公路，又叫塔里木沙漠公路，也是中国最早的沙漠公路，创造了世界沙漠公路建设史上的多项纪录。它将世界上被喻为"死亡之海"的第二大流动沙漠分为东西两半，南北纵贯塔克拉玛干沙漠，北连314国道，南接315国道，极大改善了南疆地区的交通状况（徐新文，2004；崔玉波，2020）。塔里木沙漠公路有4条，分别是轮台县至民丰县（566 km）、阿拉尔市至和田市（425 km）、阿拉尔市至且末县塔中镇、尉犁县至且末县。这里自古以来就是古丝绸之路的中心，如今已是石油勘探开发的主战场，是中石油、中石化的主力油气田基地，途经轮南油田、塔河油田、塔中油田，带动了南疆地区经济发展的动脉。

正是由于由中国科学院科研人员和塔里木石油人在公路两侧建起的绿色生态防护林长廊，改善了局部生态环境，起到了生态防沙的作用，才确保了公路的畅通，为公路长久的安全提供了保障，让"死亡之海"变成了"希望之海"。

2　沙漠公路筑路技术

沙漠地表松软，施工机械难以进入导致运输困难；沙基松散、路基难以压实成形，缺乏砂石等筑路材料等一系列困难。我国从20世纪70—80年代就开始在沙漠地区从事沙害调查、输沙量观测、风向和风速等有关沙漠公路修建的基础研究。随着研究深入，成功解决了长期以来沙漠公路建设中存在的重大工程技术难题。研究成果应用到 90 年代开始修筑的塔里木沙漠公路修筑中，其主体采用了"干振压实、强基薄面"结构的施工工艺。沙漠公路路基施工包括路基挖方和路基填筑，主要由机械施工，因该项目基本位于沙漠腹地，总体采用递推式施工方案（周欣弘，2021）。路线穿过复合型沙垄和复合型沙丘链地段，路基填挖集中力量完成一段、防护一段，特殊路基处理分段实施。

对采用风积沙填筑路基的段落，路基按照《公路路基设计规范》（JTG D30—2015）和《沙漠地区公路设计与施工指南》（JTG/T D31—2008）等相关规定施工。据相关研究及工程实践，风积沙填筑路基，洒水碾压法和干压实法均能达到压实标准，考虑沙漠区水料场缺乏，风积沙料场天然含水量较低，根据类似项目的成功施工经验，风积沙填筑推荐采用干压实法，根据压路机的吨位确定填筑及压实厚度。风积沙填筑路堤时，及时清除各分层中夹杂的草、树根等。综合应用空气动力学和风沙物理学原理，以室内风洞、依托工程流场观测为依据，确定了定量分析路基阻沙性能模式，揭示了阻沙性能指数随路堤高度和边坡坡度的变化规律，有效地解决了沙漠路基合理横断面设计难题，达到了世界领先水平（图 1）（周欣弘，2021）。

3 沙漠公路防沙固沙技术

（1）采用"以沙治沙"的公路防沙理念，研究开发了沙袋装满风积沙、芦苇、稻草、棉秆和土工材料等组成的方格沙障等工程措施为主的可调控防沙体系及相应的维护技术形成活动沙障，实现自由调节规格和移动（图 2）（孙久畅，2019）。

（2）利用固化剂加固就地风积沙形成沙埂，发挥初期固沙和阻沙作用。在沙障被流沙埋压后可以提起，恢复固沙效果，使传统的静态固沙转化为动态固沙（表 1）（周欣弘，2021）。

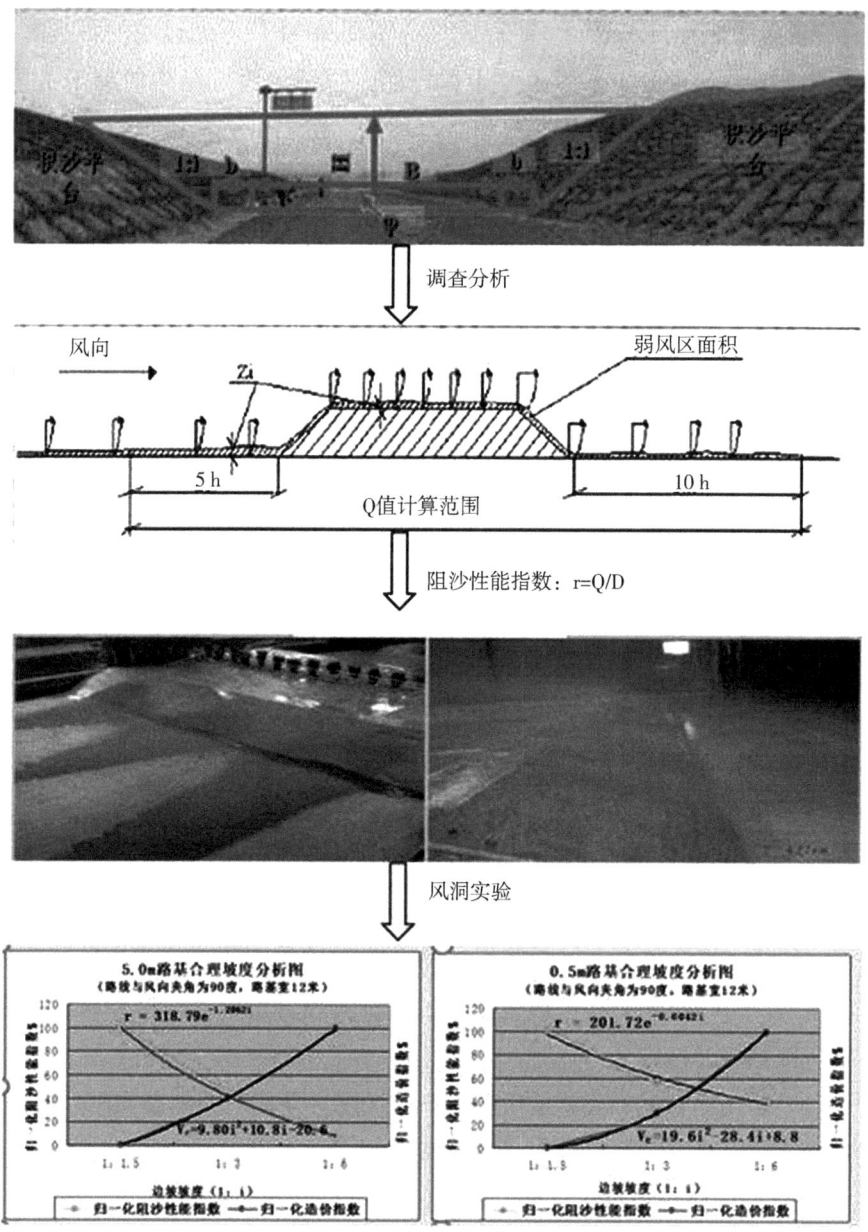

图1 路基合理断面调查试验

图 2　不同材料和形式的防沙固沙实验

表 1　不同规格土工方格沙障沙埋提出的风速和粗糙度变化

沙障规格		V_2/(m/s)	$V_{0.5}$/(m/s)	V_2处风速降率/%	$V_{0.5}$处风速降率/%	粗糙度 Z_0/cm
1 m×1 m	提出	7.54	4.68	17.5	28.5	5.31
	沙埋	9.15	6.55			1.52
1 m×2 m	提出	7.64	4.77	16.4	24.8	4.93
	沙埋	9.14	6.34			2.05
2 m×2 m	提出	7.71	4.86	15.3	25.2	4.80
	沙埋	9.11	6.5			1.92

4　沙漠公路防护林生态工程

沙漠公路建成后,如何保障其不被流沙侵蚀成为最大的难题之一。由于"前阻后固"机械防沙体系,在使用五六年后90%以上基本失去作用。为了保护沙漠公路不被沙子掩埋,国家先后组织了四川、河南和甘肃等地的民工队伍进入沙漠,他们顶着50~70℃的高温,承受着难以想象的困难,开始了用草方格防沙固沙的行动(图3)。

通过防沙体系配合植物种植,发展生物防沙措施,形成防沙体系,才能最终达到防沙固沙的目的。培育耐干旱、耐盐碱植物,采用先进灌溉技术咸水灌溉,利用人工植被防治沙害是国际上公认的沙区生态重建和沙害防治最有效的方法之一。一条长436 km、宽70多m的绿化带建在塔里木沙漠公路两侧,对保护沙漠公路、改善生态环境、拉动南疆经济发展,都具有重大意义(徐新文,2004)。

沙漠中心是典型的大陆性气候,风沙强烈,平均年降水量只有4~100 mm,而平均蒸发量却高达2 500~3 400 mm,自然条件恶劣,动植物几乎不能生存,所以被称为"死亡之海"。在全年几乎没有降水的情况下,在塔克拉玛干沙漠中进行防护林建设需解决的有高抗逆性植物品种选择、高矿化度咸水利用、取水能源的解决和人工防护林带的稳定性等问题。

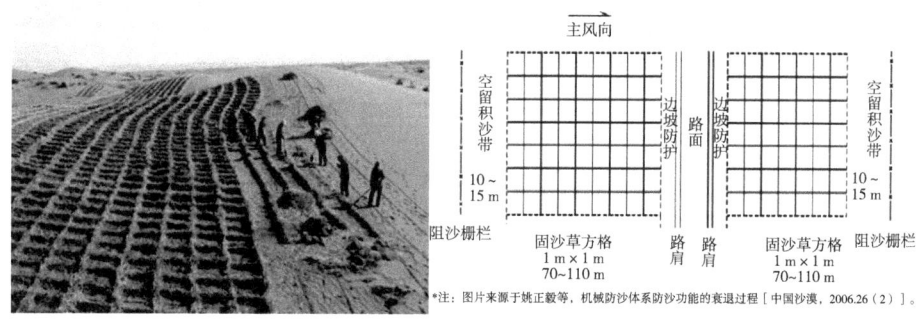

图3 沙漠公路机械防沙体系布设图

4.1 高抗逆性植物品种选择

中亚干旱荒漠区亚区具有世界干旱区最为丰富的种质与基因资源,是世界上干旱荒漠区生物多样性的关键区域。联合国生物多样性公约缔约国大会将世界干旱地区的野生生物资源保育列为生物多样性保育的重点,已经提升到与热带雨林并列的地位。中国科学院新疆生态与地理研究所的科学家们先后累计野外引种50余次,足迹遍布准噶尔盆地、塔里木盆地、吐哈盆地、柴达木盆地、河西走廊、阿尔泰山、天山、昆仑山、阿尔金山和帕米尔高原。引种地区最高海拔到西藏阿里,最低是吐鲁番的艾丁湖,最远到了内蒙古自治区的二连浩特。国外引种植物的地点除俄罗斯外,还有中亚各国,也涉及非洲的利比亚和毛里塔尼亚以及西亚的叙利亚。项目组成员以迁地保育温带干旱荒漠区植物资源为对象,从干旱荒漠区重要与特色类群迁地保育技术、植物种子特性及繁育关键技术、典型植物类群特性及其在生态建设中应用的关键技术等方面,进行了广泛、深入、系统的研究,累计引进植物832种,共获5 382份植物繁殖材料(徐新文,2004;张雪梅,2017)。

从1998年至2014年,从植物引种到迁地保育成功,从种子(果实)到成苗、开花结果;乃至扩繁推广,历时16年。最终,完成了"干旱荒漠区植物资源迁地保育研究及其生态建设应用"项目。通过试验,在5大类植物36个植物品种中筛选出了抗逆性好、适应性强的沙生柽柳、白刺、白皮沙拐枣、梭梭等沙生植物用于工程绿化,这些荒漠灌木的定植可以促进土壤养分转化,加速沙漠防护林土壤的发育进程(图4)。

4.2 高矿化度咸水利用

为了解决塔里木沙漠公路防护林工程的供水问题,工程队沿着绿色走廊,每隔4 km建一红顶蓝墙的水井房,每个水井房都由一对夫妻长期值守;108个水井房依次排开,一条条滴灌管蜿蜒,担负起在极端干旱的流动沙漠里的护绿重任。以轮台县到民丰县的沙漠公路为例,公路两侧铺设供水干管959 km、支管1 018 km、毛管1.9万km,形成了绿植滴灌系统(图5)。

沙漠公路生态防护林工程完全利用沙漠中高矿化度咸水,工程全线采用咸水滴灌造林技术,设计年耗水总量不超过600万 m^3;滴灌以每10天1个周期,造林当年的**春季缩短灌溉周期(减少灌溉量)**。夏季(5—8月)缩短灌溉周期,灌溉量为120 m^3/(亩·年)。秋末最后一次加大灌溉量,起到淋盐作用。加之抗干旱、耐盐碱和抗风沙高抗灌木的成功选育,使沙漠公路防护林工程苗木成活率超过80%;目前,防护林生态工程栽植苗木总量达到2 000余万株,林带总面积3 000余公顷。

4.3 取水能源

最开始采用柴油机抽水,每年消耗油600万~700万元。为了降低成本,在沙漠公路附近建立了太阳能发电供能试验站;电池板功率为15 kW,每天抽水6 h,每小时出水20 m^3,可满足基本灌溉需要(图6)。

图 4　高抗逆性植物品种示例

图 5　红蓝水井房的咸水滴灌造林技术

4.4　沙漠公路人工防护林带的生态与经济效应

为了提高沙产业的经济效益,在选育高抗灌木的同时,也种植较大经济价值的寄生生物。如肉苁蓉的种植,首先使用草方格和防沙栅栏（如尼龙网）构成防沙体系,其次利用沙拐枣种植在林带外围固沙,最

图6 沙漠地区太阳能实验站

后再使用梭梭和红柳接种肉苁蓉等具有较大经济价值的寄生植物，增加收益以降低养护成本。研究表明，沙漠公路防护林有显著的降温增湿和改善局部小气候的作用，防护林内的土壤酶活性增强、地上和地下的生物种类和数量都明显增加（刘海东，2017；刘娇，2021）。并且，该防护林可确保新疆地区的沙漠公路安全运行50年以上，可促进塔里木盆地油气勘探开发和南疆地区的经济发展，具有巨大的社会与经济效益（图7）。

图7 沙漠防护林的肉苁蓉生态产业

思考问题

1. 如何保障沙漠公路不被流沙侵蚀？
2. 如何提炼出沙漠公路防沙固沙的关键技术？
3. 如何筛选高抗逆性的干旱区沙生植物？
4. 如何提高沙漠地区沙产业的经济效益？

参考文献

崔玉波,2020. 塔里木沙漠公路诞生记［J］. 石油知识,5:28-31.

廉民,王朝晖,2018. "死亡之海"的绿色天路——塔里木沙漠公路绿化纪实［J］. 国土绿化,2:36-37.

刘海东,刘娇,赵英,等,2017. 梭梭和沙拐枣对风沙土壤水热盐动态的影响［J］. 水土保持学报,31(3):169-175,181.

刘娇,2021. 沙漠公路防护林咸水滴灌下土壤水分特征及植物响应［D］. 杨凌:西北农林科技大学.

孙久畅,2019. 新疆沙漠公路防沙设施的改进［J］. 人民交通,4:64-65.

徐新文,2004. 塔里木沙漠公路防护林生态工程建设技术研究［J］. 第四届海峡两岸山地灾害与环境保育学术论文集:579-583.

张雪梅,2017. 沙漠公路防护林主要植物种凋落物的分解特征［D］. 乌鲁木齐:新疆大学.

周欣弘,2020. 沙漠公路路基的施工技术探究［J］. 中国公路,15:98-99.

第四部分

生态环境建设与管理典型模式案例

案例一 国家退耕还林工程与红壤坡耕地退耕还林生态经济模式

本案例反映了我国退耕还林工程实施情况和红壤坡耕地退耕还林生态经济模式、关键技术的应用情况，适用于生态环境建设与管理、森林生态系统理论与应用等课程案例教学。

摘要：退耕还林是我国针对陡坡地、沙化地耕种，导致的水土流失、洪涝、干旱、沙尘暴等自然灾害频发，严重威胁国家生态安全的突出生态环境问题，于2000年开始试点的一项重大林业生态工程，将水土流失严重、沙化、盐碱化、石漠化严重、生态地位重要、粮食产量低而不稳的耕地列入退耕还林计划。坚持生态优先、遵循自然规律、因地制宜、宜林则林、宜草则草、综合治理的原则，综合应用林学、生态学、应用生态学、水土保持学、系统工程学、经济学、社会学等学科的理论，设计、建造以木本植物为调控主体的人工复合生态系统。退耕地造林的关键技术包括整地、林种确定、树种选择与配置、经营模式等。红壤坡耕地占南方红壤区旱地面积的70%左右，是我国经济作物及粮食作物的重要基地。由于长年的耕作以及丰富的水热资源和降水量大而集中的特征，导致坡耕地成为水土流失的主要场所和江河水库泥沙的主要来源，红壤坡耕地是南方红壤区退耕还林的主要地类，多树种混交模式、竹阔混交模式、林药混交模式、林苗一体化等经营模式是红壤坡耕地退耕还林的优良生态经济模式，得到了广泛应用。

关键词：退耕还林；红壤坡耕地；生态经济模式；关键技术

Abstract: National Retirement to Forests is a major forestry ecological project piloted in China since 2000 in response to problems such as steep-slope farmland and sandy land cultivation methods, which have caused serious soil erosion, frequent floods, droughts, dust storms and other natural disasters and seriously threatened the national ecological security of the outstanding ecological environment. The arable land with serious soil erosion, sandy, saline and rocky desertification, important ecological status and low and unstable food production is included in the reforestation program. Adhere to the principle of giving priority to ecology, following the laws of nature, tailoring to local conditions, forestry where appropriate, grass where appropriate, and comprehensive management, and comprehensively apply the theories of forestry, ecology, applied ecology, soil and water conservation, system engineering, economics, sociology and other disciplines to design and build artificial composite ecosystems with woody plants as the main regulatory body. The key technologies for reforestation of fallow land include land preparation, forest species determination, tree species selection and configuration, and management mode. Red soil slope arable land accounts for about 70% of the dryland agricultural area in the southern red soil region, and is an important base for cash crops and food crops in China. Due to the long years of cultivation as well as the abundant water and heat resources and the characteristics of high and concentrated rainfall, it leads to the sloping arable land becoming the main place of soil erosion and the main source of sediment from rivers and reservoirs. The red soil slope farming land is the main land type for reforestation in the southern red soil area. The management methods such as multi-species mixed, bamboo mixed with broad-leaved trees, forest and medicinal herb sets, and forest and nursery integration are excellent ways to reforest red soil slope farming land and have been widely used.

Keywords: Retirement to Forests, Red-soil sloping farmland, Eco-economic model, Key technologies

1 国家退耕还林工程概况

20世纪末，由于盲目毁林开垦和进行陡坡地、沙化地耕种，造成了我国严重的水土流失和风沙危害，洪涝、干旱、沙尘暴等自然灾害频频发生，人民群众的生产、生活受到严重影响，国家的生态安全受到严重威胁。特别是1998年南方的长江流域及北方的嫩江松花江流域特大洪灾之后，为从根本上改善我国生态急剧恶化的状况，党中央、国务院将"封山植树，退耕还林"作为灾后重建、整治江湖的重要措施。1999年，四川、陕西、甘肃3省率先开展了退耕还林试点，由此揭开了我国退耕还林的序幕，并相继发布《国务院关于进一步做好退耕还林还草试点工作的若干意见》（国发〔2000〕24号）、《国务院关于进一步完善退耕还林政策措施的若干意见》（国发〔2002〕10号）和《中华人民共和国退耕还林条例》，明确退耕还林必须坚持生态优先，应当与调整农村产业结构、发展农村经济，防治水土流失、保护和建设基本农田、提高粮食单产、加强农村能源建设、实施生态移民相结合，应遵循"统筹规划、分步实施、突出重点、注重实效；政策引导和农民自愿退耕相结合，谁退耕、谁造林、谁经营、谁受益；遵循自然规律，因地制宜、宜林则林、宜草则草、综合治理；建设与保护并重，防止边治理边破坏；逐步改善退耕还林者的生活条件"等原则。将下列耕地纳入退耕还林规划，并根据生态建设需要和国家财力有计划实施退耕还林，包括①水土流失严重的；②沙化、盐碱化、石漠化严重的；③生态地位重要、粮食产量低而不稳的。江河源头及其两侧、湖库周围的陡坡耕地以及水土流失和风沙危害严重等生态地位重要区域的耕地，应当在退耕还林规划中优先安排。

工程建设范围包括25个省（区、市）和新疆生产建设兵团，共1 897个县（市、区、旗）。根据因害设防的原则，按水土流失和风蚀沙化危害程度、水热条件和地形地貌特征，将工程区划分为10个类型区，即西南高山峡谷区、川渝鄂湘山地丘陵区、长江中下游低山丘陵区、云贵高原区、琼桂丘陵山地区、长江黄河源头高寒草原草甸区、新疆干旱荒漠区、黄土丘陵沟壑区、华北干旱半干旱区、东北山地及沙地区。同时，根据突出重点、先急后缓、注重实效的原则，将长江上游地区、黄河上中游地区、京津风沙源区以及重要湖库集水区、红水河流域、黑河流域、塔里木河流域等地区的856个县作为工程建设重点县。工程建设的目标和任务是：到2010年，完成退耕地造林1 467万 hm^2，宜林荒山荒地造林1 733万 hm^2，陡坡耕地基本退耕还林，严重沙化耕地基本得到治理，工程区林草覆盖率增加4.5个百分点，工程治理地区的生态状况得到较大改善（图1）。

江西瑞昌市坡耕地

云南高黎贡山坡耕地

图 1 典型坡耕地景观

2014年,为解决水土流失和风沙危害问题,增加森林资源,应对全球气候变化,批准实施《新一轮退耕还林还草总体方案》(以下简称《方案》),《方案》提出,到2020年,将具备条件的坡耕地和严重沙化耕地约4 240万亩退耕还林还草。

2022年11月,国家林草局、国家发展改革委、财政部、农业农村部联合发布的《关于进一步完善政策措施巩固退耕还林还草成果的通知》指出,为巩固退耕还林还草成果,2014年开始实施的第二轮退耕还林还草现金补助期满后,中央财政安排资金,延长补助期限,继续给予适当补助,并要求科学编制省级退耕还林还草巩固成果提质增效实施方案,全面提升已有退耕还林还草成果,根据退耕地资源禀赋强化科学经营,积极发展绿色富民产业。

2 退耕还林应用的生态学理论与关键技术

2.1 退耕还林应用的生态学理论

退耕还林工程是一项宏大的林业生态工程,是设计、建造以木本植物为调控主体的人工复合生态系统。因此,退耕还林工程实施应用了林学、生态学、应用生态学、水土保持学、系统工程学、经济学、社会学等学科的理论。生态学理论主要包括生态系统理论、生态平衡理论、生态脆弱区理论、生态位理论、生态控制理论。应用生态学理论包括森林生态学、环境生态学、恢复生态学、景观生态学、生态工程学等相关理论。基于生态学、应用生态学理论在制定退耕还林工程政策时,不仅考虑了林种配置、林草比例、树种的优选组合等方面，而且还注重把握了生物多样性原则以及生态平衡、景观分布格局等（石建华 等，2015），利用生物种群和类群所构成的生态系统与其环境相互作用，注重培育混交林、复层林，以实现生态系统结构和功能的最优化。

2.2 退耕还林关键技术

退耕还林包括退耕地造林和荒山荒地造林，国家对耕地纳入退耕还林实施范围有明确要求，主要包括：①水土流失严重的；②沙化、盐碱化、石漠化严重的；③生态地位重要、粮食产量低而不稳的。本案例重点阐述退耕地造林的关键技术，包括整地、林种确定、树种选择与配置、经营模式等。

（1）整地：针对不同退耕地类型，并综合考虑气候水文条件、立地条件、林种、树种、经营模式进行造林整地。整地方式可采用全面整地和局部整地，全面整地主要适应于平坦地区，包括退耕的滩涂、盐碱地和无风蚀的固定沙地。坡耕地主要采取带状的局部整地，山地带状整地时，带的方向应尽可能与等高线平行，以减少水土流失。对于粮食产量低而不稳的退耕地，如南方的冷浆田，从水田转换成林地的整地时要重点考虑排水和犁底层的问题。

（2）林种确定：退耕还林工程是一项以生态为主体目标的工程，实施退耕还林工程必须坚持生态优先的原则，在实施退耕还林之前应先确定林种，根据当地土壤和植被的实际状况，坚持生态优先、尊重群众意愿并兼顾生态、经济效益的原则确定林种，在缓坡风沙地带应以营造防风固沙林为主，在河流沿线水土流失比较严重的地区则应主要营造乔灌混合的水土保持生态林，在水土流失较轻，植被覆盖度较好的地带可以营造生态公益林、速生丰产林，并结合种植一些经济效益较高的果木林来增加农民收入；在立地条件较好的坡耕地可以营造经济林。

（3）树种选择：退耕还林是一个以植被建设为主体的生态恢复工程，项目实施区涵盖全国 25 个省（区、市）和新疆生产建设兵团，共 1 897 个县（市、区、旗），气候、水文、土壤、立地条件等千差万别，树种选择以恢复原生植被为主，发展乡土树种，并根据区域自然和立地条件，树种的生物学特性和生长发育规律，做到适地适树，遵循宜乔则乔、宜灌则灌、宜草则草的建设原则，实现退耕还林地生态效益和经济效益的有效发挥。

（4）经营模式：退耕还林要处理好国家生态目标与群众经济目标的关系，从国家生态建设和区域可持续发展的大局出发，正确处理好生态林建设与经济林发展关键环节，坚持生态效益优先兼顾经济效益的原则，在退耕还林产业发展过程中必须找到适合当地实际情况的产业经营模式，实现产业化发展，在退耕还林经营模式选择时要与调整农村产业结构相结合、与改善农村能源结构相结合，发展名特优新种植业，切实增加群众收入。根据当地的气候、土壤条件和地势情况，结合当地农林业发展目标，综合各种产业，选择合适的经营模式，如林草间作、林经间作、林药间作、林畜牧复合经营、林苗一体化经营等经营模式，充分调动群众退耕还林的积极性，而且最大限度利用森林资源，同时也能保证森林生态系统的多样性。

3 国家退耕还林实施成效

退耕还林工程作为我国乃至全世界最大的生态建设工程，发挥着重要的社会、经济和生态效益。1999年以来，我国实施了两轮退耕还林还草，累计安排了25个省（区、市）和新疆生产建设兵团退耕还林还草任务2.13亿亩，同时配套荒山荒地造林和封山育林3.1亿亩。截至2021年底，中央累计投入5 515亿元，涉及4 100万农户1.58亿农牧民（耿国彪，2022）。

退耕还林还草是习近平生态文明思想的具体体现，是"两山"理念的生动实践，工程自实施以来取得了巨大成就。工程区森林覆盖率总体提高4个百分点以上，林草植被的水源涵养、固土固碳、防沙固沙、滞尘减霾等生态功能不断增强，生态状况明显改善，年生态效益总价值量达1.42万亿元。全国812个脱贫县实施了退耕还林还草，占脱贫县总数的97.6%（耿国彪，2022）。

据王兵等基于2016年全国退耕数据估算，全国退耕还林工程涵养水源总量达384.70亿 m^3/年，相当于三峡水库总库容393亿 m^3 的97.89%，也相当于全国生活用水量821.60亿 m^3 的46.82%。全国退耕还林工程共固土63 202.43万 t/年，有效降低了长江和黄河的土壤侵蚀量。特别是黄土高原区，从2000年到2015年，平均土壤侵蚀由47.37 t/hm^2 下降到18.77 t/hm^2，黄河黄土高原段输沙量呈现显著下降趋势（图2、图3和图4）。

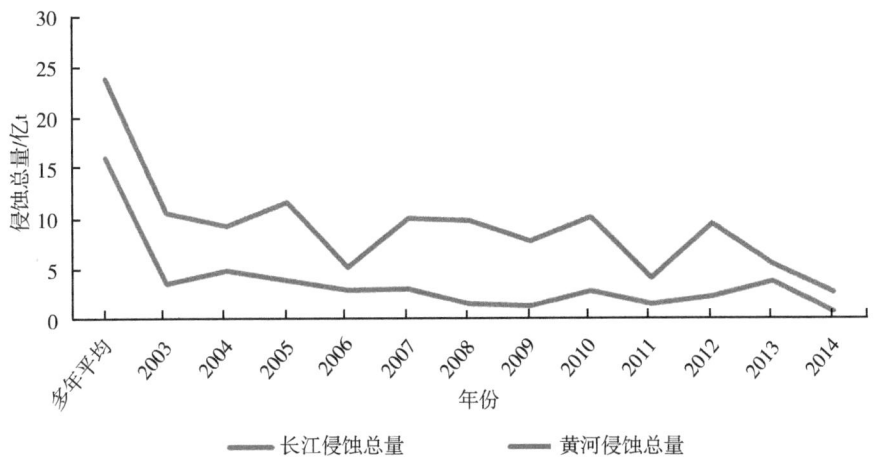

图2　2003—2014年长江与黄河侵蚀总量变化

（数据来源：2000—2015年中国水土保持公报）

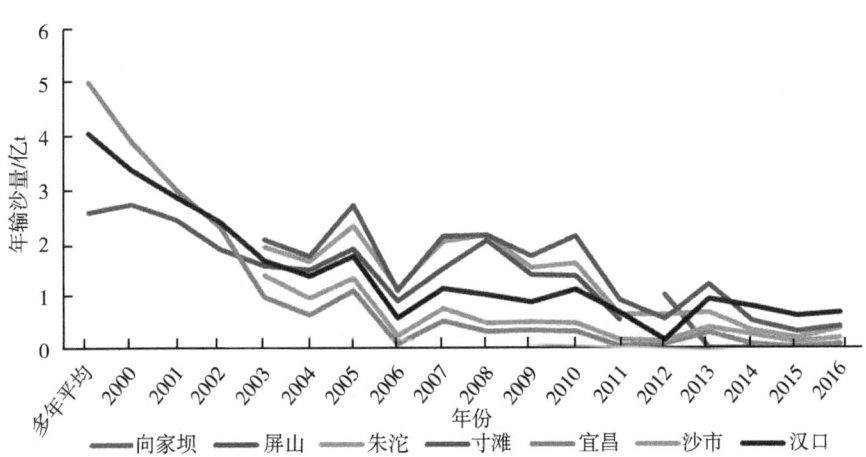

图3　1999—2016年长江流域主要监测点输沙量变化

（数据来源：2000—2015年中国水土保持公报）

全国退耕还林工程保肥总量达2 636.27万t/年，相当于2015年全国耕地化肥施用量（6 022.60万t）的43.77%。防风固沙总物质量为70 765.21万t/年，森林防护总价值605.62亿元/年，有效地减少了西北地区风沙对农

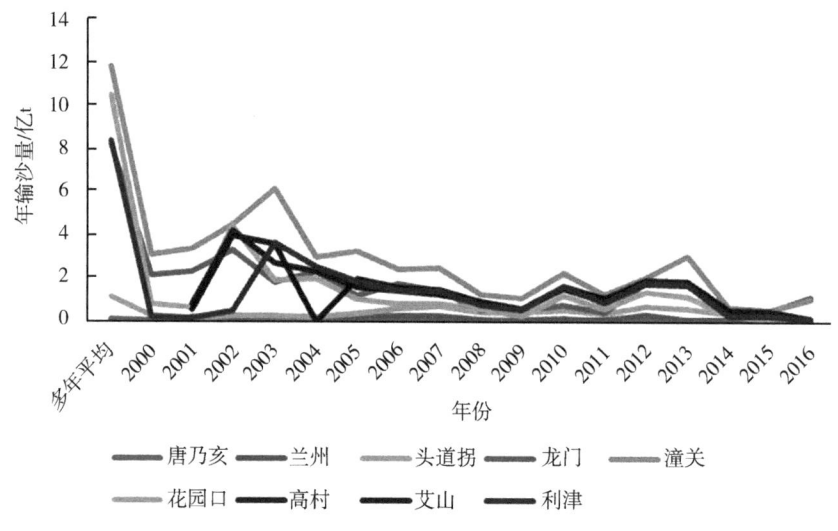

图 4 1999—2016 年黄河流域主要监测点输沙量变化

（来源：2000—2015 年中国水土保持公报）

田和植被的侵害。全国退耕还林工程固碳总量为 4 897.43 万 t/年，相当于每年吸收二氧化碳 1.67 亿 t/年。

4 红壤坡耕地退耕还林模式与典型案例

由于地质、地貌、气候特性决定的生态脆弱性及人为干扰，南方红壤区成为中国境内侵蚀最严重的区域之一。红壤坡耕地占南方红壤区旱地面积的 70% 左右，是我国经济作物及粮食作物的重要基地。由于长年的耕作以及丰富的水热资源和降水量大（1 100~1 500 mm）而集中的降雨特征，导致坡耕地成为水土流失的主要场所和江河水库泥沙的主要来源，坡度大于 25°的陡坡，侵蚀强度大都超过每年 8 000 t/hm²，平均每年侵蚀土壤厚度 10.6 mm。因此，红壤坡耕地是南方红壤区退耕还林的主要地类。

《江西省红壤坡耕地退耕还林模式及技术示范应用》项目选择瑞昌市、弋阳县、余江县（今鹰潭市余江区）分别代表石灰岩、第四纪红黏土、红砂岩发育红壤坡耕地，按退耕还林的生态效益优先、兼顾农民增收以及地方经济发展的指导原则，实施了 4 种坡耕地退耕还林生态经济模式及其技术示范。

4.1 多树种混交模式

针对坡度 25°以上的陡坡耕地或重要水源地 15°~25°坡耕地，选择既有适应性强、生长快的树种又有较高经济效益的树种，采取多树种混交模式，能较好实现生态经济效益同步。比如本项目实施中在江西瑞昌市高丰乡大冲村的石灰岩红壤坡耕地选择了喜树、枫香、栾树、南酸枣、杜仲、吴茱萸等树种（图5）。

图5 江西瑞昌市高丰乡大冲村示范点（左图为原貌，右图为退耕还林第4年状况）

4.2 竹阔混交模式

针对有较丰富淡竹资源和栽培利用历史的瑞昌石灰岩区，根据天然淡竹群落的竹阔混交特性，选择淡竹、樟树、枫香、杜仲等种类营建或保留原有阔叶树种补植淡竹改造成竹阔混交林。3年后可以每2~3年砍伐部分淡竹销售，实现以短养长、生态经济效益同步实现的经营目标。该模式在江西瑞昌市高丰乡永丰村、何家山村，洪下乡背山里村、范镇山里村示范（图6）。

图6 瑞昌市高丰乡永丰村示范点（左图为原貌，右图为退耕还林3年后状况）

4.3 林药混交模式

针对各类退化耕地有条件的可以植物立体配置、多目标经营的理念，选择有较好药用价值的樟树、杜仲、银杏、吴茱萸、黄栀子以及用材、绿化培育前景的马褂木、香椿、喜树等树种，实施林药立体经营模式。以实现短中长期效益结合、生态经济效益同步。本模式应用于江西瑞昌市高丰乡乐丰村、白杨镇耳林山村、熊家山村（图7）。

图7 瑞昌市高丰乡乐丰村示范点（左图为示范点原貌，右图为退耕还林4年后的状况）

4.4 林苗一体化模式

针对严重沙化耕地和退化红壤造林地，以3~5年内调整密度销售绿化大苗实现中长期效益结合、生态经济效益同步实现为经营目标，选择城市绿化需求大的树种樟树、杜英、马褂木、火力楠、深山含笑、乐昌含笑、红花木莲、红楠、香港四照花、无患子等，采取林苗一体化的退耕还林经营模式。本模式应用于江西弋阳县龟峰镇上张村、瑞昌示范点桂林镇林科所（图8）。

图8 江西弋阳县龟峰镇上张村示范点（左图为沙化耕地原貌，右图为第二年林苗一体化栽植的苗木）

思考问题

1. 我国为什么要实施退耕还林？
2. 从三个方面说明生态学或应用生态学理论的具体应用。
3. 退耕还林的关键技术中最影响生态效益发挥的有哪些？
4. 红壤坡耕地面临哪些生态问题？

参考文献

傅伯杰，2019-8-13. 退耕还林工程使黄土高原实现了生态环境保护和社会经济发展"双赢"[N]. 延安日报.

耿国彪，2022. 持续推动退耕还林还草高质量发展——访国家林业和草原局生态中心负责人[J]. 绿色中国.

李育材，2005. 中国的退耕还林工程[M]. 北京：中国林业出版社.

石建华，喻理飞，孙保平，2015. 退耕还林生态健康研究[J]. 西北林学院学报，30（5）：273-277.

王兵，2018. 2016年退耕还林工程生态效益监测国家报告[M]. 北京：中国林业出版社.

案例二 自然保护地建设及其保护成效评估

本案例反映了我国自然保护地建设的现状及空间分布格局，自然保护地内部生物多样性的变化，气候变化及生物入侵对自然保护地的影响，自然保护地的保护成效评估等方面情况，适用于生态环境建设与管理、森林生态系统理论与应用等课程案例教学。

摘要：自然保护地是生态文明的核心载体，在生物多样性保护及国家生态安全的维护等方面扮演着重要角色，因此，建立自然保护地是保护生物多样性最为重要的措施之一。据统计，目前我国共有自然保护区2 740个，但是具有明显的区域差异性；自然保护地内的生物多样性会随着气候变化、人为活动及自身演替等发生时空动态变化；气候变化对自然保护地内物种的分布、物候等产生了重要影响，气候变化在一定程度上加剧了自然保护地物种的灭绝风险；同时，自然保护地还面临着外来物种入侵的风险，外来物种会对自然保护地的本土物种产生威胁。在自然保护地保护成效及脆弱性评估中，要综合考虑气候变化、人类活动和物种脆弱性等，最大限度地提高我国自然保护区的保护效率，国家政府部门应及时采取措施，保持保护区内的生物多样性和生态系统的完整性。自然保护地在未来的保护中要重点关注自然保护地内生物多样性的动态变化及重点物种类群对气候变化的响应等方面，确保自然保护地对生物多样性的有效保护。

关键词：自然保护地；生物多样性；生态文明；保护成效；气候变化；生物入侵

Abstract: As the core carrier of ecological civilization, protected areas

(PAs) play an important role in protecting biodiversity and safeguarding national ecological security. Therefore, the establishment of protected areas is one of the most important measures to protect biodiversity. At present, there are 2,740 nature reserves in China, while the protected areas in China have obvious regional differences. The biodiversity in natural protected areas changes dynamically in time and space with climate change, human activities and self-succession. Climate change has an important impact on the distribution and phenology of species in protected areas. Climate change has intensified the extinction risk of species in protected areas to a certain extent. At the same time, protected areas also face the risk of invasion by alien species, which could threaten native species in protected areas. In the assessment of the effectiveness and vulnerability of protected natural areas, climate change, human activities and species vulnerability should be comprehensively considered, so as to maximize the protection efficiency of protected areas. National government departments should take timely measures to maintain the integrity of biodiversity and ecosystem in protected areas. In the future protection of protected natural areas, we should focus on the dynamic changes of biodiversity in protected natural areas and the response of key species groups to climate change to ensure the effective protection of biodiversity in protected natural areas.

Keywords: Protected areas, Biodiversity, Ecological civilization, Protection effect, Climate change, Biological invasion

1 自然保护地简介

自然保护地是生态文明的核心载体，具有较高的生态系统功能及服务价值，保护地生物多样性丰富，发挥着水源涵养、水土保持和防风固沙等重要的生态效益，因此，建立自然保护地是保护生物多样性最为重要的措施之一。自然保护地是指一个具有明确界定的地理空间，通过法律或其他有效方式获得认可、得到承诺和进行管理，以实现对自然及其所拥有的生态系统服务和文化价值的长期保护。

根据王伟等（2022）对自然保护地生物多样性保护的研究概述，自然保护地建设的提议是在1993年12月29日正式生效的《生物多样性公约》实行的，2010年《生物多样性公约》第十次缔约方大会（COP10）制定了

"爱知生物多样性目标"，进一步量化了自然保护地建设与管理的相关指标：到 2020 年，保护至少 17%的陆地和内陆水域以及至少 10%的沿海和海洋区域；2021 年 10 月，《生物多样性公约》第十五次缔约方大会（COP15）第一阶段会议在中国昆明顺利举办，发布了《昆明宣言》等重要文件；2022 年 12 月，COP15 第二阶段会议在加拿大蒙特利尔举行，以推动达成务实可行的"2020 年后全球生物多样性框架"。根据框架的草案初稿各国科学家正在商讨将全球至少 30%的陆地和海洋地区划入自然保护地或其他有效的基于区域的保护措施。

为确保最迟在 2030 年使生物多样性走上恢复之路，进而全面实现"人与自然和谐共生"的 2050 年愿景，优化和建立有效的自然保护地体系成为世界各国一致的目标。本案例结合前人对中国自然保护地的空间分布及保护等方面的研究，旨在从中国自然保护地的空间布局、发展现状及遇到的问题等角度出发，重点梳理了自然保护地生物多样性的变化，简述了气候变化及外来物种入侵对自然保护地的影响，基于此探究了目前自然保护地的保护成效。

2 中国自然保护地的空间布局

中国是世界上物种多样性最丰富的 12 个国家之一，是世界上唯一具备几乎所有生态系统类型的国家。据国家林业和草原局报道，中国保护地总面积占国土陆域面积的 18%，管辖海域面积的 4.1%，有效保护了我国 90%的陆地生态系统类型、85%的野生动物种群、65%的高等植物群落和近 30%的重要地质遗迹，涵盖了 25%的原始天然林、50.3%的自然湿地和 30%的典型荒漠地区，各类自然保护地在保护生物多样性、保护自然遗产、改善生态环境质量和维护国家生态安全方面发挥了重要作用。王静等（2016）的研究表明，1956 年成立了中国第一个自然保护区——广东肇庆鼎湖山自然保护区，在其后的近 60 年，随着国家对自然保护的意识越来越强烈，新建自然保护区日益增多（图 1）。

常延明等（2018）对我国的自然保护区地理分布及级别的分析表明，我国共有自然保护区 2 740 个，总面积为 105 418 889.673 hm^2；中国保护地具有明显的区域差异性，广东省自然保护地数量最多，为 384 个；黑龙江省在国家级和省级自然保护区数量上，均排在第一位；面积最大的为青海省，

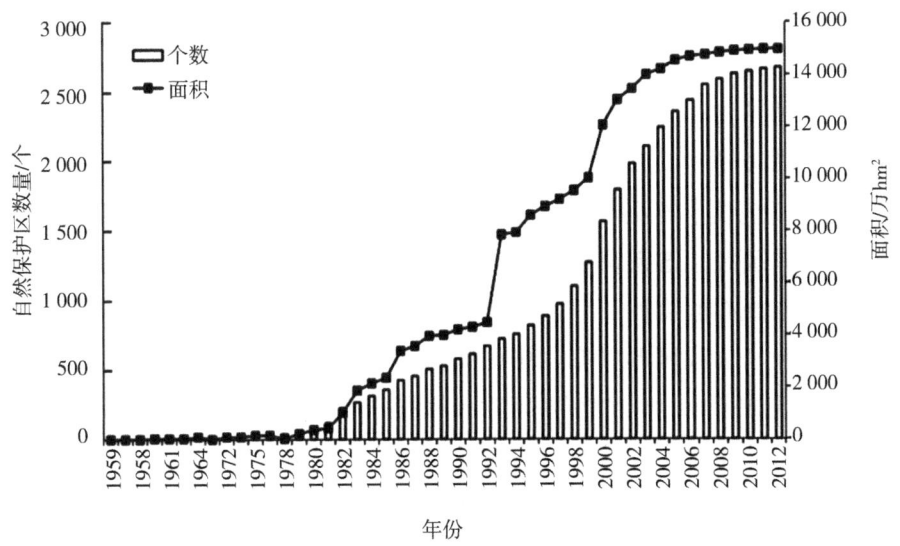

图 1 中国 1956—2012 年自然保护区数量和面积增加趋势

(引自：王静等，2016)

占中国保护区总面积 20.45%；中国自然保护区分为 4 个级别，分别为国家级、省级、市级和县级。全国共有国家级自然保护区 427 个，省级自然保护区 879 个，市级自然保护区 410 个，县级自然保护区 1 024 个。排序为县级>省级>国家级>市级。

然而，目前我国自然保护地体系还面临以下问题：第一，由于中国自然保护区分布及发展不均匀性等原因，中国自然保护区的面积和个数虽然逐年增加，但保护效益并没有随之增加，生物多样性减少和生态环境恶化的趋势仍未得到有效改善。第二，保护区的级别越高，获得地方或国家的支持越大。中国 15.68% 的自然保护区为国家级，占总保护区面积的 65.66%，这样的占比已经降低了国家级自然保护区的重要程度，同时导致国家级自然保护区管理资源的相对缺乏。第三，高人口密度地区自然保护区的覆盖率仍较低，而人类较少分布的民族地区占中国自然保护区的 78.7%，即民族地区人均自然保护区面积有 0.013 km^2，人均自然保护区面积是非民族人均自然保护区面积的 54 倍。

3 自然保护地生物多样性的变化

自然保护地内生物多样性的动态变化研究通常围绕生物多样性的要素如生态系统、物种展开。在生态系统层面，自然保护地内的森林、湿地、草原、荒漠、海洋等生态系统的变化研究较多，相对来说，因为森林生态系统占据重要地位，研究也相对较多，特别是最近几十年来遥感技术以及地理信息系统技术的发展及应该，围绕自然保护地内土地覆盖/利用和景观格局变化来研究生态系统变化的例子很多。在物种层面，对自然保护地珍稀濒危物种或旗舰物种开展了较为系统的监测，特别是关注这些物种种群数量的变化。以我国典型案例中国大熊猫（Ailuropoda melanoleuca）为例，目前已经建成了67个自然保护区对大熊猫进行保护，大熊猫种群数量增加、栖息地扩大，增加了生存机会并降低了其灭绝风险，且在2016年发布的《IUCN 濒危物种红色名录》中，其濒危等级经过重新评估后从濒危下调为易危。

虽然自然保护地在生物多样性各个层级上取得了一定进步，但也有案例显示，有些自然保护地内的生物多样性要素发生了明显恶化的趋势。比如，中国在保护大熊猫的自然保护地中，尽管对大熊猫保护取得了显著成效，但保护地内豹（Panthera pardus）、雪豹（Panthera uncia）、狼（Canis lupus）、豺（Cuon alpinus）等大型食肉动物种群数量出现了明显下降；中国为保护长臂猿而设立的自然保护地中，长臂猿的栖息地存在退化现象，物种的种群数量也出现减少的情况。

4 气候变化对自然保护地野生物种的影响

气候变化是人类共同面临的重大危机和挑战，目前全球气候变化对自然生态系统和人类生存发展产生深远影响，气候变化已成为目前威胁生物多样性的主要因素之一，且预计在今后的几十年中逐渐演变为生物多样性丧失主要的、直接的驱动力（赵卫 等，2023）。鉴于自然保护地在生物多样性保护、生态安全保障中的重要地位及其建设和管理所面临的气候变化挑战，总结气候变化对自然保护地野生物种的影响，识别野生物种应对气候变化的能力，为全球气候变化背景下自然保护区的保护功能等提供科学基础与决策依据。目前，气候变化对保护地野生物种的影响主要概况为以下几点。

(1) 影响物种的分布：20 世纪的气候变化改变了大量物种的分布范围，而物种对气候变化的响应方式出现多样化，目前认为，全球气候变化正在推动着物种迁移到高纬度或者高海拔地区。物种响应气候变化的机制已在不同类群中开展类似的研究，且植物、动物在温带、热带地区均有沿海拔向上迁移的趋势（祖奎玲和王志恒，2022）。

研究者通过对中国贡嘎山国家级保护区内 83 种植物的历史和近期的海拔分布范围研究，发现 63.9% 物种的最适海拔向上移动，这主要是由物种分布的下限变化引起，而物种分布的上限受影响较小。在不同海拔段上，低海拔分布的物种下限上移较显著，从而导致低海拔的物种分布范围变小，通过零模型检验得到物种沿海拔高度的变化并不是由于采样的不均匀造成的，而是由于其他因素而导致物种沿海拔迁移。冬季气温的升高和年降水量的减少是亚热带山地植物分布变化的部分原因，这与物种的气候适宜性有一定关系；物种海拔分布对气候的响应也可能受到自物种本身功能性状的制约，主要与种子传播方式和果实类型相关，这表明，在山地生态系统中，温度并不是决定物种海拔分布变化的唯一因素。研究还表明该保护区内植物物种对气候变化的响应存在滞后性，木本植物和高海拔分布的植物有可能追不上气候变暖的速度，物种自身的功能性状及其对气候的适应性造成了该地区植物对气候变化的滞后现象（Zu et al.，2021）。

(2) 影响物种的物候：近几十年来，持续增温使得北半球不同区域植物春季物候提前、秋季物候推迟、生长季呈延长趋势，气候变化带来我国植物物候期的显著变化，植物物候表现出与气候变暖协同变化的特征但存在区域差异。动物物候是自然环境中动物生命活动的季节现象，包括候鸟、昆虫及其他动物初见、初鸣、绝见、终鸣等，对动物迁徙期、产卵期、始鸣期、发育期、绝鸣期等的影响。

物种物候的变化对物种的生长发育及生态系统的稳定性均会产生不同程度的影响，主要体现在以下几个方面。第一，如果不同物种的物候变化对气候的响应存在差异性，这可能导致物种间相互作用和气候变化的不同步，对群落的结构及稳定性产生一定威胁，从而威胁生态系统的结构与功能。第二，植物物候的提前和推迟，在一定程度上反映了植物对环境的适应能力，如果物种的开花物候变化能够追踪气候变化的速率，说明这些物种能够适应环境,反之,物种开花物候变化追踪不上气候变化,则说明这些物种可能被淘汰,这些结果说明了物种开花物候的变化决定其生存死亡,进一步影响了种群的动态变化。第三,对于依赖于传粉昆虫获得繁殖成功的植物来讲,开花物候的变化可能导致传粉昆虫与植物开花出现错配,比如,早春短命植物延胡索与其传粉者熊蜂因对温度的敏感性不同,导致它们之间的物候出现错配,进而导致植物的结实率降低。

(3)加剧物种灭绝风险:在气候变化情形下,山地保护区植物海拔分布的变化会产生一些不良的后果。首先,低海拔地区物种向高海拔地区迁移往往会改变高海拔地区物种的种间关系及群落组成,特别是高山地区物种的竞争优势降低,使高山特有种减少甚至消失,造成高海拔生态系统内生物多样性的丧失。比如,热带山地低海拔地区的植物群落组成更偏向于对温度耐受性较强的物种,低海拔地区的物种在气候变化情景下沿海拔向上迁移,而原本在高海拔地区分布的高山特有植物的生境有可能被低海拔迁移上来的物种所占据,导致高山地区物种生物多样性的丧失,进而影响生态系统的功能。也有研究指出,气候变化对高海拔物种的影响在热带地区比温带地区更为强烈。此外,在高海拔山地,气候变暖可能导致山地冰川的融化和消失,这些消融的冰川所空出来的地方可能会被冰缘带物种所占据,研究者对冰缘带植物种群变化的研究发现,高海拔地区的植物并不会占据冰川消融之后腾空的区域。

此外,物种海拔分布的变化有可能引起物种分布区的改变,使其分布区收缩或者扩张。物种分布区在响应过去几十年气候变化时呈现收缩现象,特别是高海拔地区的植物。物种分布区的收缩意味着物种种群的密度降低或增长速度减缓,进而增加了这些物种的灭绝风险。物种分布区收缩的原因主要有以下两点:第一,多数物种对气候变化耐受性的进化速率要低于该物种分布区范围内的气候变化速率。在气候变化情景下,当物种的海拔或者纬度分布发生变化时,可能因为自然地理障碍而面临灭绝风险,也可能是高海拔地区山顶面积较小的缘故,使物种适宜分布区范围变小。第二,本地物种也可能面临适应性更强的外来物种的竞争,使竞争力较弱的本地种面临灭绝风险。因此,在山地保护区中,必须采取措施控制外来物种,进一步加强不同海拔及生境类型下物种组成变化的研究,并有效识别和保护高灭绝风险的本地物种。同时，应加强气候变化对物种分布影响的研究，特别关注物种分布区范围的变化（祖奎玲和王志恒，2022）。

5　外来物种入侵对自然保护地的影响

自然保护地在生物多样性保护中起着关键作用，是全球生物多样性保护的重要场所，然而也面临外来物种入侵等诸多压力。全球外来入侵物种项目调研显示，世界上16个国家的487个保护地均受外来入侵物种的影响。由此可见，外来物种对保护地造成一定影响，但因为自然保护区是全球生物多样性保护的关键区域，外来物种对其影响后果更为严重，也需要付出巨大的人力、物力和财力进行管理。

最近一个案例基于中国72个国家级自然保护区已开展过外来入侵植物调查的研究（赵彩云 等，2022），结果表明，生态环境部四批名单中35种外来入侵植物已在这些保护区定殖且平均丰富度为7.78±0.47。低纬度地区和中纬度地区国家级自然保护区外来入侵植物数量显著高于高纬度地区，且不同类型国家级自然保护区外来入侵植物差异不同。温度和降水量是影响外来入侵植物在自然保护区分布的关键因素，且影响不同生活型外来入侵植物分布格局的关键因素不同：温度对一年生草本、藤本和灌木的分布解释量极为显著，保护区建立时间、温度、降水量和海拔共同影响多年生草本植物在国家级自然保护区的分布。研究结果表明，国家级自然保护区外来入侵植物调查与监测还存在很大的空白，未来需要进一步加强自然保护区外来入侵植物研究，并提升外来入侵植物的监管能力。

目前对已有调查的国家级自然保护地均有外来入侵植物分布，且大多数国家级自然保护区都面临外来植物入侵风险。保护地外来入侵植物分布格局呈随着纬度增加而降低的趋势，气候因子是决定国家级自然保护区外来入侵植物分布的关键因素，人类活动对其影响较小，也表明保护区发挥着抵御外来植物入侵的作用。然而，目前国内许多国家级自然保护区还缺乏完整的入侵植物调查的基础数据，还需要进一步完善。此外，还有一些重要问题需要解决，保护区周边区域外来入侵物种是怎样扩散进入自然保护地内部的？未来气候变暖是否会促进外来入侵植物向高海拔扩散？外来入侵植物如何影响本地物种多样性的？以上问题需要深入开展研究。

6 自然保护地的脆弱性及保护成效评估

目前，在全球及国家尺度上开展了许多自然保护地成效的研究，但以往研究表明，如果自然保护地建设只注重覆盖面积，则会造成生物多样性保护效力低下，因此，亟须对自然保护区进行有效性评估，这对实现生物多样性保护的目标有重要意义。研究者从物种脆弱性、气候变化和人类胁迫三个维度，评估了中国2 572个自然保护地的脆弱性。该研究确定了中国受到最大威胁的前10%的保护地，选定约1/5的保护地为受气候和人类活动影响的脆弱性热点区域。该研究指出，物种多样性越高的保护区受未来气候变化的影响越大，从而导致更高的物种灭绝危险。中国约有7%的自然保护地高度脆弱，主要位于中国西南部（云南、重庆）、中部（湖南）和南部部分地区（广西），迫切需要采取相应的管理措施来保护其生物多样性。同样重要的是位于中国东部和北部的气候脆弱性和人类活动脆弱性的热点区域（Shrestha et al.，2021）。

该研究案例设计了一个保护地保护效力评估框架，强调了今后保护地管理中要综合考虑气候变化、人类活动和物种脆弱性，最大限度地提高保护区的保护效率。该研究提出的框架有助于在全球范围内对保护区进行脆弱性评估，也有助于政府部门及时采取措施，保持保护地内的生物多样性和生态系统的完整性。

思考问题

1. 概述目前我国自然保护地的保护现状及其面临的问题。
2. 如何探究自然保护地内生物多样性的动态变化？
3. 如何评估气候变化对自然保护地内野生物种的影响？
4. 生物入侵会对自然保护地的重点保护物种产生什么负面影响，以及如何准确评估生物入侵对保护地的作用？
5. 简述自然保护地在生态文明建设中的作用和意义。

参考文献

常延明，夏志立，王静，2018. 中国自然保护区地理分布及级别分析［J］. 防护林科技，7：66-72.

王静, 孙军平, 石磊, 等, 2016. 中国自然保护区建设的现状、存在问题及展望 [J]. 中国人口·资源与环境, 26 (S1): 270-273.

王伟, 周越, 田瑜, 李俊生, 2022. 自然保护地生物多样性保护研究进展 [J]. 生物多样性, 30 (10): 52-65.

徐菲菲, 钟雪晴, 王丽君, 2023. 中国自然保护地研究的现状、问题与展望 [J]. 自然资源学报, 38 (4): 902-917.

赵彩云, 柳晓燕, 李飞飞, 等, 2022. 我国国家级自然保护区主要外来入侵植物分布格局及成因 [J]. 生态学报, 42 (7): 2532-2541.

赵卫, 王昊, 肖颖, 白丰桦, 等, 2023. 气候变化对野生生物类自然保护区的影响和风险 [J]. 生态学报, 43 (13), 1-11.

祖奎玲, 王志恒, 2022. 山地物种海拔分布对气候变化响应的研究进展 [J]. 生物多样性, 30 (5): 21451.

SHRESTHA N, XU X, MENG J, et al., 2021. Vulnerabilities of protected lands in the face of climate and human footprint changes [J]. Nature Communication, 12: 1632.

ZU K L, WANG Z H, ZHU X Y, et al., 2021. Upward shift and elevational range contractions of subtropical mountain plants in response to climate change [J]. Science of the Total Environment, 783: 146896.

案例三　赣南山水林田湖草沙系统治理模式及关键技术

本案例反映了我国山水林田湖草沙系统治理的现状和关键技术的应用情况，适用于生态环境建设与管理、森林生态系统理论与应用等课程案例教学。

摘要：山水林田湖草沙系统治理是推动我国生态文明建设的重要抓手。山水林田湖草沙系统治理模式的构建与关键技术研究至关重要。赣南山水林田湖草沙系统治理模式主要有水土流失治理、矿山环境修复、土地整治与土壤改良、流域水环境保护与整治、生态系统与生物多样性保护、系统综合治理"三同治"等。基于问题导向和目标导向，采用工程措施和管理措施相结合、人工治理与自然恢复相结合，因地制宜，构建了综合治山、全域治水、立体治林、全面治田、综合治湖、种草防沙等关键技术。赣南水土流失得到有效控制、废弃矿山综合治理稳步推进、森林质量得到较明显提高、沟坡丘壑土地得到有效整治、流域水环境质量稳定向好，形成了山水林田湖草沙系统治理的"赣南样板"。

关键词：生态文明建设；脆弱生态系统；系统治理；生态修复技术；可持续发展

Abstract: The holistic approach to conserving mountains, rivers, forests, farmlands, lakes, and grasslands and the treatment of deserts is an important starting point to promote the construction of ecological civilization in China. It is necessary and important to study a holistic approach to conserving mountains, rivers, forests, farmlands, lakes, and grasslands and the treatment of deserts. The modes of the holistic approach to conserving mountains, rivers, forests, farmlands, lakes, and grasslands and the treatment of deserts in southern Jiangxi mainly include soil erosion control, mine environment restoration, land remediation and soil improvement, watershed water environment protection and remediation, ecosystem and biodiversity protection, systematic and comprehensive management of the "three simultaneous governance". Based on the problem orientation and goal orientation, they established the key technologies such as comprehensive mountain control, regional water control, three-dimensional forest control, comprehensive farmland management, comprehensive lake control, planting grass and preventing sand, using the combination of engineering measures and management measures, artificial management and natural recovery. Recently, soil erosion has been effectively controlled, the comprehensive management of abandoned mines has been promoted steadily, the forest quality has been significantly improved, the gully, slope and gully land has been effectively improved, and the water environment quality of watershed in southern Jiangxi has steadily improved, thus the "Gannan model" has been formed for a holistic approach to conserving mountains, rivers, forests, farmlands, lakes, and grasslands and the treatment of deserts.

Keywords: Construction of ecological civilization, Fragile ecosystem, System management, Ecological restoration technology, Sustainable development

1 山水林田湖草沙系统治理简介

山水林田湖草沙系统治理是按照山水田林湖草是生命共同体理念，依据国土空间总体规划以及国土空间生态保护修复等相关专项规划，在一定区域范围内，为提升生态系统自我恢复能力，增强生态系统稳定性，促进自然生态系统质量的整体改善和生态产品供应能力的全面增强，遵循自然生态系统演替规律和内在机理，对受损、退化、服务功能下降的生态系统进行整体保护、系统修复、综合治理的过程和活动，具有整体性、系统性和综合性特点（自然资源部，2020）。

党的二十大报告中指出，要推进美丽中国建设，坚持山水林田湖草沙一体化保护和系统治理，统筹产业结构调整、污染治理、生态保护、应对气候变化，协同推进降碳、减污、扩绿、增长，推进生态优先、节约集约、绿色低碳发展，提升生态系统多样性、稳定性、持续性（习近平，2022）。这是对中国新发展阶段生态建设实践的新概括、新理念，是生态文明建设的指导思想和价值遵循，也是实现人与自然和谐共生的具体举措。

山水林田湖草沙"一体化"强调统一、和谐、共生，以此为价值目标来阐释山水林田湖草沙修复和治理的系统性、整体性、全局性。将山水林田湖草沙各个生态单元视为生态系统体、生物圈整体以及命运共同体，体现了马克思主义物质世界统一性原理，一体和统一是源自山水林田湖草沙等生态单元多样性的统一，是以它们各自的差异性、多样性为前提，以它们的客观现实状况为基础的统一，不是单一的、无差别的统一。通过一体化修复和系统治理，助力国家生态安全战略格局提升和经济社会发展的可持续性，实现森林、草原、荒漠、河湖、湿地、海洋等自然生态系统健康可持续，最终实现人与自然和谐共生的中国式现代化，统筹经济建设、政治建设、文化建设、社会建设、生态文明建设的全面现代化。

"山水林田湖草沙"是对我国多样化生态系统的简要概括，共同构成生命共同体，为人类社会延续发展提供物质基础和必要条件。山水林田湖草沙的系统治理已成为推动我国生态文明建设的重要抓手。山水林田湖草沙系统治理是指按照山水林田湖草沙是生命共同体的理念，从系统工程和全局角度出发，围绕各重点生态区域的生态功能定位、生态本底状况、主要生态问题，遵循自然生态系统演替内在机理，统筹山、水、林、田、湖、草、沙等各类生态要素，对生态系统进行整体保护、系统修复和综合治理，以提升区域生态系统整体的稳定性与多样性（全国人大财政经济委员会等，2021）。与过去相对单一的生态修复工程相比，山水林田湖草沙系统治理是基于复合生态系统与区域可持续发展理论的系统性工程。

2 脆弱生态系统修复的典型模式

脆弱生态系统修复主要是针对脆弱生态系统开发利用活动带来的生态环境问题，采取科学、系统的生态修复工程和长期的生态抚育措施，修复受损生态系统，逐渐恢复生态系统功能，从而实现生态环境的可持续发展。

赣南是我国生态安全战略格局中"两屏三带"的重要组成部分，生态区位十分重要。赣南生态环境问题突出，2017年被纳入全国首批4个山水林田湖草生态保护修复试点。针对该区域存在的水土流失严重、河流水环境质量差、森林质量不高、耕地质量下降等突出生态问题，重点推进水土流失治理、矿山环境修复、土地整治与土壤改良、流域水环境保护与整治、生态系统与生物多样性保护、系统综合治量"三同治"6大类脆弱生态系统修复的典型模式（林圣玉 等，2021）。

2.1 水土流失治理模式

针对侵蚀劣地水土流失、崩岗侵蚀、农林业开发及面源污染等问题，开展水土保持重点治理，采取封禁管护、水保林草、蓄排水工程、土地整治等措施，实施崩岗治理、水土流失综合治理、生态清洁小流域建设等，达到保护、改良与合理利用水土资源，维护和提高土地生产力的目标（林圣玉 等，2021）。

2.2 矿山环境修复模式

针对矿产资源开发利用造成的土地损毁、地形地貌景观破坏、土地生产力下降等问题，落实废弃稀土矿山环境恢复治理工程，因地制宜地开展地貌重塑、土壤重构、植被重建等一系列恢复措施，通过地形整治、土地平整与复垦、植树种草、尾水处理等，统筹推进历史遗留废弃稀土矿、钨矿和生产矿山的环境综合治理，促进矿山生态环境和矿业可持续发展（林圣玉 等，2021）。

2.3 土地整治与土壤改良模式

针对土地利用低效化、土壤污染、生产力下降、地形地貌景观碎片化等问题，依据国土空间规划，统筹低效闲置农用地整理、工矿废弃地复垦及未利用地开发，综合运用土地整治、土壤改良、植被恢复、生物修复、保护性耕种等措施，实施废弃矿山环境综合治理、丘陵岗地土地整理及土壤改良项目等，调整优化土地利用结构，提高自然资源利用效率，推进土地资源永续利用（林圣玉 等，2021）。

2.4 流域水环境保护与整治模式

针对河流水环境质量差、河道行洪能力不足、水质不达标、水生态功能下降等问题，落实"河长制""湖长制"，以章江、贡江流域为重点，从上游到下游，从山上到山下，采取水源地保护、水系连通、污染源控制、生态补偿等措施，结合河道清淤与防洪工程建设，统筹推进中小河流综合整治及水系连通、流域生态功能提升与环境整治、饮用水水源地生态保护和区域全方位系统综合治理修复等，达到保护水资源、防治水污染、改善水环境、修复水生态，提升重要水源地生态功能的目标（林圣玉 等，2021）。

2.5 生态系统与生物多样性保护模式

针对植被稀疏且林分质量差、生态功能退化、生物多样性下降等问题，修建生态廊道，对生物栖息地进行保护，营造良好的生物栖息环境；同时开展自然保护区、森林公园、湿地公园等重要生态空间生物多样性保护项目，丰富森林、湿地及水体等生态系统景观类型，带动生态空间整体保护修复，促进生态系统功能提升（林圣玉 等，2021）。

2.6 系统治理"三同治"模式

针对南方废弃稀土矿山的矿山治理、土地整治、植被恢复、水域保护等多重问题，根据宜林则林、宜耕则耕、宜工则工、宜水则水的原则，山上山下同治，在山上开展地形整治、边坡修复、沉沙排水、植被复绿等治理措施，在山下填筑沟壑、兴建生态挡墙、截排水沟，确保消除地质灾害隐患，控制水土流失；地上地下同治，地上通过客土、增施有机肥等措施改良土壤，或因地制宜种植经济作物，及时恢复植被，地下采用截水墙、水泥搅拌桩、高压旋喷桩等截流引流地下污染水体至地面生态水塘、人工湿地进行减污治理；流域上下同治，上游稳沙固土、恢复植被，控制水土流失，实现稀土尾沙、水质氨氮源头减量，下游通过水质综合治理系统，实现水质末端控制；达到全流域"三同治"有效治理的目标（潘刚，2022）。

3 山水林田湖草沙系统治理技术

山水林田湖草沙系统治理关键技术，首先要进行底数评价，即国土空间生态自然资源调查评价"一张图"；其次是整体保护，即在基于多维度评价的生态重要性空间分级、重要生态源地与生态廊道识别等系统评价基础上构建区域生态安全格局；再次是进行系统修复，包括生态修复分区与生态系统修复；最后是综合治理，即基于"两统一"的生态修复规划的实施（图1）。

总体技术要求坚持问题导向和目标导向，充分考虑不同地区地理气候等自然条件、资源禀赋、生态区位等多要素特点，遵循生态系统内在机理和规律，宜林则林、宜灌则灌、宜草则草、宜田则田、宜湿则湿、宜荒则荒、宜沙则沙，以硬性的工程措施和软性的管理措施相结合、人工治理修复与自然恢复相结合的方式，因地制宜，科学布局生态保护修复重大工程，夯实山水林田湖草系统保护修复基础框架，统筹推进山水林田湖草沙综合治理、系统治理、源头治理，实现区域生态环境改善，生态系统服务功能增强，构建起较为完善的生态系统保护、修复和管理的体系，实现山水林田湖草沙一体化保护与修复目标。

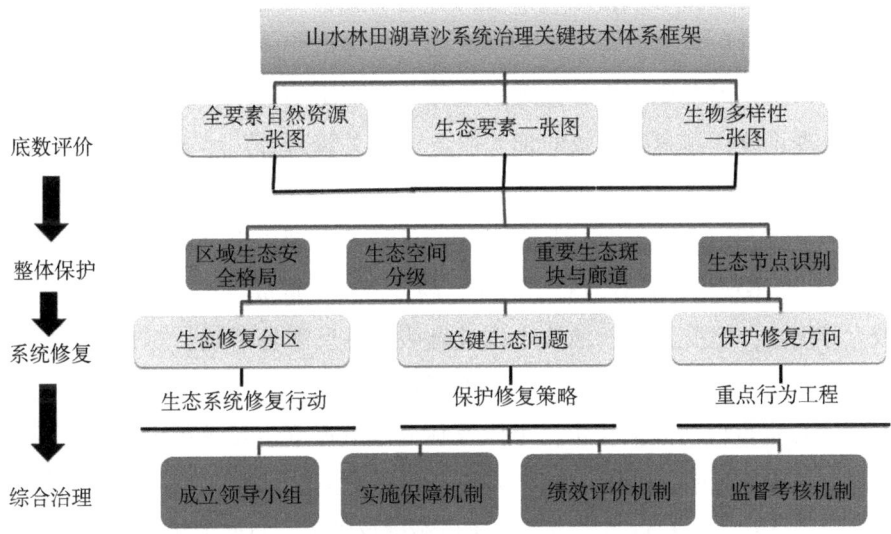

图 1　山水林田湖草沙系统治理技术体系（仿杨峥屏和黄千杜，2021）

各类分项技术包括，①综合治山：覆坑平整，表土回填，疏浚河道，设置挡墙、拦砂坝、抗滑桩、截排水沟、谷坊、排导堤、格构、围栏封育，恢复植被等技术；②全域治水：道疏浚、水系连通、截污纳管、清水补给、修建护岸工程、河岸生物阻隔、植被恢复、生态护坡等技术；③立体治林：退耕还林、封山育林、人工造林、开沟换土、修建灌溉管网、有害生物防控等技术；④全面治田：土地整治、坡耕地改造、建设农田防护林、点面源治理、化肥减施、地膜回收、规范化养殖场粪污无害化处置、水保集雨工程、节水灌溉等技术；⑤综合治湖：退田还湿、湿地封育、基底修复与重建、内源污染物控制、富营养化营养盐去除、蓝藻水华去除、生物群落优化、浮岛净化、浮床净化、水生植物配置等技术；⑥种草防沙：退耕还草、退牧育草、围栏封育、飞播种草、草地补播改良、鼠害防治、虫害防治、毒杂草防治、设置草方格沙障等技术（邹长新 等，2018）。

4 山水林田湖草沙系统治理监测技术

山水林田湖草沙系统治理具有监测点位离散、难以到达、技术难等问题，需利用遥感、GIS 及无人机等手段，结合高分辨率航空正射影像、基础性地理省情数据、三调阶段性成果以及山水工程专题资料等相关资料，根据不同类型的监测对象，围绕治理工程的实施，构建相应监测体系，形成基于多源多时相数据融合、无人机辅助信息提取、成果深度分析及可视化展示的山水林田湖草沙系统治理的遥感监测理论与技术，实现三维可视化监测管理系统，直观、高效的形式服务于相关管理部门，为评价和决策提供第一手的数据支撑。

（1）卫星（航空）遥感监测技术：区域及景观以上尺度一般采用卫星（航空）遥感观测，具有高效、快速、高分辨率、低成本、覆盖范围大、视域大等优势，但受大气、地物电磁波谱吸收—反射等影响，对自然资源存在同物异影、同影异物，甚至难以识别等问题。

（2）定点地面监测技术：个体及林分以下尺度主要采用定点地面观测手段，具有长时序、连续、精细刻画自然资源演替过程和精准预判未来发展趋势等优势，但视域范围有限，难以精确反映面上自然资源演替。

（3）天空地一体化监测技术：为实现不同空间尺度上的协同观测和时间尺度上的连续观测，需结合卫星、航空、地面等多种观测技术，构建天空地一体化监测体系（图 2）。"天"即卫星遥感监测，利用卫星遥感技术对资源要素进行大范围、连续的高精度观测，实现对自然资源的宏观调控管理，例如，区域植被覆盖度估算等；"空"即无人机监测，基于高分辨率的无人机遥感监测可获取自然资源精细化结构信息，实现对自然资源分层分类提取、评价，例如，植被冠层提取等；"地"即地面监测，可定点监测掌握资源要素环境和属性数据，是获取基础数据的必要技术。"天""空""地"3 种监测技术结合，可从宏观角度摸清各类资源的分布空间和不同资源系统涉及的家底，也可从微观角度掌握资源间作用机理、耦合配比等机制过程，具有综合利用不同观测技术各自优势，取长补短，达到全面及时监测的目标（沈运华 等，2022）。

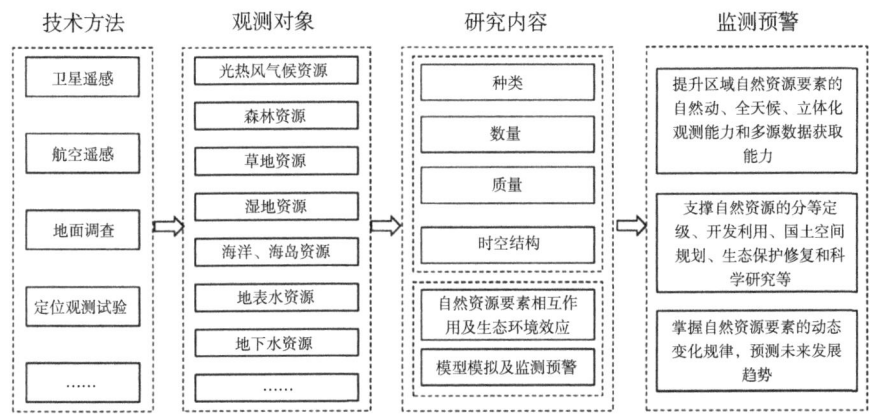

图 2　天空地一体化监测技术体系（沈运华 等，2022）

5　山水林田湖草沙系统治理成效评估

赣南以"山水林田湖草沙是一个生命共同体"的理念为指导，以实现山水林田湖草沙整体保护、系统修复、综合治理为目标，将山水林田湖草沙生态保护修复试点与精准扶贫工作相结合、与乡村振兴相结合、与打好长江经济带"共抓大保护"攻坚战相结合、与中央环保督察反馈问题整改相结合，形成山水林田湖草沙系统治理的"赣南样板"（林圣玉 等，2021）。

（1）水土流失得到有效控制：水土流失综合治理面积达 675 km²，治理崩岗 3 150 个。通过植物措施与工程措施结合，治坡与治沟相结合，治理、管护与开发利用相结合，治理区水土流失得到有效控制，林草覆盖情况明显改观，森林水源涵养能力和生态环境的自我修复能力显著提升（林圣玉 等，2021）。

（2）废弃矿山综合治理稳步推进：实施废弃矿山治理 33.67 km²，治理地质灾害隐患点 14 个，基本实现了废弃稀土、钨矿山治理的全覆盖，矿山环境得到明显改善，满眼流沙的"光头山"披上了绿装，景观明显改善（林圣玉 等，2021）。

（3）森林质量得到较明显提高：实施低质低效林改造 1 209 km²，建立示范基地 395 个。改造后的低质低效林树种结构趋于合理，阔叶树比例达到 25% 以上，生物多样性得到有效保护，森林质量、森林生态功能得到明显提升（林圣玉 等，2021）。

（4）沟坡丘壑土地得到有效整治：完成土地整治与土壤改良 49.4 km²，沟坡丘壑土地得到有效整治，农业基础设施在数量上、结构功能上进一步优化，促进了农业规模化产业化经营，提高了土地产出效率。土壤改良试点稳步推进，如信丰县结合脐橙产业发展，采取减肥增效、水肥一体化、有机肥代替化肥等措施进行土壤的改良和修复，农业面源污染得到有效控制（林圣玉 等，2021）。

（5）流域水环境质量稳定向好：赣南地表水考核断面水质总体优于"水十条"水质考核目标，13 个国考断面水质优良率为 97.7%，22 个省考断面水质优良率为 95%，均优于国家、省级考核目标；县级以上城市集中式饮用水水源水质达标率为 100%（林圣玉 等，2021）。

6 山水林田湖草沙系统治理模式和技术体系

赣南山水林田湖草系统治理以问题和生态功能目标为导向，在全面剖析生态环境现状的基础上，从山水林田湖草是一个生命共同体的理念出发，坚持节约优先、保护优先、自然恢复为主的方针，按照生态系统的整体性、系统性及其变化规律，统筹考虑自然生态各要素，进行整体保护、系统修复、综合治理，形成了一批一体化保护修复模式和技术体系。

（1）经果林水土流失治理与生态系统服务功能协同提升治理模式与技术体系：经果林复合生物菌剂、以殖控草的土壤多功能定向调控技术，凋落物高值利用的降酸培肥提质增效技术，林下养殖、农林废弃物资源化利用的生态循环农业模式，幼龄林以耕代扶的间套作种植模式，集成生态高值经果林构建技术体系。

（2）低质低效林涵水保土与固碳增汇功能协同提升治理模式与技术体系：森林结构调控与生产力提升的物种筛选和植被快速恢复技术，有机废料利用、功能微生物促腐、生物偶联的地力提升技术，水—肥—气—热高效利用的地上—地下生态系统多维立体配置技术，集成近自然化改造的群落结构优化和森林稳定性提升的复层异龄林构建和综合治理技术体系。

(3) 水文连通性定量表征的小流域坡沟路渠一体化治理模式与技术体系：研发自然与人工措施多要素的流域水沙过程模型，定量刻画各要素对水文连通性及其水沙、污染物、生境的影响，构建小流域水沙污染物全过程识别和模拟技术、水文连通性表征的生境改造与生物多样性提升技术、自然与人工措施空间结构优化配置技术，形成小流域"坡沟路渠"一体化综合治理技术体系。

(4) 山水林田湖草沙系统多目标多功能协同提升治理模式与技术体系：分析影响生态系统功能的关键社会—经济过程和关键因素，确定山水林田湖草沙系统主要功能协同与权衡的路径，构建南方低山丘陵区多目标多功能协同的山水林田湖草沙系统治理决策支持系统和形成人与自然和谐的治理技术体系。

思考问题

1. 为什么要山水林田湖草沙系统一体化治理？
2. 如何探寻脆弱生态系统修复和系统治理技术？
3. 如何监测和评估山水林田湖草沙系统的成效？
4. 如何实现人与自然和谐共生，打造美丽中国样板？

参考文献

林圣玉，莫明浩，王凌，2021. 赣州市山水林田湖草生态保护修复问题识别和技术探析 [J]. 中国水土保持，1：28-31.

潘刚，2022-03-29. 江西寻乌县：变废弃矿山为绿水青山 [N]. 中国水利报.

全国人大财政经济委员会，国家发展和改革委员会，2021. 中华人民共和国国民经济和社会发展第十四个五年规划和 2035 年远景目标纲要释义 2021—2025 [M]. 北京：中国计划出版社.

沈运华，张秀荣，刘晓煌，等，2022. 天空地一体化自然资源要素监测体系及其应用 [J]. 资源科学，44（8）：1696-1706.

习近平. 高举中国特色社会主义伟大旗帜　为全面建设社会主义现代化国家而团结奋斗——在中国共产党第二十次全国代表大会上的报告 [EB/OL]. (2022-10-25) [2023-08-01]. https：//www.gov.cn/zhuanti/zggcddescqgdbdh/sybgqw.htm.

杨峥屏，黄千杜，2021. 国土空间生态修复专项规划关键技术 [J]. 规划师，37（23）：17-22.

自然资源部办公厅，财政部办公厅，生态环境部办公厅，2020. 自然资源部办公厅 财政部办公厅 生态环境部办公厅关于印发《山水林田湖草生态保护修复工程指南（试行）》的通知 [EB/OL]. (2020-08-26) [2023-08-01]. http://gi.mnr.gov.cn/202009/t20200918_2558754.html.

邹长新，王燕，王文林，等，2018. 山水林田湖草系统原理与生态保护修复研究 [J]. 生态与农村环境学报，34（11）：961-967.

案例四　南方丘陵山区生态安全屏障构筑的关键技术

本案例反映了我国南方丘陵山区生态安全屏障建设的现状和江西绿色屏障构筑关键技术的应用情况，适用于生态环境建设与管理、森林生态系统理论与应用等课程案例教学。

摘要：生态安全屏障是处于某一特定区域，结构和功能符合人类生存和发展需求，具有强大生态防护作用和长久生命支持能力的复合绿色生态系统。南方丘陵山区生态安全屏障是我国"两屏三带"为主体的生态安全战略格局的重要组成部分。生态安全屏障构筑模式主要包括天然林保育与生物多样性保护、自然资源保护与景观化利用、速生丰产林与商品林高效经营、低效林改造及碳汇林营建、林下经济与经济林发展和水土保持生态建设等。生态安全屏障构筑关键技术有天然林保育技术、自然资源保护与景观化利用技术、速生丰产林与商品林高效经营技术、低效林改造及碳汇林营建技术、经济林栽培与林下经济经营技术和水土保持生态建设小流域治理技术等。南方丘陵山区生态安全屏障构筑是践行绿水青山就是金山银山等习近平生态文明思想的具体行动，具有重要的战略和实践意义。

关键词：平原；山地；丘陵；水域；绿色屏障；绿水青山；金山银山

Abstract: Ecological security barriers are located in a specific area, structure, and that meet the needs of human survival and development. It's a composite green ecosystem with strong ecological protection and long-term life support capabilities. The ecological security barrier in the southern hilly and mountainous areas is an important component of China's ecological security strategic pattern with "two screens and three belts" as the main body. There are six main models for constructing ecological safety barriers, including natural forest conservation and biodiversity protection, natural resource protection and landscape utilization, efficient management of fast-growing and high-yield forests and commercial forests, inefficient forest transformation and carbon sink forest construction, development of understory economic and economic forests, and ecological construction of soil and water conservation. The key technologies for constructing ecological safety barriers include natural forest conservation technology, natural resource protection and landscape utilization technology, efficient management technology for fast-growing and high-yield forests and commercial forests, transformation of inefficient forests and carbon sink forest construction technology, economic forest cultivation and understory economic management technology, and small watershed management technology for soil and water conservation ecological construction. The construction of ecological safety barriers in southern hilly and mountainous areas is a concrete action to implement the ecological civilization concept that Lucid waters and lush mountains are invaluable assets, and has important strategic and practical significance.

Keywords: Plain, Mountain land, Hills, Water bodies, Green barrier, Ecological Safety

1 南方丘陵山区生态安全屏障简介

南方丘陵山区生态安全屏障位于长江流域与珠江流域的分水岭及源头区，地势西高东低，北高南低，地貌类型多以丘陵为主，其中低山、中山、高山和平原台地兼有。该区域属于亚热带季风气候区，气候温和，四季分明，雨量充沛，一直以来由于干旱、洪涝和病虫害等自然胁迫和开发建设活动、社会经济活动和农业活动等人为干扰，加上气候为春、夏季多暴雨，对土壤冲刷能力强，地形多为丘陵、坡度较陡，土壤容易侵蚀，以及植被破坏严重，使南方丘陵山地带水土流失严重，存在土壤退化、森林质量不高等现象。因此，该区域成为国家生态安全屏障建设的骨架之一（陈伏生等，2020）。

2 江西生态安全屏障的构建模式

江西省位于中国东南部，长江中下游南岸，是南方丘陵山地生态屏障的核心和关键之一，属于华东地区。省内地貌以山地丘陵为主，约占全省面积78%的山地丘陵蜿蜒盘亘在江西四周，形成了东西南三面环山，中部丘陵起伏，自南向北逐渐倾斜的南方丘陵地貌。省内丘陵分布尤以赣江、信江流域所占据的面积最广。党的十八大以来，在习近平生态文明思想的指引下，江西省牢固树立"山水林田湖草是一个生命共同体"理念，统筹兼顾、整体施策、多措并举，全方位、全领域、全过程开展生态文明建设，让良好生态环境成为人民生活的增长点、成为经济社会持续健康发展的支撑点，让天更蓝、山更绿、水更清、环境更优美（陈伏生 等，2020）。

近年来，江西围绕建设富裕美丽幸福江西，不断提升生态环境质量，以机制创新、制度供给、模式探索为重点，积极探索大湖流域生态文明建设新模式，培育绿色发展新动能，开辟绿色富省、绿色惠民新路径，构建了生态文明领域治理体系和治理能力现代化新格局，成功探索出天然林保育与生物多样性保护、自然资源保护与景观化利用、速生丰产林与商品林高效经营、低效林改造及碳汇林营建、林下经济与经济林发展、水土保持生态建设等南方丘陵山区生态安全屏障构筑的6种典型模式（陈伏生 等，2020）。

（1）天然林保育与生物多样性保护模式：天然林通常是指以木本植物为主体，未经人为干扰或人为干扰较轻、自然起源、保持较好的森林生态系统（臧润国 等，2005）。天然林是良好的绿色屏障，森林资源的主体和精华，是维护国土安全最重要的生态屏障。天然林保育包括天然林保护和天然林经营培育。传统的天然林保护模式是通过封山、禁伐、禁猎等人为管理，使林地资源避免被进一步破坏和继续退化，最常用的天然林保护措施是建立自然保护区；天然林培育是在保护的基础上，立足区域发展与环境生态，根据培育目标，因地制宜实施森林培育，维持天然林群落稳定或人工促进退化天然林演替更新，使现有天然林群落结构更稳定，提高其生产力与生物多样性，发挥森林生态系统的服务功能，产生更大的生态和经济效益，从而实现林分可持续经营的生态育林技术体系（陈伏生 等，2020）。

（2）自然资源保护与景观化利用模式：自然景观是自然界在长期演变过程中形成的客观自然景观，对人类产生一定的吸引力和观赏价值。我国幅员辽阔，山川众多，地貌类型丰富，自然景观丰富多彩。其中，山地景观在纵向空间上有足够的切割深度，具有明显的植被和气候分异特征；水平空间上受地带性和地形的影响形成同一水平面不同的景观类型。近年来，以自然景观为依托的山地旅游蓬勃发展，除了开发利用自然生态系统外，旅游业不可避免地对自然生态资源造成一定的破坏，致使自然资源保护与自然景观利用之间的矛盾日益突出。合理开发利用自然景观，可提供更多的就业机会，为区域发展创造契机，逐步提高整个区域的生态、经济和社会效益（陈伏生 等，2020）。

（3）速生丰产林与商品林高效经营模式：速生丰产林是以栽植成片速生树种为主，主要为用材企业提供工业原料，既有生态系统中生态林的生态防护效能，又有经济林或商品林的原料提供效能，是集二者为一体并突出经济效能的林种（沈国舫，1992）。速生丰产林的建设需要满足特定的条件，江西省林地多为丘陵，有些坡度起伏太大，交通不方便，不一定适合速生丰产林建设的要求。依靠科技对现有的低产低效人工用材林进行改造，实现营林加工一体化，以林产加工龙头企业为核心，在合理的半径（运输距离）范围内，依托国有林场，向个体农户辐射，大力发展工业原料林，形成以加工企业为龙头、企业办基地、基地连农户的产业化经营格局。与此同时，鼓励条件成熟的企业上市或发行企业债券，最终促使速生丰产林的建设走上企业自主投融资的道路（陈伏生 等，2020）。

（4）低效林改造及碳汇林营建模式：江西省现有森林多数为中幼林，立木蓄积中大部分为平原丘陵区马尾松林，成材质量低劣，实际可供用材蓄积只占很少部分。而山区杉木用材林由于多代萌芽，发育年龄会较老，生长欠佳，同时砍伐方式不当，砍大留小，砍优留劣，林相不好，对疏林须伐倒重造，而多数灌木林主要树种是檵木、杜鹃等，也必须补植改造，提高林地产出率。低效林改造是把原来低产量、低价值、低效益的林地改造成树种多样化、结构合理的林分，达到提高林分质量从而增强蓄水能力，减少水土流失，更好地发挥森林生态效益和社会效益以及固碳增汇功能。针对不同的低效林类型、成因和经营培育方向，以小班或林带为经营单元，确定与功能需求相宜的目标林分，并根据目标林分和林分现状确定和实施封育、补植、间伐、调整树种、更替、综合改造等具体改造方式及技术措施（陈伏生 等，2020）。

(5) 林下经济与经济林发展模式：林下经济本质上是保护生态环境与经济高效发展的有机融合。林下经济能够有效缩减林业的经济周期、提高产品价值，对建设科学的人工森林群落，维持生态效益和资源的可持续利用，发挥着重要的作用。经济林是以生产除木材以外的其他林产品为主要目的的林木。经济林以其周期短、效益高、适宜农户经营的优势，在丘陵山区农村产业结构的调整中，作为开展多种经营的骨干项目，有力地推动了农村商品生产的发展。经济林可充分发挥当地资源与经济优势，要做到认真规划设计、选用良种、培育壮苗、精耕细作、重视抚育和保护管理，才能保证各种经济林木速生、丰产、优质，获得最佳的经济效益、社会效益和生态效益（陈伏生 等，2020）。

(6) 水土保持生态建设模式：水土保持生态建设型小流域综合治理模式是江西省小流域综合治理中应用最为广泛的模式。综合治理采用工程建设与生态保护措施相结合，实施山、水、林、田、路综合治理，因地制宜地构建生态安全型小流域，改善生态环境；加强森林植被保护和恢复，对毛竹林、人工针叶林进行改造、抚育，培育以阔叶林为主的水土保持林，增强生态防护效能（陈伏生 等，2020）。

3 江西生态安全屏障的构筑技术

江西生态安全屏障的构筑技术主要包括天然林保育技术、自然资源保护与景观化利用技术、速生丰产林与商品林高效经营技术、低效林改造及碳汇林营建技术、经济林栽培与林下经济经营技术和水土保持生态建设小流域治理技术等（图1）。

(1) 天然林保育技术：天然林保育技术包括保护、培育等内容的积极保护，采用的保育措施为封山、禁伐、禁猎等，其中封育管理技术是通过分析天然次生林的具体情况，在"封"的前提下进行有适应性的管理，包括全封、半封、轮封（刘世荣 等，2015）。现代封育管理技术不是简单的"封山育林"，而是建立固定的森林资源调查样地，定期观测记录林区的动植物组成，掌握森林资源的变化动态和恢复状况。退化的天然林也需要进行人工生态恢复，采伐清除生态功能明显降低的被害木和病害木；对天然更新不良的林分，在林隙和林中空地进行人工补植，可进行飞播造林或者实生苗栽植。天然林保育技术还包括林分经营管理，在水平结构上进行林

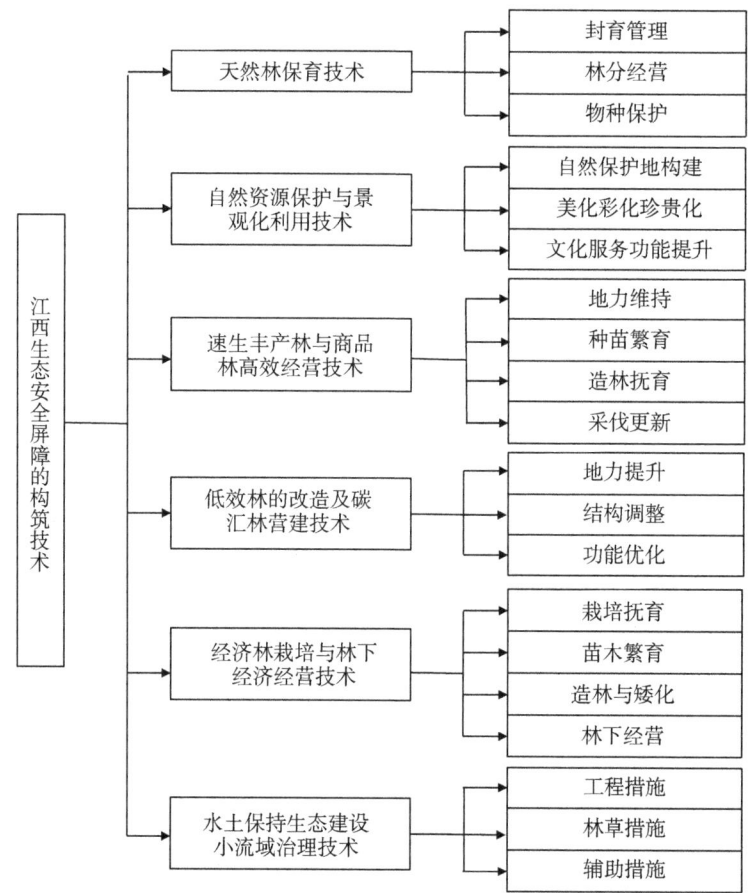

图 1　江西生态安全屏障的构筑技术

分密度的调整，如采伐后适当保留幼苗幼树，去除干扰树和无培育前途林木，割除藤蔓等对目标树种产生不良影响的植被；对于特定目的天然林要调整树种比例，以减少种间竞争（陈伏生 等，2020）。

（2）自然资源保护与景观化利用技术：自然资源保护与景观化利用模式中建立自然保护地是其主要的技术模式，同时也是保护生物多样性的主要途径，而分级划区保护是在自然保护地规划中运用最为广泛的管理方法。为解决随着经济的迅猛发展与自然环境产生的矛盾冲突，提出了生态补偿。生态补偿相比于传统控制性手段，是自然生态系统对于社会、经济活动造成的生态环境破坏所起的缓冲和补偿作用。植物在景观中具有改善气候、净化大气、涵养水源、观赏娱乐等多种功能，是生态保护中最主要的技术方法。绿化技术要求遵循适地适树原则，符合生态演替的规律，保持生物多样性和景观多样性。多功能景观技术是基于多功能景观的角度，将景观视为一个以自然生态系统为本底，同时涉及社会、经济和人类的心理、精神、美学及内在功能等多方面的有形综合体，强调自然过程与人类生活的协调，追求人地共生。自然资源保护与景观利用技术主要为综合考虑景观中的自然资源与社会、经济的联系，实现提供美学、文化功能的同时保持生态维度的健康发展提供技术参考（陈伏生 等，2020）。

（3）速生丰产林与商品林高效经营技术：速生丰产林与商品林高效经营模式的技术要点主要包括地力维持、种苗繁育、造林管理、抚育采伐等方面。地力维持技术是指在造林前需要进行林地的清理，可实行全面整地或横山带状或块状整地，先清林，再堆烧，后筑台挖穴。种苗繁育技术包括种子园培育、杂交与倍性育种、无性系选育，兴起的生物工程育种包括组织培养、体细胞胚胎发生等生物技术。苗木的抚育措施有搭荫棚、间苗移栽、叶面喷肥、防治病虫、松土除草、截根、越冬防寒等。造林抚育技术是指栽植苗木时，选用苗茎端直、顶芽健壮饱满、根系发育良好的壮苗栽植，起苗须带土，过长主根须修剪，不隔夜种苗；浅根系扩展型树种栽植时做到"苗正根舒、适当深栽、分层覆土、压实"，深根系直根型树种须"苗正根伸、分层覆土、深栽捶紧"。采伐更新技术为皆伐、择伐、透光伐、疏伐和生长伐（陈伏生 等，2020）。

（4）低效林改造及碳汇林营建技术：低效林的改造及碳汇林营建方法归纳起来主要有地力提升技术、结构调整技术与功能优化技术。地力提升技术是指通过物理、化学和生物手段改变土壤结构和养分，从而满足树木和植被的生长。物理措施实际是改变土壤结构，如客土、覆盖、平整土地等。化学措施主要是平衡施肥，即根据土壤条件和作物的营养特点选好肥料种类、最适宜用量和配比。生物措施主要指土壤培肥、绿肥种植与植物固氮等。结构调整技术主要组成调整、水平调查与垂直调整，有间伐、在林下或林窗空地种植耐阴的当地乡土阔叶树种等。功能优化技术主要是森林生态系统带来生态、经济和社会效益进行优化（陈伏生 等，2020）。

（5）经济林栽培与林下经济经营技术：经济林栽培与林下经济经营模

式的技术要点包括栽培、抚育、苗木繁育、造林矮化、林下经营等环节。造林前要进行林地清理和土壤耕作（挖垦），同时要注意水土保持。营造经济林大多采用裸根苗栽植法。经济林栽植以后，及时进行抚育管理，抚育管理可分为营养生长期。结果始期（始收期）、结果盛期（盛收期）和衰老更新期四个抚育管理时期。同时，形成一些苗木繁育的新技术和无公害造林与矮化密植栽培技术。林下经营可分为林下种植和林下养殖两大模式。林下种植模式有笋用竹模式、林苗模式、林菌模式、林油模式和林药模式等，林下养殖有林禽模式、林蜂模式、林畜模式、林驯模式等（陈伏生 等，2020）。

（6）水土保持生态建设小流域治理技术：水土保持生态建设型模式的技术要点包括工程措施、林草措施和辅助措施。未经耕作的荒山、荒坡在开展水土保持造林工作之前，需要进行林地的清理（如火烧法）和土壤耕作（挖垦），低山丘陵区的较低角度坡面需修建拦土、沙和截水的竹节式水平沟和反坡梯田；对大面积天然林采取封山育林的办法来提高水源涵养的能力；对宜林荒山荒坡，要先采取封山育林，护山护坡配合轮封轮开轮用，同时根据实际情况采取不同种植植物育林配置（郭利平 等，2020）。与此同时，制定切实可行的规章制度和奖惩制度、推广行之有效的乡规民约等辅助措施，建立被治理山地的管理责任制；大办沼气池，造省柴灶，造速生薪炭林，广种芭茅和发展甘蔗等多方面解决烧柴问题（陈伏生 等，2020）。

4 江西生态安全屏障构筑的典型案例

（1）天然林保育与生物多样性保护模式的代表案例：井冈山国家级自然保护区位于江西省井冈山市境内，属南岭山脉北伸于湘赣边界罗霄山脉中段东侧的一组山体，总面积 21 499 hm^2，是赣江和湘江两大水系的分水岭。20 世纪 50 年代，由于缺乏科学开发利用和综合治理理念，加之大规模盗伐、滥伐等原因，山体森林面积锐减，水土流失加剧，生态环境日趋恶化。为改善区域生态环境，防治水土流失，减少对鄱阳湖水域的影响，1981 年江西省人民政府批准在此建立全省第一个自然保护区，大力推进天然林保育与生物多样性保护。封山育林和植树造林是封育管理技术的主要措施。天然林保育初期实行全封措施，禁止除实施育林措施以外的所有生产实践活动，天然林面积有所增加，但效果并不显著。经过反复摸索和试验，保护区采用自然恢复为主、人工辅助恢复相结合的生态恢复措施,针对坡度陡、土层薄的山腰,在"封"的前提下进行有适应性的管理,伐除影响林分生态功能的被害木和病害木,通过抚育促进林木生长,扩大植被覆盖率;对天然更新不良的林分,在保护好现有植被基础上,在林隙和林中空地进行补植;对无林木覆盖的宜林地,采用草种和树种混合实施飞播造林,营造水土保持林和水源涵养林。目前,保护区有常绿阔叶林、落叶阔叶林等12个植被类型,92个植被群系;已知高等植物有280余科800余属3 400余种,占江西省植物总种数的70%,包括国家重点保护野生植物41种,国家珍稀濒危植物190余种;有脊椎动物307种,包括哺乳类42种,鸟类162种,爬行类41种,两栖类29种,鱼类35种,昆虫类种类21 000种,含国家重点保护野生动物39种,珍稀濒危动物55种(陈伏生 等,2020)。

(2) 自然资源保护与景观化利用模式的代表案例:庐山风景名胜区位于我国长江中游沿岸,江西省九江市域东南部,属幕阜山的东端余脉,山体总面积约28 200 hm^2,占景区总面积的93.38%。整个山体江环湖绕,山光水色浑然一体,是世界文化景观遗产,以人与自然和谐共生、古今中外文化交融积淀深厚为主要特征,以资源保护、观光度假、避暑休闲、科普教育、会议会展为主要功能,是一座以山岳型为主体的国家级风景名胜区,素有"匡庐奇秀甲天下"的美誉。景区开发时间早,由于长期缺乏管理部门,导致山体环境和景观破坏严重。

20世纪90年代末,管理处在尽量保持原有树形的基础上对干径10 cm以上主干明显的高大乔木进行压顶修剪;根据山地旅游资源地带性分布规律,按照"依山就势、因势利导"原则构建林地景观、疏林草地景观、庭院植物景观、茶园植物景观等不同景观特色。庐山风景名胜区现有12个景区、37个景点、230个景物景观,区内有近3 000种植物、2 000多种昆虫、170多种鸟类和37种兽类,森林覆盖率达76.6%。为解决自然资源保护与自然景观利用之间的矛盾,景区开展旅游环境"再整治、再提升",稳步推进牯岭、海会等特色小镇建设;丰富旅游业态,加大旅游产品差异性研究,大力推动旅游产业升级换代;发展战略,着力构建"环庐山、大庐山、泛庐山"全域旅游布局,整合旅游资源、调整产业布局、优化旅游环境、提升景区品位,以山上带动山下,以山下支撑山上,推动山上山下、山南山北、景区城区联动发展，勇闯一条绿色发展新路。此外，全山采用文化功能服务技术，强历史文化遗产保护，打造"人文圣山"新亮点，将自然景观与人文景观有机融汇（陈伏生 等，2020）。

（3）速生丰产林与商品林高效经营模式的代表案例：安福县杉木速生丰产林—陈山红心杉林，具有外观圆满通直、纹理美观、红心芳香、材质坚韧、抗压性强、生长速度快等优良品质，是我国木材中不可多得的珍稀品种。该杉木主产于江西省安福县西南部的陈山和武功山等林区，是江西省特有的优良杉木种源，也是中国国家地理标志产品。前清时期陈山红心杉被誉为江西的"关上木"而成为朝廷的贡品；1977年，陈山红心杉占地面积仅0.213万 hm^2，但供需矛盾巨大，亟须扩种开发。后来安福县大力种植陈山红心杉，面积达到3.18万 hm^2，蓄积量163.8万 m^3。安福县又通过争取国家林业局重点项目资金扶持和江西省林科院的技术支撑，大力推进了陈山红心杉基地建设项目化、种源培育品牌化、生产经营产业化的建设进程。

2013年，陈山红心杉良种基地标准化示范区达350 hm^2，年产良种1.5万kg，年产优质实生苗和扦插苗5 000万株，全县陈山红心杉育苗超过67 hm^2。县内六大国有林场抱团发展陈山红心杉产业，已累计建设陈山红心杉大径材基地3.67万 hm^2，每年新营造0.3万 hm^2示范林。如今陈山红心杉作为安福县的代言树，不少农户通过种植陈山红心杉苗走上了富裕之路（陈伏生 等，2020）。

（4）低效林改造及碳汇林营建模式代表案例：上犹县曾经是森林资源丰富、森林质量高的林业重点县，计划经济时期，上犹县的生态环境遭到严重破坏，由于土壤过于贫瘠，水土流失严重，这些地区的森林资源质量普遍较低，平均蓄积量不足45 m^3/hm^2，生态功能极其低下。造林未按适地适树原则选择造林树种，不重视种源选择和良种使用，树种配置不合理，造林后不遵循"三分种、七分管"的经营理念，只管山头绿化，不管林木成材，形成了小老头树、成活不成林、成林不成材。马尾松低质、低效林因树种结构单一，抵御病虫灾害能力弱，松毛虫灾害呈周期性爆发，松材线虫病也从周边县（市、区）蔓延至边缘乡镇，并向中心乡镇扩散（陈伏生 等，2020）。

2015年起，上犹县探讨并实践了不同立地条件下低质低效乔木林改造技术，有效改造了0.4万hm²低质低效乔木林，为全县及周边县（市）总结了一套成功的改造技术。在2016年冬，全县实施低质低效林改造0.181万hm²。根据山场条件，实施更替改造、补植改造、抚育改造和封育改造，以补植改造为主。为了最大限度地保护生物多样性，实施补植改造，团状式或带状清山整地，减少水土流失，见缝插针补植杜英、山樱花、枫香、米老排、木荷、桂花、山乌桕、火力楠等彩阔乡土树种（陈伏生 等，2020）。2017年，上犹县成为赣州市低质低效乔木林改造的成功典范。

（5）林下经济与经济林发展模式代表案例：兴国县林业近年来发展快速，以赣南苏区振兴发展为契机，牢固树立"发展为先、生态为重、创新为魂、民生为本"的理念，按照特色化、区域化、产业化、市场化的发展思路，依托龙头企业、合作社（或协会）带动，动员和引导群众充分利用丰富的林地资源优势，积极探索多种发展模式，大力发展林下产业经济，促进农业增效和农民增收，实现资源增长、生态良好、林区和谐的目标，推进全县农业农村经济持续健康发展。截至2012年底，全县有林地面积21.8万 hm²。据调查统计，全县能够发展林下经济的林地面积有7.33万 hm²，目前已发展林下经济面积1.46万 hm²，仅占可利用面积的20%，发展潜力很大。目前，兴国县林下经济模式主要有林药模式、林粮间作模式、林禽模式和林畜模式、林下生态旅游模式、林产品加工模式等，经济效益十分显著。从事林下经济产业人员25 000余人，综合产值1亿元，产业农民人均增收800元以上（陈伏生 等，2020）。

（6）水土保持生态建设型模式代表案例：塘背小流域位于江西省赣州市兴国县南部，流域面积16.38 km²，属赣江上游贡水二级支流平江的一条支流。流域境内山地0.115万 hm²，占流域土地面积的70.5%，由于过去伐薪生火、烧炭炼钢和毁林种茶等不顾后果的乱砍滥伐使山地原生植被（亚热带常绿阔叶林）遭到毁灭性破坏，植被覆盖率仅剩10%；除上游马尾松残林中灌草还算茂密外，中下游山丘大部分是光山秃岭。植被破坏和表层土壤流失引发了严重的水土流失，据统计，20世纪80年代初境内剧烈和强度流失的山地面积合计933.3 hm²，占山地总面积的82.4%，使塘背小流域成为南方红壤区重度侵蚀区，不仅不宜耕地，连造林和种草都很困难，四料俱缺，是我国治理难度最大的小流域之一（郭利平 等，2017）。

1980年，长江水利委员会就将江西省兴国县塘背河小流域选定为试点小流域进行试验和示范性治理，启动了工程措施、林草措施与封禁治理相结合，以生态恢复为主的小流域综合治理。其中，1980—1988年主要以治山造林为主，并对水利设施进行加固和修缮，建设集"拦沙、蓄水、抗旱、减灾"等功能于一体的民生水保小型工程。在此基础上，配以飞播造林和种草的林草措施，因地制宜地在山腰以上的坡面营造马尾松、木荷、枫香、栎类和胡枝子、葛藤等，在山腰以下坡度较缓、立地条件较好的坡面及山窝等处开发油茶、板栗、杉木和泡桐等经济果木林，并对轻度流失区林草覆盖度相对较高的山地采取直接封禁或者人工补植林草后封山育林的治理措施。最后，采取治山要管山、解决能源缺乏问题、大力宣传和落实国家林业政策等辅助措施来规范化山地治理流程、组织验收和总结经验（郭利平 等，2017）。30多年来，塘背小流域也始终坚持走以小流域为单元、"山水田林路草"能统一规划、多项水土保持措施优化组合的技术路线，通过大规模集中连续的综合治理使昔日寸草不生的光头山变成了绿意盎然、花果飘香的"绿色丛林"；昔日的"江西沙漠"兴国县也发生了翻天覆地的变化：山变绿了，水变清了，田变肥了，农民变富了。

思考问题

1. 我国为什么要构筑全域生态安全屏障？
2. 如何构筑南方丘陵山区生态安全屏障？
3. 江西生态安全屏障构筑需要哪些关键技术？
4. 林业在江西生态安全屏障建设中的作用是什么？

参考文献

陈伏生，张绿水，刘兵，2020. 江西绿色屏障研究与实践［M］. 南昌：江西人民出版社.

郭利平，宋月君，叶忠铭，等，2017. 水土保持措施对塘背小流域典型林地植被恢复状况的影响［J］. 西南林业大学学报，37（4）：67-74.

郭利平，张利超，陈伏生，等，2020. 江西省水土保持小流域综合治理模式研究

[J]. 中国水土保持, (11): 19-22.

刘世荣, 马姜明, 缪宁, 2015. 中国天然林保护、生态恢复与可持续经营的理论与技术 [J]. 生态学报, 35 (1): 212-218.

沈国舫, 1992. 对发展我国速生丰产林有关问题的思考 [J]. 世界林业研究, 5 (4): 67-74.

臧润国, 成克武, 李俊清, 等, 2005. 天然林生物多样性保育与恢复 [M]. 北京: 中国科学技术出版社.

案例五 中国"三北"防护林生态保护修复工程

1978年11月25日,国务院批准了国家林业总局《关于在"三北"风沙危害和水土流失重点地区建设大型防护林的规划》,由此启动了"三北"防护林工程。案例对"三北"工程建设40年进行了全面、系统评价与分析。在简要介绍"三北"工程建设40年的历程、取得的成效、积累的经验和存在问题的基础上,对"三北"工程未来建设与发展进行了思考与展望,适用于生态环境建设与管理、森林生态系统理论与应用等课程案例教学。

摘要:三北防护林体系建设工程(简称:"三北"工程)是同我国改革开放同步实施的世界最大生态工程之一,是生态文明建设的重要标志。40年来,"三北"防护林建设取得了令人瞩目的巨大成就。"三北"工程区森林资源总量显著增加,森林面积、覆盖率以及森林蓄积量均显著增加。生态效应成效显著,"三北"地区沙化土地和沙化程度呈现双降趋势,荒漠化面积逐渐减少。同时,水土流失和土壤侵蚀得到极大改善,区域内的河流淤泥量得到减轻。同时也获得了显著的经济和社会效益,"三北"工程改善了区域经济结构,实现了林木和林副产品的双丰收,增加了广大农民的经济收益。生态文明方面,极大地推动了林业知识的普及和林业教育的发展,提高了我国生态文明的国际地位。但由于自然条件的限制和经验的缺乏,一些问题也逐渐显现。如工程成林率低、农田防护林衰退、干旱/半干旱区乔灌木比例不合理,以及防护林构建与经营理论缺乏,工程建设管理政策和机制不完善等。在总结现存问题的基础上,对"三北"工程未来建设与发展进行了思考与展望。提出了重大生态工程未来研究方向,以期为推动"三北"工程未来高质量发展,为美丽中国生态文明建设提供重要证据和为全球生态安全建设提供经验与范式等提供参考。

关键词："三北"防护林体系；生态治理；生态文明建设；效益评价

Abstract: The Three-North Afforestation Program (TNAP, also known as the Three North Protective Forest Program or the Green Great Wall) in China, the largest ecological project all over the world, was initiated in 1978 and will be fulfilled in 2050. The TNAP is an important land-mark project for the construction of Ecological Civilization. In the past 40 years, the program has made remarkable achievements. The total amount of forest resources, forest area, forest coverage rate and forest stock increased significantly in the TNAP engineering area. The ecological effect is remarkable. In the TNAP regions, the desertified land and the degree of desertification show a double trend of decline, and the desertified area gradually decreases. Meanwhile, water loss and soil erosion have been greatly improved, and the amount of river silt in the region has been alleviated. At the same time, remarkable economic and social benefits have been achieved. The TNAP has improved the regional economic structure, realized double harvest of forest and forest by-products, and increased the economic benefits of the vast majority of farmers. In terms of ecological civilization, it has greatly promoted the popularization of forestry knowledge and the development of forestry education, and enhanced the international status of China's ecological civilization. However, due to the limitations of natural conditions and the lack of experience, some problems have gradually emerged. For example, the project forest rate is low, the farmland shelter forest recession, the arid/semi-arid area proportion of trees and shrubs is not reasonable, the shelter forest construction and management theory are lack, the project construction management policy and mechanism is not perfect, etc. On the basis of summing up the existing problems, the future construction and development of TNAP are considered and prospected.

Keywords: The "Three-North" Afforestation Program, Ecological management, Construction of ecological civilization, Impact assessment

1 项目背景

"三北"防护林工程建设的实施有其特殊的历史背景和原因，是在一系列因素的共同带动下酝酿而生的。众所周知，"三北"地区是我国自然环境最恶劣的地区。1977年,由于生态环境的持续恶化,宁夏回族自治区沙尘暴发生的次数越来越多,持续时间也越来越长,波及范围也越来越广,造成的危害也逐渐加重。"以往平均2~3年发生一次,每次1~3 h,十余年平均每1~2年发生一次。每次大约3 h以上,沙尘暴严重时,对面看不见人,天昏地暗,日月无光,沙尘暴中心,人、畜刮走,树倒屋塌,损失惨重。"据《内蒙古自治区伊克昭盟林业志》记载:1970—1973年连续4年的第3次大开荒,沙地植被多被破坏。伊克昭盟3次大开荒导致1 000多万亩土地开始了沙漠化,流沙由解放初期1 575万亩增至5 250万亩,水土流失面积增至32 000 km²。表1是"三北"地区几个主要地区不同年代年平均总扬沙日数的统计。可以看出,20世纪60—70年代,北京、银川、西宁、兰州等地年平均扬沙日数都有所增加。其中,北京由20.8 d增加到22.3 d,银川由34.2 d增加到37.1 d,兰州由16.7 d增加到21.4 d,乌鲁木齐由18.0 d增加到25.6 d,西宁扬沙日数变化最为严重,由1961—1970年的31.1 d骤增到1971—1980年的57.8 d。

表1 "三北"地区主要城市不同年代年平均总扬沙日数统计表

城市	平均总扬沙日数 (d)	
	1961—1970年	1971—1980年
北京	20.8	22.3
银川	34.2	37.1
西宁	31.1	57.8
兰州	16.7	21.4
乌鲁木齐	18.0	25.6
朱日和	14.4	18.1

综上所述,无论是西北地区、华北地区还是东北地区,生态环境的恶化均已经到了亟待治理的地步。

20世纪70年代,"三北"地区恶劣的环境严重制约了"三北"地区经济的发展,阻碍了"三北"地区农民脱贫致富的进程。

生态环境的恶化给农业造成了巨大损失,制约了农牧业的发展。位于阿拉山口的新疆维吾尔自治区精河县,在1972—1983年,"历年平均受灾约

355 hm², 占同期播种面积的 21.2%。其中风害面积 135.8 hm², 占受灾面积的 35%。历年来, 因碱害、大风造成的作物死亡面积约 242 hm², 占总播种面积的 13.2%。每年因风灾损失的粮食有 15 万~30 万 kg（它是 1983 年总产的 5.3%~10.6%）"。对于内蒙古自治区伊克昭盟来说, 生态环境不断恶化对农业生产造成的影响也是令人震惊的。"1964 年, 全盟因受风沙而毁种的农田达 230 万亩。鄂托克旗公卡汉公社 1973 年耕种土地 9 万亩, 粮食产量 7 815 万 kg, 平均亩产不到 1 kg。伊金霍洛旗苏泊汉苏木哈布池村, 1973 年播种 3 000 亩。毁种 3 次, 用种 1.5 万 kg, 收获粮食 18 500 kg" "由于土地沙化, 牧场面积缩小, 草场质量变劣, 牲畜的商品率、出栏率、肉乳产量以及大畜比例显著下降。1956 年, 全盟大畜头数为 54.6 万头, 到 1980 年下降 29.9 万头, 比 1956 年减少了 44%, 其中牛的数量减少 70%"。

经济发展对林业建设也提出了更高的需求。根据 1993 年中国统计出版社出版的《中国生产资料市场统计年鉴》的统计（表 2）, 1957—1978 年, 我国木材资源生产量随着生产力的发展逐年增加, 但是木材消耗量增长的速度远高于木材生产量增长的速度。不仅如此, 1958 年开始, 我国木材资源年初年末库存差额达到 -74 万 m³, 1962 年达到 -62 万 m³, 1970 年, 甚至达到 -148 万 m³。这代表着我国木材资源年初年末库存差开始呈现负增长, 即我国木材供给量开始小于木材消耗量。在这样的情况下, 植树造林, 加强经济型防护林建设, 进而缓解我国林业资源与经济建设供需之间的矛盾逐渐提上了日程。

表 2　木材资源与使用平衡情况　　　　　　　　（万 m³）

年份	资源			总计	使用						年初年末库存差额
	生产量	进口	其他		国内消费				出口援外	其他	
					小计	生产用	农村用	基建用			
1957	2 787	3	8	2 798	2 531	1 515	134	882	6		261
1958	3 579	5	5	3 589	3 657	2 158	243	1 256	6		-74
1962	2 288	30	1	2 319	2 218	1 599	250	369	15	148	-62
1970	3 259	8	33	3 300	3 413	2 210	300	903	35		-148
1975	4 034	28	75	4 137	4 120	2 652	460	1 008	36		-19
1978	4 521	53	1	4 575	4 571	2 915	619	1 037	42		-38

在我国风沙危害和水土流失严重的北方地区建设"三北"防护林体系，是党中央站在中华民族生存和发展的长远大计作出的重大战略决策，倾注了几代党和国家领导人的心血。20世纪50—60年代，毛泽东主席发出"绿化祖国"的号召；周恩来总理作出"林业要以营林为基础，造林要把重点放在水土流失、风沙危害严重地区，有阵地、有重点、有步骤前进"的重要批示；并指出"沙漠化是森林植被被破坏的结果，要防治沙漠化，必须建设防沙林"。根据指示精神，原林业部组织干部深入沙区山区调研，1966年前形成了在我国西北、华北、东北建设大型防护林工程的构想。1978年8月，当时农林部向国务院上报了《关于风沙危害和黄河中游水土流失重点地区防护林建设规划的报告》；1978年11月，国家计划委员会批准《西北、华北、东北防护林体系建设计划任务书》；1978年11月25日，国务院批准了国家林业总局《关于在"三北"风沙危害和水土流失重点地区建设大型防护林的规划》（国发〔1978〕244号文），自此，"三北"工程正式启动。1979年1月，国家林业总局以（79）林办字2号文件通知，经国务院批准，设立国家林业局西北、华北、东北防护林建设局（简称："三北"防护林建设局）；1979年11月，国务院成立三北防护林建设领导小组，并于"三北"防护林建设局下设办公室，履行"三北"工程的规划、计划、监督、检查等职能。"三北"地区各省（自治区、直辖市）、各地（市）和各县（市、区、旗、团）依托林业主管部门设立"三北"办（站、局）或指定造林处为工程管理机构。各级党委和政府认真组织部署，形成了从中央到地方上下一体的工程组织管理体系，出台了《"三北"防护林体系建设计划管理办法》《"三北"防护林重点区域建设项目管理办法》等计划、过程、质量、资金和技术等一系列工程管理办法和措施，为工程建设提供了有力的保障。

2 项目简介

"三北"工程建设期规划73年（1978—2050年），共分三阶段、八期；其中，第一阶段为1978—2000年，包括：一期（1978—1985年）、二期（1986—1995年）、三期（1996—2000年）工程；第二阶段为2001—2020年，包括：四期（2001—2010年）和五期（2011—2020年）工程；第三阶段为2021—2050年，包括：六期（2021—2030年）、七期（2031—2040年）和八期（2041—2050年）工程。"三北"工程建设范围包括我国西北、华北北部及东北西部的13个省（自治区、直辖市）和新疆生产建设兵团，涵盖了我国95%以上的风沙危害区和40%以上的水土流失区。具体建设区域根据国民经济发展需要和"三北"工程建设进展情况，40年来进行了多次调整。一期、二期建设范围分别包括406个县（旗、市、区）和514个县（旗、市、区），划分了4个防护林体系建设一级区（东北西部、蒙新、黄土高原、华北北部）、22个区域性防护林体系二级区、59个防护林类型三级区；三期建设由东向西全面推进，建设范围扩大至551个县（旗、市、区）和新疆生产建设兵团，包括辽、吉、黑、京、津五省（市）省级防护林体系，并在陕、甘、宁、青、新、晋、冀、蒙八省（区）建成73个县级防护林体系。至此，"三北"工程建设范围总面积达 4.07×10^6 km²，即"三北"工程建设第一阶段的完整范围；这也是"三北"工程建设范围使用最普遍的数据，至2018年很多关于"三北"工程建设的研究、报道仍使用该范围数据。四期工程建设范围为600个县（旗、市、区）和新疆生产建设兵团，总面积 4.00×10^6 km²。根据国家全面实施以生态建设为主的林业发展战略和林业重点生态工程建设布局，建设任务和重点项目向西部转移，在风沙危害严重地区布局重点建设项目，建设区域性防护林体系。对松嫩辽流域扩展和综合治理，并在黑龙江、吉林、辽宁三省建成比较完备的省级防护林体系。由于2001年国家启动了"京津风沙源治理工程"，其建设范围几乎全部分布在"三北"工程建设区，因此在四期"三北"工程建设范围中没有包括"京津风沙源治理工程"区。

五期工程建设范围为725个县（旗、市、区）和新疆生产建设兵团，总面积 4.36×10^6 km²，区划调整为东北华北平原农区、风沙区、黄土高原丘陵沟壑区和西北荒漠区四大建设区域。规划建设由东北华北平原农区高效农业防护林体系、风沙区乔灌草相结合的防风固沙防护林体系、黄土高原丘陵沟壑区生态经济型防护林体系和西北荒漠区以沙生灌木为主的荒漠绿洲防护林体系构成的"四大防护林体系"，并在四大建设区域的框架内进一步区划18个重点治理区。

结合国家生态建设布局和各林业重点生态工程先后启动实施，"三北"工程建设制定了分期目标与建设任务。一期工程建设重点是开展以营造农田防护林、牧场防护林、重点地区防风固沙林、水土保持林为主体的防护林建设。二期工程重点是在巩固完善已有建设成果的同时，启动5个重点工程，并在重点平原区开展了高标准农田防护林体系建设、主要风沙区防沙治沙示范区建设和重点水土流失区生物措施与工程措施相结合的水源涵养林和水土保持林建设。三期工程重点是建设以农田防护林为主的区域性防护林体系。四期工程建设重点是坚持防沙治沙，并开展新农村建设试点、农田防护林更新改造和重点农区、重点沙区、水土流失区的高标准防护林建设。五期工程重点是以防风固沙和水土流失治理为主要任务的生态修复，建设农田防护林、防风固沙林、水土保持林、水源涵养林。六期以后工程建设目标与任务正在规划中。

"三北"工程造林规划任务超额完成，40年累计完成造林面积（年累计造林面积的统计）4.61×10^7 hm^2，占同期规划造林任务的118.2%。其中，一期、二期、三期、四期、五期（截至2017年）工程分别完成造林面积1.01×10^7 hm^2、1.48×10^7 hm^2、9.58×10^6 hm^2、6.98×10^5 hm^2和4.62×10^5 hm^2。40年累计造林保存面积（造林3~5年后检查验收、成活保存累计造林面积的统计）3.01×10^7 hm^2，保存率超过60%。其中，一期、二期、三期、四期、五期（截至2017年）工程分别完成造林保存面积和保存率5.35×10^6 hm^2（保存率52.9%）、1.08×10^7 hm^2（保存72.6%）、5.91×10^6 hm^2（保存率61.7%）、$4.43 \times 10^6 hm^2$（保存率63.5%）和3.67×10^6 hm^2（保存率79.5%）。人工造林保存面积占68.7%；封山封沙育林保存面积28.4%；飞播造林保存面积占2.9%。累计造林保存面积中，防护林占69.9%，用材林占11.1%，经济林占15.4%，薪炭林占3.2%，特用林占0.4%。随着"三北"工程建设的开展，建设任务逐渐多元化。第五期工程期间开展退化林分修复和灌木林平茬，2015—2017年共完成退化林分修复面积1.79×10^5 hm^2，在10个县开展了灌木林平茬试点，共完成试点面积2.62×10^4 hm^2。

3 项目意义

3.1 增加了森林资源总量

"三北"工程建设显著增加了森林资源总量，进而增强了森林生态系统服务功能。40年间，"三北"工程区森林面积/覆盖率发生了显著变化：由工程建设之初1978年（551个县、旗、市、区和新疆生产建设兵团，工程

区总面积 4.07×10^6 km²) 的 2.06×10^7 hm²/5.05%（1978 年我国森林面积定义为：郁闭度≥0.3 的乔木林地面积和竹林地面积、覆盖度≥0.4 的灌木林地面积，农田林网以及村旁、路旁、水旁、宅旁林木的覆盖面积等）到 2017 年（725 个县、旗、市、区和新疆生产建设兵团，工程区总面积 4.36×10^6 km²）的 5.91×10^7 hm²/13.57%（1994 年后我国森林面积定义调整为：郁闭度 0.2 以上的乔木林地面积和竹林地面积，国家特别规定的灌木林地面积，农田林网以及村旁、路旁、水旁、宅旁林木的覆盖面积等）；森林面积净增加 2.16×10^7 hm²，森林覆盖率净提高 5.29 个百分点（"三北"工程区范围在过去 40 年间的不断变化，因此，森林面积和覆盖率的净增加值不是简单的 1978 年与 2017 年对应数值之差）。森林蓄积量净增加 1.26×10^9 m³；即工程建设之初 1978 年的活立木总蓄积 7.25×10^8 m³，到 2017 年的 3.33×10^9 m³（与森林面积和覆盖率的净增加值算法类似，同样由于"三北"工程区范围的变化，森林蓄积量净增加也不是 1978 年与 2017 年对应数值之差）。

3.2 生态效应成效显著

（1）"三北"工程建设使生态系统（防护林）累计固碳效应显著增加。固碳效应包括三方面：生物固碳增量（地上植被与地下根系）、土壤固碳的增量及发挥生态功能形成的碳储量增加（保持水土的生态固碳量和农田防护的生态效应固碳量）。40 年间，生态系统固碳增量受森林面积增加和质量变化等要素影响，防护林生物碳储量由 1978 年的 3.46×10^8 t 增加到 2017 年的 16.9×10^8 t，40 年生物固碳增量为 13.0×10^8 t；防护林土壤固碳增量为 7.08×10^8 t；"三北"工程生态效应固碳量主要包括水土保持、水源涵养林和农田防护林的生态效应固碳，40 年防护林生态效应固碳增量为 3.09×10^8 t。即，1978—2017 年，"三北"工程总固碳增量为 2.31×10^9 t，相当于同期（1980—2015 年）中国工业 CO_2 排放量的 5.23%。

（2）"三北"工程使水土保持林面积增加了 1.19×10^7 hm²（相对增加 69.2%），在控制水土流失方面取得了显著成效。40 年间"三北"工程区水土流失面积减少了 66.6%，按水土流失土壤侵蚀级别（轻度、中度、强度、极强度、剧烈），"剧烈"级别面积减少 87.9%，"极强度"级别面积减少 93.7%，"强度"级别面积减少 95.8%。通径分析结果表明，"三北"工程对水土流失面积（不考虑土壤侵蚀级别）减少的贡献率总和为61%（针叶林、阔叶林、针阔混交林和灌木林对水土流失面积减少的贡献率分别为10%、21%、12%、18%）。

（3）"三北"工程第一阶段前两期重点建设了农田防护林，农田防护林面积1978年约$3.19×10^5$ hm²，至2017年约$1.66×10^6$ hm²；林网化率2000年达到最大（54.1%）并持续至2010年（54.5%），2017年下降至44.1%。农田防护林有效改善了农业生产环境，提高了农田区域抵御自然灾害的能力；通过建立景观尺度上作物单产（以玉米作物为标准，下同）与农田防护林防护效应程度的关系发现，在防护效应程度为50%~80%条件下，农田防护林对高、中、低不同生产潜力区的粮食增产率分别为4.7%、4.3%和9.5%，即农田防护林对低产区增产效果更显著（图1）。

图1 农田防护林网

（4）"三北"工程使防风固沙林面积增加了$6.41×10^6$ hm²（相对增加154.3%），沙漠化面积自1978年至2000年一直处于增加状态，自2000年开始逐步缩减。2000—2017年沙漠化（不分等级）面积减少$1.81×10^6$ hm²；沙漠化程度发生了重要变化（沙漠化土地划分为轻度、中度、重度、极重度）——极重度、重度沙漠化面积分别减少了$3.97×10^6$ hm²和$9.19×10^5$ hm²，中度、轻度沙漠化面积分别增加了$6.85×10^5$ hm²和$2.40×10^6$ hm²。通过空间叠加统计分析，防风固沙林对沙漠化面积减少的贡献率为14.9%，主要集中在轻度沙漠化面积减少上。在重点地区，如科尔沁沙地、毛乌素沙地、呼伦贝尔沙地、河套平原等地，均呈现出沙化土地减少，生态状况明显好转的局面（图2）。

| 科尔沁沙地 | 毛乌素沙地 | 呼伦贝尔草原 |

图 2　科尔沁沙地、毛乌素沙地、呼伦贝尔沙地植被恢复情况

（5）"三北"工程在维系区域生态安全中起到重要作用。其 40 年的建设成果初步形成了北方生态屏障，并已对区域生态安全产生一定有益影响，重点表现在水土流失控制、改善区域小气候和固碳等方面。"三北"工程通过水土保持林和水源涵养林建设增加森林植被覆盖，冠层、枯落物和根系等有效减弱降雨侵蚀，从而减少入河输沙量、降低河流泥沙含量和涵养水源；如黄河流域各水文站 1981—2016 年输沙量减幅 78%~89%，2003—2016 年输沙模数减幅达 42%~69%，"三北"工程实施 40 年，该区森林覆盖率从 10.4% 增加至 20.6%，"三北"工程对江河泥沙减少的贡献率约为 67%（图 3）。

| 六盘山封禁区层林尽染 | 陕西省水源涵养林 |

图 3　"三北"防护林的水源涵养功能

3.3　产生了重大经济、社会效益

经过 40 年建设，"三北"工程在取得显著生态效益的同时，也获得了显著的经济和社会效益。

（1）主要经济效益：通过建设一批经济林、用材林、薪炭林、饲料林基地，大力发展特色林果种植、木材加工、林下种/养殖、休闲观光等产业，使"三北"工程区广大农民增加经济收益。如，40 年间，经济林累计达 $4.63×10^6 hm^2$，干鲜果品年产量增加 30 倍，重点地区林果收入已占农民纯收入的 50% 以上；森林蓄积量累计增加 $1.17×10^9 m^3$，产生了可观的经济效益。通过采用林—药、林—菌、林—菜、林—草等林下种植、养殖模式等林下经济立体复合经营，在促进防护林（森林）培育的同时，改善了区域经济结构、实现了林木和林副产品双丰收，如 2004—2016 年，"三北"地区非木质林产品产量达 $5.86×10^8 t$；2004—2016 年共建设森林公园 8 572 处，森林旅游接待游客累计达到 3.8 亿人次，旅游直接收入达 480 亿元。

（2）主要社会效益：40 年成效证明，"三北"工程是维护全球生态安全、应对全球气候变化的标志性工程；有效的治理脆弱区生态环境，为我国生态文明建设树立了成功典范，为全球生态环境治理提供了可借鉴的经验。主要社会效益如下：①带动乡村发展，农民增收致富；"三北"工程从植树造林、产业发展等方面吸纳农村劳动力约 3.13 亿人，约 1 500 万人实现了稳定脱贫，其中，"三北"工程贡献率达 27%。②重点区域防护林建设，改善了区域生态环境，促进了村容村貌、人居环境的美化。③"三北"工程实施 40 年以来，通过森林文化基地建设、举办森林自然教育研讨会等培育了森林生态文化。④推动社会进步，人民生态意识普遍提高；"三北"工程建设提高了人民的生态意识；不仅对遏制"三北"地区环境进一步恶化，更为全国生态环境保护做出示范，尤其在生态环境极其脆弱的蒙新区，人民生态意识的提高，可能较"三北"工程本身对脆弱生态环境的保护更具深远意义。⑤凝聚形成"三北"精神；为实现美丽中国生态文明建设汇聚了精神财富。⑥促进我国其他重大生态工程与区域生态建设；在"三北"工程带动下，相继启动了沿海、珠江流域、长江中上游、辽河流域、黄河中游等 17 项防护林工程，天然林保护工程、退耕还林还草工程、环北京地区防沙治沙工程等；另外，促进了包括生态立县、立市、立省等区域生态建设。⑦国际影响力显著提升；"三北"工程是迄今世界上最大生态工程，是对全球生态安全建设贡献中国智慧与经验的核心工程；此外"三北"工程增加了碳储量，在应对气候变化中具有重要地位。

4 存在的问题及原因

4.1 工程成林率相对较低，防护林质量差、衰退风险较大

"三北"工程 40 年累计完成造林面积 4.61×10^7 hm^2，造林保存面积 3.01×10^7 hm^2，成林面积 2.16×10^7 hm^2。森林清查结果显示，2017 年"三北"工程区高郁闭度（~0.8）乔木林占比 17.9%，非健康状态森林面积 26.4%，大部分分布于西北荒漠区和风沙区。成林率低主要由于造林保存率相对较低，尤其是在干旱风沙区造林成活与保存率均较低（图 4）。另外，造林期（3~5 年）未进入森林面积统计标准，或者由于缺乏有效经营管理，林木死亡也是造成成林率低的主要原因。衰退的主因则是"三北"地区多为干旱、半干旱区，水资源承载力的制约在防护林建设之初未被充分考虑，没有做到"适地适树"，再加上造林密度偏高，导致水量失衡，树木生长受到影响且易导致病虫害发生，极易形成衰退林分。"三北"工程重点在保障造林，后期不及时抚育，缺乏必要的经营管理是成林率低和衰退的又一重要原因；以经营比例为例，固沙林主要采用了修枝和人工促进天然更新，经营比例低于 22%；水土保持林主要采用后期补植，经营比例约 3%；水源涵养林主要采用间伐和修枝，经营比例低于 12%；农田防护林主要采用补植和修枝，经营比例低于 30%。

内蒙古乌审旗杨树纯林退化情况

甘肃省河西走廊荒漠化植被退化情况

图 4 "三北"防护林退化现象

4.2 农田防护林总体呈衰退趋势、防护效果差

"三北"地区现有农田林网化率为 44.1%，杨树占 90% 以上；实际防护

效应程度仅为 10.1%（理想状态>50%），53%林龄大于 30 年。根据《防护林经营学》和国家林业和草原局相关技术规程，杨树农田防护林的终止防护成熟龄约为 35 年，即目前农田防护林面临自然衰亡，亟须更新改造。造成上述现象的主要原因：树种单一，病虫害严重；农田防护林是"三北"工程前两期的重点，为尽快建立起防护林体系，尽早发挥防护效益，选择了适应性强、生长迅速的杨树为造林树种，由于农田防护林大规模营造时间相对集中，没有形成幼龄、中龄、近熟、成熟和过熟林梯次。树种单一，导致抗性差，病虫害严重，造成树木长势不良，甚至死亡；受杨树寿命的限制，更新采伐期较短，由于更新严重滞后，对农田防护林的质量和防护效益产生较大影响。另外，农田防护林建设自 2010 年开始削弱，主要由于农民对农田防护林建设积极性不高（从个体利益角度看，农田防护林具有一定胁地范围），再加上"三北"工程尚未考虑农田防护的更新、改造专项资金等，更加剧了农田防护林问题的严重性。

4.3 防护林的沙漠化防治作用远低于预期

"三北"地区沙漠化土地面积在 1978—2000 年间一直处于增加状态，至 2000 年沙漠化土地面积达到峰值，之后才开始出现减少趋势。但是，"三北"工程（防风固沙林）的直接贡献率仅为 14.9%，且集中于轻度沙漠化区域；尤其是乔木片状防护林在沙漠化防治中所起的作用远低于预期。分析其原因，主要是因水资源制约和树种选择不当、片面追求造林面积/密度、气候变化等导致的防护林死亡或衰退，从而降低了防护林的防风固沙功能，导致沙漠化防治效果有限。另外，引起沙漠化最重要的原因是以滥垦、滥伐/滥樵、滥牧为主的人为干扰，在 2000 年之前，人工造林防治沙漠化的进程远不能抵消人为干扰造成沙漠化的增加。事实证明，对于沙漠化的防治，提高居民的生态意识、加强政策导向及保护更为重要。

4.4 干旱、半干旱区乔灌比例不合理

至 2017 年，"三北"工程净增加森林面积 2.16×10^7 hm^2，其中，乔木林和灌木林分别为 8.03×10^6 hm^2 和 1.12×10^7 hm^2（经济林 2.36×10^6 hm^2，多数为乔木）（表 2）。虽然灌木林在绝对数量上增加大于乔木林，但考虑到"三北"地区多属于干旱、半干旱区，尤其是 40 年来新增加的乔木林约 40%分布在降水量小于 400 mm 区域；部分区域更适宜灌木生长而形成稳定

的林分。因此，尽管目前"三北"工程建设中灌木增量较大，但与"三北"地区气候相比，比例仍然相对较低。形成上述问题的原因：早期工程规划未能充分考虑水资源承载力，再加上乔木树种造林，生长快、造林补助高等原因，造成了"三北"工程区内最大限度营造乔木林，造成干旱、半干旱区乔木林比重偏大。

4.5 "三北"工程后续建设发展压力增大

"三北"工程后 30 余年的建设与可持续发展压力激增，主要体现在：水资源矛盾突出、工程造林难度加大、工程科学经营管理理论技术缺乏等三方面。主要原因：干旱、半干旱的"三北"地区，降水量低、可利用水资源少，如工程区年均降水量约为全国年均降水量的 17.5%，年降水量<350 mm 区域面积达 2.84×10^8 hm²；另外，伴随着"三北"工程建设使区域生态环境好转，各地兴建水利，人口与农田面积激增，造成水资源过度开发，并由此引发居民生活与生产用水和生态用水矛盾。经过 40 年持续大规模造林，宜林地资源状况发生了重大变化，工程区目前宜林地面积约 3.31×10^7 hm²，大部分属于年均降水量<200 mm 不适宜开展人工造林区域，今后造林、成林难度越来越大。防护林经营管理的理论与技术与以往以用材为主要目的森林经营不同，另外，随着工程的进展，不断出现新的问题，如农田防护林更新改造困难、沙区生态系统脆弱、退化严重、受水资源制约等，均需要适合防护林经营目标的理论与技术。

4.6 总体投入不足，科技含量与管理水平低

"三北"工程建设 40 年累计完成总投资 9.33×10^{10} 元（未考虑货币购买力变化，下同），其中，中央投资 2.42×10^{10} 元（25.9%）、地方配套资金 2.01×10^{10} 元（21.5%）、群众投工投劳折资 4.91×10^{10} 元（52.6%）；资金投入不足，尤其经营管理和科技投入严重不足。主要原因：生态工程建设是公益性事业，中央政府是投资的主体，但是，由于国家公共财政投入有限，导致防护林建设中央投资低；再加上一些地方财政造林补贴政策缺失，难以落实配套经费，资金投入严重不足。更为重要的是投资范围窄，工程仅有造林投资，不包括造林后的抚育、管理及后期可持续经营费用和规划投资的科研项目费用；如原规划总投资的 3% 用于科技投入，而 40 年内"三北"工程的科技投入比例不足 1%；从而致使工程科技含量和防护林构

建与经营理论与技术缺乏，工程管理与技术人员缺乏应有的培训，成果转化率低，没有完整的监测与评价体系，管理水平低下。

4.7 工程建设管理政策、机制有待健全

"三北"工程区包括东北森林带、北方防沙带、丝绸之路经济带等，是京津冀协同发展等国家战略实施区，生态区位重要，但生态环境十分脆弱，生态保护与修复任务重；因此，"三北"工程建设管理政策、机制需要进一步完善、健全以适应新时代的发展。主要原因：由于受区域经济发展滞缓和国土空间资源开发利用等制约，防护林建设与农牧业和社会可持续发展的矛盾逐步显现，"三北"工程后30年发展的保障机制缺失。如，森林采伐管理、公益林经营等相关政策与经营生产实践不相适应；森林生态效益补偿标准低，与森林所发挥的生态效益不相匹配；受市场经济效益影响，建设开发力度加大，沙区毁林开荒、放牧现象仍然存在，对工程建设成果巩固制度有待健全；干旱、半干旱地区困难立地造林、退化林修复等技术有待进一步突破，并需要加快创新林业科技成果转化机制；金融资本、社会资本向"三北"工程建设流动聚集缓慢，多元化投资机制未充分建立等。

5 中国"三北"防护林工程建设展望

当前，"三北"地区生态依然脆弱，继续推进"三北"工程建设不仅有利于区域可持续发展，也有利于中华民族永续发展。要坚持久久为功，创新体制机制，完善政策措施，持续不懈推进"三北"工程建设，不断提升林草资源总量和质量，持续改善"三北"地区生态环境，巩固和发展祖国北疆绿色生态屏障，为建设美丽中国作出新的更大的贡献。李克强同志批示："要牢固树立新发展理念，坚持绿色发展，尊重科学规律，统筹考虑实际需要和水资源承载力等因素，继续把'三北'工程建设好，并与推进乡村振兴、脱贫攻坚结合起来，努力实现增绿与增收相统一，为促进可持续发展构筑更加稳固的生态屏障。"党和国家领导人从国家发展战略的政治高度，为"三北"工程未来发展指明方向，将成为"三北"工程未来发展的根本遵循。基于此，针对"三北"工程建设40年综合评估发现的问题，提出以下思考。

5.1 继续推进"三北"工程建设高质量发展

生态建设是长期、综合的工程，"三北"工程作为跨世纪的生态环境建

设工程，经过40年的建设，虽然区域生态环境已经得到显著改善，但风沙危害和水土流失短时期内仍难以根治，特别是"工程成林率相对较低，防护林质量差、衰退风险较大""防护林的沙漠化防治作用远低于预期""干旱、半干旱区乔灌比例不合理"以及"'三北'工程后续建设发展压力增大"等亟待解决的问题，坚持不懈地推进"三北"工程建设既是现实需要，也是长远任务。随着我国综合国力的不断增强、全社会绿化意识的不断提升、生态需求的不断增长、生态文明理念的不断深入，为"三北"工程建设高质量可持续发展创造了有利条件。目前，"三北"工程已成为保障区域生态安全的基础工程、生态文明—美丽中国建设典范工程、增加农民收入—促进乡村振兴的民生工程。因此，需要继续把"三北"工程作为我国国民经济和社会发展的重点建设项目，加大"三北"工程的建设力度。

5.2 统筹林草田路水，科学优化区划方案

为确保后续"三北"工程建设成效，在总结40年建设经验教训基础上，加强规划统筹，修编"三北"工程建设总体规划，修正早期规划因缺乏"三北"地区详细的水、土、气、生等基础资料而存在的诸多不合理内容；对造林、湿地保护，退耕还林还草，草原恢复、沙化土地保护等进行整合，纳入工程建设内容统一规划实施；切实做到统筹城乡、统筹治沙治土，统筹生态保护和修复、统筹考虑林田路水草规划，使"三北"工程区所有专业规划在一张底板上，构建适应新时期现代化农业发展需求的"山水林田湖草"林网体系。因此，需要正确把握人工生态系统的脆弱性、不稳定性、层次性及动态特征，对全"三北"地区进行科学区划。如此可大大缓解"'三北'工程后续建设发展压力增大"的问题。

5.3 依据水资源承载能力，科学植树造林种草

"三北"地区自然条件严酷，地处干旱、半干旱区，造林难、成林更难。因此，针对区域水资源短缺的现实问题，应协调生活、农业生产、生态用水，统筹考虑水资源的承载能力，以提高水资源利用效率为目标，促进水资源合理分配。要以水定区、以水定林、以水定草，大力发展节水林业、雨养林业；注重生物多样性和树种多样性，因地制宜、因害设防，"封飞造"结合，乔灌草搭配，实现自然恢复与人工修复有机统一。特别要尊重自然与科学规律，遵循自然生态系统的演替规律，做到植树造林种草并

重，科学植树造林种草。这是解决"工程成林率相对较低，防护林质量低、衰退风险较大""防护林的沙漠化防治作用远低于预期""干旱、半干旱区乔灌比例不合理"的根本举措。

5.4 加大经营保护力度，推行多元化工程建设任务

"三北"工程防护林质量低、衰退风险大的问题普遍存在，其中最主要的原因之一就是缺乏必需的经营管理。目前，造林资金基本有保障，但后期保护、抚育、管理与更新改造等资金没有纳入工程预算（三分造七分管）。另外，"三北"工程建设成果来之不易，弥足珍贵，应加大保护力度，尤其在江河源头、风沙源区应依法建立保护区，从源头上减少风沙危害和水土流失，严厉禁止乱砍、滥伐、滥牧等毁林、毁草行为；同时，应将防护林保护与管理、成/过熟林的更新与改造、近自然经营，林草资源质量提升，特别是立地条件差、树种选择不当、病虫鼠害和人为干预不当造成的林分质量、效益下降等治理与修复纳入与造林种草并重的"三北"工程建设任务中。通过多元化建设任务，切实推动"三北"工程健康发展，特别是对于"农田防护林总体呈衰退趋势、防护效果差"的问题，将会得到有效解决。

5.5 建立健全国家生态工程建设机制与保障体系，生态惠民富民

"三北"工程是以生态效益为主的公益事业，长期以来工程建设投入采取中央补助、地方配套、群众投工投劳、多方筹集资金的投资方针。但是，"三北"地区社会经济发展相对滞后，地区财政困难，配套能力有限，随着农村"两工"的取消，地方配套政策的淡出以及造林成本增加等因素的影响，投入不足、进展缓慢的问题日益突出，工程建设所需的资金难以保证足额和到位。因此，国家生态工程建设公共财政保障体系应逐步建立和完善，实现国家财政全额投资；确立国家投资主体地位、政府责任主体地位、农民群众建设主体地位"三位一体"运行机制，达到生态惠民富民。另外，针对"三北"工程区内农田防护林更新重建方面存在的问题，从改革现有土地制度入手，规划出专门用于农田防护林建设的集体用地，并建立相应的生态补偿机制。同时，应加强构筑完善的重大生态工程建设科技支撑体系和动态监测信息化管理体系，加强工程管理与技术人员培训，提高成果转化率和贡献率，促进工程建设向高质量、高标准

发展。

5.6 依托"三北"工程,国家统筹构建"生态'三北'区"

"三北"工程启动以来,区内相应启动了若干重大生态工程,如防沙治沙、退耕还林、退牧还草、京津风沙源治理、天然林资源保护与全面禁止商业性采伐等;各工程建设内容虽各具特色,但主体目标和内容与"三北"工程并无本质差异,均是为保护北方区域生态环境,是生态文明建设的核心内容。另外,"三北"工程区是我国生态最脆弱、条件最艰苦、生态修复难度最大地区,也是迄今、未来植树造林种草的最主要地区,肩负着改善我国北方生态环境、建设北方生态安全屏障的重要使命。同时,"三北"工程在实施乡村振兴战略中既担负着提供优质生态产品满足人民对美好生活环境向往的职责,也担负着调整农村产业结构、兴林富农的重要任务;再加上"三北"工程区位于"一带一路"主体区域,必将与"一带一路"倡议统筹规划布局。40年"三北"工程建设克服了各种困难,取得了系列成果,在林水平衡、乔灌草搭配、水资源承载等与社会经济全面发展之间关系进行了前期科学探索;实践证明,生态建设是一项复杂的系统工程,不能顾此失彼,条块割裂,必须全方位、系统地开展生态保护修复,才能全面地提升生态治理的成效。目前"三北"地区内各种生态工程之间内容有重复、交叉,分管负责部门不一,导致资源浪费、管理低效。因此,以"三北"工程建设40周年为新契机,依托"三北"工程,将区内所有相似生态工程整合,集中力量统一规划、建设"生态'三北'区",推进我国"三北"生态文明建设;统筹我国北方生态安全屏障构建,确保自然生态系统、自然景观和生物多样性得到全面系统保护,提供更多优质生态产品,满足人民对美好生活环境的需求,进一步提升"三北"工程的国际地位和影响力。

5.7 加强科学研究,提高"生态'三北'区"建设科技含量,确保效益可持续

以林业生态工程为主的生态工程建设具有长期性、艰巨性、复杂性、反复性等特点,其建设性质和建设区域特点决定了工程建设必须依靠科技进步;只有科技创新,才能为"三北"工程乃至"生态'三北'区"建设注入动力和活力,才能使建设质量和效益不断提高并可持续。① "生态

'三北'区"统筹规划战略研究：依托"三北"工程及其未来修编、规划，全方位开展"生态'三北'区"山水林田湖草等综合优化区划研究，将区内重大生态工程、乡村振兴、"一带一路"等统筹规划布局。②重大生态工程构建理论与技术研究：随着重大生态工程建设的系统性、综合性不断加强，需要明确生态系统结构/属性与效益关系，构建基于多样性与稳定性原理、景观生态学原理和恢复生态学原理的重大生态工程体系构建理论与技术。③重大生态工程经营理论与技术研究：重大生态工程功能稳定、高效并可持续是生态工程建设的最高目标，需要研究功能正常发挥生态系统的维持、衰退生态系统的重建（更新）与恢复机理，构建以生态功能为主的生态系统经营理论与技术。④重大生态工程生态环境效益评价理论与技术研究：重大生态工程环境效益评价是保证生态工程构建与经营科学合理的基础，需要研究重大生态工程功能高效、稳定、可持续的机制，建立多区域、跨尺度重大生态工程评估理论与技术体系。⑤重大生态工程气候效应与适应全球变化对策研究：甄别气候变化和人类干扰对重大生态工程演变的驱动机制，探明多区域、跨尺度重大生态工程建设的气候效应与响应机制，确定不同升温情景下重大工程生态风险并提出应对方案等。⑥重大生态工程国家建设机制与保障体系研究：重大生态工程的运行与管理创新决定工程的成败，需要开展重大生态工程建设机制、投资机制、保障体系研究，确定重大生态工程与生态惠民富民、绿水青山就是金山银山、生态文明建设等关系。

思考问题

1. 了解中国"三北"防护林工程建设实施的历史背景和原因。

2. 中国"三北"防护林工程取得的成效及其发挥的生态经济和社会效益有哪些？

3. 中国"三北"防护林工程建设中存在哪些问题？

4. 如何持续推进中国"三北"防护林工程建设高质量发展，确保后续"三北"工程建设成效？

参考文献

赵子夜,2018. 中国"三北"防护林工程建设现状及思考 [J]. 南京林业大学学报(人文社会科学版),18 (3):67-76,89.

郑晓,朱教君,2013. 基于多元遥感影像的三北地区片状防护林面积估算 [J]. 应用生态学报,24 (8):2257-2264.

郑晓,朱教君,闫妍,2013. 三北地区农田防护林面积的多尺度遥感估算 [J]. 生态学杂志,32 (5):1355-1363.

朱教君,郑晓,2019. 关于三北防护林体系建设的思考与展望——基于40年建设综合评估结果 [J]. 生态学杂志,38 (5):1600-1610.

YAN Q L, ZHU J J, HU Z B, et al., 2011. Environmental impacts of the shelter forests inHorqin Sandy Land, Northeast China [J]. Journal of Environmental Quality, 40 (3): 815-824.

YAN Q L, ZHU J J, ZHENG X, et al., 2015. Causal effects of shelter forests and water factors on desertification control during 2000—2010 at the Horqin Sandy Land region, China [J]. Journal of Forestry Research, 26 (1): 33-45.